高等学校应用型本科经济管理类专业系列教材
校地合作优秀实践教材
数智化应用创新型财会系列教材

基础会计学

主　编　全浙玉

副主编　梅兰兰　李　蜜

参　编　郑素芳　苗春媛

　　　　张　健　魏东东

西安电子科技大学出版社

内 容 简 介

本书是高等学校应用型本科经济管理类专业系列教材之一。全书共十一章，主要内容包括总论、会计要素与会计等式、会计科目与账户、复式记账法、借贷记账法的应用、会计凭证、会计账簿、财产清查、财务报告、会计核算形式、会计工作组织等。各章均设有知识目标、能力目标、案例导读、知识拓展、课程实践、本章小结、习题等项目。各章习题均附有答案，读者可扫描二维码进行核对。书中重要知识点均以二维码形式给出。全书资料翔实，内容深入浅出，注重理论和校企合作的有机融合，充分体现了应用型本科教改特色。

本书可作为高等学校应用型本科经济管理类专业的本科生教材，也可供高职高专相关专业学生、会计财务审计从业人员及会计爱好者阅读与参考。本书被评为"十四五"首批职业教育河南省规划教材(高职本科)。

图书在版编目（CIP）数据

基础会计学 / 全淅玉主编. —西安：西安电子科技大学出版社，2022.3(2025.8 重印)
ISBN 978–7–5606–6308–1

Ⅰ. ①基…　Ⅱ. ①全…　Ⅲ. ①会计学—高等学校—教材　Ⅳ. ①F230

中国版本图书馆 CIP 数据核字(2021)第 270385 号

策　　划　刘小莉
责任编辑　刘小莉
出版发行　西安电子科技大学出版社(西安市太白南路 2 号)
电　　话　(029)88202421　88201467　　　　邮　　编　710071
网　　址　www.xduph.com　　　　　　　电子邮箱　xdupfxb001@163.com
经　　销　新华书店
印刷单位　西安日报社印务中心
版　　次　2022 年 3 月第 1 版　　2025 年 8 月第 3 次印刷
开　　本　787 毫米×1092 毫米　1/16　印　张　19
字　　数　449 千字
定　　价　45.00 元
ISBN 978–7–5606–6308–1

XDUP 6610001–3

如有印装问题可调换

前　言

我国正处在高等教育史上一个重大的转型期,互联网+信息技术在会计学领域的推进日益深入人心。同时,近几年社会分工的不断深入、行业的升级、市场竞争的加剧、数智化应用的推进,使得应用型财会人员的需求更加凸显,校企合作培养的热度不断上升。如何让高校人才培养和企业人才需求真正对接,打通校企合作的最后一公里,是对本书的编写提出的挑战。

基础会计学是经济管理类专业的主干课程之一,集理论和实践于一体。本书坚持理论与实践并重的原则,在循序渐进地介绍基础会计的基本概念、基本原理和基本方法的同时,在主要经济业务的核算、会计凭证、会计账簿和财务报告方面加大了课程实践的比例,注重学生基本技能的培养。

本书的编写团队由"双师型"骨干教师组成,在编写本书时我们注重体现应用型特色,从内容取舍、体例编排、案例选用和应用实训设计等方面力求坚持理论和实践相结合,进一步凸显对学生应用能力的培养。期望通过阅读本书,读者能够真正树立起"会计入门不仅是理论,更是技术"的意识,并能在企业管理中充分利用书中阐述的知识更好地从事会计工作。

本书具有如下特点:

(1) 体系完整,内容翔实,突出可读性。本书力求使理论、实务和案例浑然一体,并做到知识与能力目标明确,理论梳理脉络清晰,重点突出,案例资料翔实。

(2) 体例新颖,案例丰富,突出应用性。本书各章均设有知识目标、能力目标、案例导读、课程实践、本章小结和习题等项目,注重理论与实践相结合,并给出了大量知识拓展和案例分析,旨在强化知识与能力目标的实现,加深读者对基本理论的理解和掌握,提高其解决实际问题的能力。

(3) 更新素材支撑,突出时代性。本书注重吸收最新会计理论研究成果和实例,采用最新税率和适用准则,所选案例均为近年来国内外的最新资料,有助于丰富教学内容,把学生的应用能力培养融入生动有趣的学习情境之中。

全淅玉担任本书主编,郑素芳和李蜜担任副主编。全书共 11 章,具体编写分工如下:全淅玉编写了第五章;梅兰兰编写了第二章;郑素芳编写了第一、三章;李蜜编写了第四、六章;苗春媛编写了第七、八章;张健编写了第九、十章;魏东东编写了第十一章。全书由全淅玉统稿。

本书在编写过程中参阅、引用了国内外相关文献和研究成果，具体书目列于参考文献中，在此对这些文献的作者表示衷心的感谢！同时，本书的出版还得到了西安电子科技大学出版社刘小莉编辑的大力支持，在此表示诚挚的谢意！

由于编者水平有限，书中不妥之处在所难免，恳请各位专家和读者提出批评与建议，反馈邮箱为 qxy2379@163.com。

编　者

2022 年 12 月

目　　录

第一章 总 论

【知识目标】

通过学习本章，学生可了解会计的产生与发展、会计的特点，明确会计的职能，熟悉会计的定义、会计学及其体系。

【能力目标】

掌握会计核算的基本前提、会计核算的一般原则及会计核算方法。

【案例导读】

为何梁山上需设"会计"岗位

梁山树起"替天行道"的大旗，三十六天罡星，七十二地煞星各司其职，劫富济贫、扶弱济困。一日，天杀星黑旋风李逵来到忠义堂，对天魁星呼保义宋江说道："哥哥，咱梁山兄弟自结义以来，有难同当，有福同享，钱粮何须烦劳柴进和李应两位哥哥操劳，大伙共享岂不快哉？"宋江听罢，笑道："贤弟，若真可兄弟共享，当真是美事一桩。然兄身为一寨之主，恐治理无方，失去众兄弟信任，人心散了，我梁山何以维系。此中苦衷贤弟日后自会慢慢知晓。所以，上上之策只有设立专职管理钱粮，聚我兄弟之心，成我等鸿鹄之志。"

你可否告诉李逵为何梁山上需设"会计"岗位？会计的价值何在？

第一节 会计的含义

一、会计的产生与发展

会计作为一种社会实践活动，是适应社会生产的发展和经济管理的需要而逐步产生和发展的。物质资料的生产是人类社会生存和发展的基础。进行生产活动，一方面要创造物质财富，取得劳动成果；另一方面要发生劳动消耗，耗费人力和物力。在社会生产实践活动中，人们总是力求以尽可能少的劳动消耗，取得尽可能多的劳动成果，也就是要求少投入、多产出，提高经济效益。因此，为了合理地安排生产，了解生产过程的所耗与所得，就需要对劳动耗费和劳动成果进行记录和计算，并将发生的劳动耗费和取得的劳动成果加以比较和分析，从而总结过去、了解现状、预测未来。会计就这样伴随着人类的生产实践和经济管理的客观需要产生了。会计产生以后，最初只是生产职能的附带部分，后来随着商品经济的出现以及社会生产力和科学技术的不断发展进步，会计也经历了一个由简单到复杂、由低级到高级的发展变化过程。整个会计的发展过程可以分为古代会计、近代会计和现代会计三大阶段。

(一) 古代会计

在这一阶段，会计还没有形成专门方法，还不是一门独立的学科。

会计产生初期只是生产职能的附带部分，即由生产者凭头脑记忆或简单记录，在生产时间之外附带地把收支情况、支付日期等记载下来。只有当社会生产力发展到一定水平，出现了剩余产品，出现了社会分工和私有制，会计才逐渐从生产职能中分离出来，成为特殊的、专门委托的当事人的独立职能。

在国外，大约 4000 年以前，古巴比伦人就开始在金属或瓦片上记录商业交易。埃及《泽兰莎草纸稿》(以下简称《纸稿》)记载了埃及托勒密二世的财政大臣阿波罗尼斯私人庄园的财产和收支。《纸稿》证明，早在 2000 多年前，埃及的大奴隶主就利用会计对钱粮财物进行管理和监督。13 世纪以后，随着商业发展，意大利一些城市的商业空前繁荣，会计也随之迅速发展。

在我国，根据《周礼》记述，我国西周王朝时期经济已经相当繁荣，计量和记录也发展到了很高的水平，建立起了一套比较完整的会计工作系统，设有"司书""司会"等官职，专门从事会计工作。当然，早期的会计是比较简单的，只是对财物收支进行实物数量的记录和计算。在我国奴隶社会和封建社会时期，各级官府为了管理通过贡赋租税等方式获取、占有的钱粮财物，逐步建立和完善了官厅政府的收付会计制度。官厅会计便成为我国古代会计的中心，主要计量、记录、计算和考核朝廷的财物赋税收支。随着社会生产力的发展和生产规模的社会化，会计经历了一个由简单到复杂、由低级到高级的发展过程。它从早期对实物数量的简单记录和计算，逐渐发展成为用货币作为计量单位来进行综合核算和管理监督。在我国，从秦汉到唐宋，在生产力发展的基础上，逐步形成了一套记账、算账的古代会计的基本模式，即"四柱清册"方法。所谓四柱，是指"旧管""新收""开除""实在"，分别相当于"上期结存""本期收入""本期支出""本期结存"。"四柱清册"方法把一定时期财物收支记录，通过"旧管 + 新收 − 开除 + 实在"这一关系式进行总结验证，既可检查日常财物收支记录的正确性，又可系统、全面、综合地反映财物收支的全貌。"四柱清册"方法是我国古代会计的一大杰出成就。

【知识拓展】

"四柱清册"方法也称四柱结算法，始于唐宋，盛于明清。据《续文献通考》卷二《田赋考》中记载：洪武年间，"昭告天下编黄册，以户为主，详具旧管、新收、开除、实在之数为四柱式。"此文中的黄册以及当时的鱼鳞册制度都是朱明王朝管制户口、控制田土、征收赋役的重要财政会计制度，黄册和鱼鳞册是皇朝的重要经济档案，是进行会计核算的重要依据。由此可以看出，黄册的编制采用的是四柱式，与其相一致，钱粮文册及鱼鳞册等都采用四柱的格式，用四柱法的基本公式进行结算。清初钱大昕的《十驾斋养新录》一书中也有过这样的记载："今官司钱粮交代，必造四柱册。四柱者：旧管、新收、开除、实在也。元代的《至正直记》云：'人家出纳财货者，谓之掌事。计算私籍，其式有四：

一曰旧管，二曰新收，三曰开除，四曰见在。'则元时已有此名目。"事实上，清代的账簿、名籍、鱼鳞册、黄册、奏销册等无一不采用四柱式。日结、旬结、月结及年结等也均通过四柱结算法计算、考核其结果。

中华民国时期，改良中式簿记派将"旧管"(上期结存)和"实在"(本期结存)两柱的内容扩展为资产和负债，使其不但能反映现金结存情况，同时也能反映人欠、欠人的往来关系。

四柱结算法的创立和运用在我国会计发展史上占有十分重要的地位。它为我国会计分析方法的产生创造了基本条件，同时为我国由单式记账发展到复式记账奠定了基础，比起西方同原理同作用的"平衡结算法"，它的出现要早好几百年，因此，其原理的会计理论价值也得到了中外会计史学家的高度重视和一致肯定，正所谓：历十一朝演进由三柱到四柱实现更替，经三千年变迁自旧管至实在修成正果。

(二) 近代会计

复式簿记法在理论上的总结被认为是近代会计发展的第一里程碑。

近代会计是商品经济发达的产物。在 14、15 世纪，地中海沿岸的一些城市，如意大利的热那亚、威尼斯、佛罗伦萨等，商业、手工业、金融业有了很大发展，海上贸易繁荣，出现了广泛的信用交易，产生了合伙经营形式和委托代理关系。这时，人们需要详细记录债权债务关系，合理分配合伙经营的利润，反映受托商人的收支业务。为了满足这种要求，就需要建立科学的簿记系统，以便完整、系统地记录经济业务。因此，产生了借贷复式记账法。1494 年，意大利数学家卢卡·帕乔利所著《算术、几何、比与比例概要》一书在威尼斯出版，书中专设"簿记论"篇，第一次系统地介绍了借贷复式记账法，并从理论上作了阐述。"簿记论"的问世，标志着近代会计的开始，卢卡·帕乔利被称为"现代会计之父"。

在我国，明末清初，随着手工业、商业、金融业的发展，民间会计才逐步形成并达到一定水平，先后出现了"龙门账""三脚账""四脚账"等比较科学的会计方法。但在 19 世纪中叶以前，我国会计方法与理论仍较为落后。19 世纪中叶以后，以借贷复式记账法为主要内容的"英式会计""美式会计"传入我国，此时我国会计学者也致力于"西式会计"的传播。这对改革中式簿记、推行近代会计、促进我国会计的发展起到了一定的作用。

(三) 现代会计

管理会计的形成，是近代会计发展为现代会计的重要标志。

第二次世界大战以后，跨国公司大量涌现，企业规模越来越大，生产经营越来越复杂，企业间的竞争越来越激烈。为适应这种竞争的需要，企业迫切地需要降低成本，标准成本法的产生及管理会计的迅速发展丰富了会计的内涵和外延，形成了财务会计和管理会计两大分支；丰富的社会经济实践为会计理论的逐渐形成提供了肥沃的土壤，会计成为一门应用性学科；会计标准和会计规范逐渐形成及完善，会计标准的国际化问题不断引起人们的重视，股份制公司的出现使得社会资本不断集中，随之而来的是上市公司的出现，资本市场的产生和不断完善，使得会计信息的重要性为世人瞩目，在社会中客观上形成了注册会计师对会计报表的真实性、公正性发表审计意见的制度，一般认为，管理会计的形成与财务会计相分离而成为独立的学科，是现代会计的开端。进入 20 世纪 70 年代以后，会计进入了以电子技术和网络技术为主导的全新发展时期。

新中国成立以后，我国实行高度集中的计划经济体制，引进了与此相适应的苏联计划经济会计模式，对旧中国会计制度与方法进行了改造与革新。改革开放以后，为了适应社会主义市场经济发展的需要，会计理论与会计工作以前所未有的速度迅速发展。1993 年 7 月 1 日，我国对会计模式进行了重大的变革，出台了与国际会计惯例相适应的《企业会计准则》和《企业财务通则》，我国财政部从 1997 年开始陆续颁布了《关联方关系及其交易的披露》等具体会计准则。之后，为适应我国市场经济发展和经济全球化的需要，按照立足国情、国际趋同、涵盖广泛、独立实施的原则，财政部对上述准则作了系统的修改，并制定了一系列新的准则，发布了包括《企业会计准则——基本准则》、38 项具体准则、《企业会计准则——应用指南》等一系列规章制度，从而实现了我国会计准则与国际财务报告准则的实质性趋同，也揭开了我国会计发展的崭新篇章。

综上所述，会计是适应生产力的发展和经济管理的需要而产生和发展的，即"经济越发展，会计越重要"。经济的发展，促进了会计理论、方法和技术的进步；会计方法、技术的发展又推动了社会文明的进程。

认识会计和会计职业

二、会计的含义

"会计"一词由来已久，随着时代的发展和社会的进步，人们对它的认识和理解也在不断地深化。由于会计本身是随着社会经济环境的不断演变和发展而产生和发展的，因此，社会经济环境的发展变化推动了会计方法的逐步更新和会计理论的不断丰富。尽管会计从产生到现在已有几千年的历史，但是，对于这一基本问题，古今中外一直没有一个明确、统一的说法。究其原因，关键在于人们对会计的本质有着不同的认识，从而出现了会计的不同定义。下面将通过回顾国内外会计学界针对会计本质问题所形成的两种主流学派观点给出会计的含义。

（一）会计管理活动论

会计管理活动论认为，会计的本质是一种经济管理活动，应将会计作为一种管理活动来应用。"会计管理"这一概念在西方管理理论学派中早已存在。比如，古典管理理论学派的代表人物法约尔把会计活动列为经营的六种职能活动之一；美国人卢瑟·古利克把会计管理列为管理化功能之一。20 世纪 60 年代以后出现的管理经济会计学派则认为进行经济分析和建立管理会计制度就是管理。我国最早提倡会计管理活动的是杨纪琬、阎达五教授。他们认为：无论从理论上还是从实践上看，会计不仅仅是管理经济的工具，它本身就具有管理的职能，是人们从事管理的一种活动。杨纪琬、阎达五教授对会计的本质进行了深入的探讨，逐渐形成了较为系统的"会计管理活动论"。杨纪琬教授认为："会计管理"的概念是建立在"会计是一种管理活动，是一项经济管理工作"这一认识的基础上的，通常讲的"会计"就是"会计工作"。他还认为："会计"和"会计管理"是同一概念，"会计管理"是"会计"这一概念的深化，反映了会计工作的本质属性。阎达五教授指出：会计作为经济管理活动的组成部分，它的核算和监督内容及应达到的目的受不同社会制度的制约。

（二）会计信息系统论

会计信息系统论就是把会计理解为提供信息以供决策的一个系统。会计信息系统理论的思想最早由美国的会计学家 A. C.利特尔顿提出。他在 1953 年编写的《会计理论结构》一书中指出："会计是一门特殊门类的信息服务，会计的显著目的在于对一个企业经济活动提供某种有意义的信息。"20 世纪 60 年代后期，随着信息论、系统论和控制论的发展，美国的会计学界和会计职业界倾向于将会计的本质定义为会计信息系统。例如，1966 年美国会计学会在其发表的《会计基本理论说明书》中明确指出："会计是一个信息系统。"从此，这个概念便开始广为流传。20 世纪 70 年代以来，将会计定义为"一个信息系统"的观点在许多会计名著中流行。

在我国，较早接受会计是一个信息系统的会计学家是余绪缨教授。他于 1980 年开始在《要从发展的观点看会计学的科学属性》一文中首先提出了这一观点。目前，在我国具有代表性的观点是由葛家澍、唐予华教授于 1983 年提出的。他们认为："会计是为提高企业和各单位的经济效益，加强经济管理而建立的一个以提供财务信息为主的经济信息系统。"

关于会计含义的解释，除了上面的两种主流学派观点外，还有两种观点：一是管理工具论，即把会计理解为一种管理工具或方法；二是艺术论，即把会计理解为科学、技巧和经验相结合的艺术。通过分析主流学派对会计含义的理解，我们可以看到，由于对会计本质认识存在差异，因此形成了会计的不同含义。

"管理论"可以理解为与"受托责任观"的会计目标相一致；而"信息论"又与"决策有用观"的理念相吻合。所以在本书中，我们将"管理论"和"信息论"加以综合，对会计做出如下定义：会计是经济管理的重要组成部分，是以货币为主要计量单位，并利用专门的方法和程序，对企业和行政、事业单位的经济活动进行连续、系统、全面的核算和监督，提供以财务信息为主的经济信息，为外部有关各方的投资、信贷决策服务，为强化内部经济管理和提高经济效益服务的一个经济信息系统。

第二节 会计的职能和目标

一、会计的职能

会计的职能是指会计在经济管理中所具有的功能，即人们在经济管理中用会计干什么。马克思曾经指出：会计是对生产过程的"控制和观念总结"，这是对会计职能的科学概括。一般把"控制"理解为监督，把"观念总结"理解为反映(或核算)。从会计产生与发展的历程来看，会计对社会的任何生产过程都具有反映和监督的职能。也就是说，对过程的反映和监督是会计最基本的职能。但是，对职能的划分并不是一成不变的，随着生产的发展和科学技术的进步，生产过程日趋完善和复杂，为了适应经济管理的需要，会计的职能也在不断地扩展。

（一）会计核算职能

会计核算职能是指以货币为主要计量单位，运用会计的专门方法，对各会计主体所发生的经济业务进行确认、计量、记录和报告，以便提供全面、系统、可靠和相关的会计信息。会计核算贯穿会计工作的全过程，是会计最基本的职能。会计核算职能具有以下特点。

(1) 会计以货币为主要计量单位，从价值量上反映各单位的经济活动情况。人们不可能单凭观察和记忆掌握经济活动的全面情况，也不可能简单地将不同类别的经济业务加以计量、汇总，只有通过一定程序进行加工处理后生成以价值量表现的会计数据，才能掌握经济活动的全过程及其结果。会计上可以采用的计量单位有三种量度，即货币量度、实物量度和劳动量度。但是在商品经济条件下，人们主要利用货币计量，通过价值量的核算来综合反映经济活动的过程和结果。所以，会计核算以货币作为主要量度，以实物量度和劳动量度作为辅助量度。

(2) 会计核算主要对已经发生的经济活动进行事后的记录、核算、分析，通过加工处理大量的信息资料，反映经济活动的现实状况及历史状况。这是会计核算的基础工作。只有在每项经济业务发生或完成以后，才能取得该项经济业务完成的书面证明。这种凭证具有客观性和可验证性，据以登记账簿，才能保证会计提供的信息真实可靠。

(3) 会计核算具有完整性、连续性和系统性。这里完整性是指凡属会计反映的内容都必须加以记录，不能遗漏；连续性是指会计对每笔经济业务所做的反映，必须按照发生的时间顺序，自始至终不可间断；系统性是指进行会计核算时，必须采用一整套科学的核算方法，对会计信息进行系统的加工、整理和汇总，以便提供系统化的数据和资料，从而揭示客观经济活动的规律性。

会计的核算职能在客观上体现为通过会计的信息系统对会计信息进行优化。这一过程又具体体现为记账、算账和报账三个阶段。记账就是把一个会计主体所发生的全部经济业务运用一定的程序和方法在账簿上予以记载；算账就是在记账的基础上，运用一定的程序和方法来计算会计主体在生产经营过程中的资产、负债、所有者权益、收入、成本费用以及损益情况；报账就是在记账和算账的基础上，通过编制会计报表等方法将该会计主体的财务状况和经营成果向会计信息使用者报出。

（二）会计监督职能

会计监督是指会计按照一定的目的和要求，利用会计核算所提供的信息资料，对会计主体经济活动的合法性、合理性和有效性进行控制和指导，使之达到预期的管理目标。其特点有以下三个方面。

(1) 利用核算职能提供的各种价值指标进行货币监督。

为了便于监督，有时还需要制订一些可供检查、分析、利用的价值指标，用来监督和控制有关经济活动，以免出现大的偏差。由于各单位进行的经济活动伴随着价值运动，表现为各种资产、负债、所有者权益等价值量的增减和价值形态的转化，因此，会计监督与其他各种监督相比，是一种更为有效的监督。会计监督通过价值指标可以全面、及时和有效地控制各会计主体的经济活动。

(2) 对经济活动全过程进行监督。

会计实行对经济活动过程进行事前监督、事中监督和事后监督相结合的全面的会计监督。会计的事前监督是在经济活动开始前进行的监督，即审查未来经济活动的合理性和合法性，以及在经济上的可行性。会计的事中监督是对正在发生的经济活动进行的审查，审查各项经济活动是否符合国家有关政策、法规和制度的规定，以及有关计划和预算的要求，揭示存在的问题，及时纠正存在的偏差及失误，提出改进意见，使其按照预定的目标及规定的要求进行，发挥控制经济活动进程的作用。会计的事后监督是在经济活动之后，利用系统的会计核算资料，进行反馈控制，加强事后的考核、分析和评价，监督经济活动的有效性。

(3) 以国家的财经法规和财经纪律为依据。

财经法规和财经纪律是保证财经工作顺利进行的重要保证。为此，应做到会计监督依据的合法性和合理性。合法性的依据是国家颁布的财经法律、法规、规章和制度；合理性的依据是客观经济规律及经营管理方法的要求。会计监督的目的就是保证企业经济活动的合理、合法，即保证企业的会计核算按照国家的有关法律、法规及相关的会计准则、会计惯例来进行，尽可能保证经济活动的真实性。

(三) 核算职能和监督职能的关系

核算和监督是会计的两大基本职能。核算职能是监督职能的基础，没有核算职能提供的信息，就不可能进行会计监督。因为如果没有核算提供完整、可靠的会计信息资料，会计监督就失去了基础。同时，会计监督又是会计核算的保证，没有会计监督就不能为会计信息的使用者提供可靠的会计信息，也就不能保证会计信息的质量。离开了会计监督，会计核算就毫无意义。因此，会计的这两个基本职能是密切结合、相辅相成的。

二、会计基本职能的发展

随着社会的进步、经济的发展，市场竞争日趋激烈，企业规模不断扩大，经济活动日益复杂化，要求经营管理加强预见性，为此，会计的职能得到了进一步的发展和完善。会计核算由事后的核算发展到事前核算、分析和预测未来经济前景，为经营决策和管理控制提供更多的经济信息，从而更好地发挥会计的管理功能，进而出现了会计预测和会计决策等职能。在目前会计界比较流行的是会计的"六职能"论，即会计核算职能、会计监督职能、会计控制职能、会计分析职能、会计预测职能和会计决策职能。

三、会计的目标

会计的目标是指会计工作所要达到的终极目的，它直接反映着社会经济的变化。制约和影响会计目标的外部环境的因素多种多样(包括经济、法律、政治、社会环境)，所有因素的变化都会影响到会计目标的变化。也就是说，有什么样的环境，就会有什么样的会计目标，而会计目标又必须与不断变化的外部环境相适应。

在关于会计目标的问题上，中外会计学界先后出现了"受托责任观"和"决策有用观"两种对会计目标的不同认识。前者主要形成于公司制度的盛行时期，强调会计目标在于通过真实、可靠的财务报告，解释受托人的受托责任；后者则形成于资本市场发达的时期，强调会计目标在于为决策者提供与决策相关的会计信息。这两种观点适用的经济环境不同，受托责任观要求两权分离是直接进行的，所有者与经营者都十分明确，二者直接建立委托受托关系，没有缺位和模糊的现象；而决策有用观要求两权分离必须通过资本市场进行，二者不能直接交流，委托者在资本市场上以一个整体出现，因而二者的委托关系变得模糊不清。

但在现代企业制度中，这两种观点都是委托与受托代理关系中必不可少的。报告受托责任是外部利益关系人进行投资决策与信贷决策等决策行为的基础，而提供与决策相关的信息则是为了更好地完成受托责任。它们是互相影响、互为前提并不断循环下去的。事实上，由于现代企业错综复杂，因此会计不能满足于单纯地提供某一类信息，而应根据会计的具体目标满足多样化的要求。正因为如此，为适应现代企业制度外部委托者与内部管理者的不同信息的需求，会计信息系统产生了"同源分流"，形成了财务会计与管理会计两个独立的分支。因此，现代会计的目标将"受托责任观"与"决策有用观"有机地结合起来。

我国 2006 年颁布的《企业会计准则——基本准则》规定："财务会计报告的目标是向财务会计报告使用者提供与企业财务状况、经营成果和现金流量等有关的会计信息。反映企业管理层受托责任的履行情况，有助于财务会计报告使用者做出经济决策。"据此，将企业会计的目标归纳为以下几个方面：

(1) 为满足国家宏观经济管理和调控提供会计信息。

我国要建立社会主义市场经济体制，就是要使市场在国家宏观调控下，对资源的配置起基础性作用，使经济活动遵循价值规律的要求，适应供求关系的变化。通过价格杠杆和竞争机制的功能，把资源配置到合理的环节中去，并给企业以压力和动力，实质是优胜劣汰，促进生产和需求的及时协调。因此，会计的首要目标必须为衡量、预测、评价企业的资源分布及企业分配方案的制订与执行过程等提供信息，为国家制定税收政策、信贷政策及其他经济政策、加强宏观经济调控提供必要的会计信息。

(2) 为企业外部利益相关者了解企业财务状况和经营成果提供会计信息。

企业外部利益主体是多种多样的，主要包括投资者、债权人、社会公众等不同的利益主体。他们对财务报告信息的要求是不同的，在市场经济条件下，企业会计信息的使用者越来越关注企业的财务状况和经营成果。根据决策有用目标，投资者要及时地了解其所投入资源的变化情况，如实了解企业的各项收入、费用、利得和损失的金额及其变化情况，如实了解企业各项经营活动、投资活动和筹资活动所形成的现金流入和流出情况等，从而有助于现实或潜在的投资者正确、合理地评价企业的资产质量、偿债能力、盈利能力和营运效率等，有助于投资者根据相关的信息作出理性的投资决策；有助于投资者评估与投资有关的未来现金流量金额、时间和风险等。企业贷款人、供应商等债权人主要关心企业的偿债能力和财务风险，他们需要相应的会计信息来评估企业能否如期支付贷款的本金和利息，能否如期归还所欠的货款等；社会公众同样关心企业的生产经营活动，包括对本地区经济做出的贡献，如增加就业、刺激消费、提供社区服务、环境保护等。一般情况下，为实现会计目标所提供的会计信息能够满足这一群体的会计信息的需求，也可以满足其他使用者的大部分信息需求。

(3) 为满足企业内部管理提供会计信息。

企业管理当局必须重视企业当前的财务状况，以保持一定的偿债能力，也必须重视未来的盈利能力，注意调整经营和投资决策，以保证获得最佳的经济效益。会计是企业内部重要的信息系统，会计提供准确可靠的信息，有助于决策者进行合理的决策，有助于强化内部管理。

(4) 反映管理层受托责任的履行情况。

现代企业制度强调企业所有权与经营权的分离，企业管理层受委托人的委托来经营管理企业及其各项资产，负有受托责任。企业管理层有责任妥善保管、合理有效地运用这些资产。企业的投资人和债权人等需要及时或经常地了解企业管理层保管、使用资产情况，以便于评价企业管理层责任的履行情况和业绩情况，并决定是否需要调整投资者的投资决策或债权人的信贷决策，是否需要加强企业内部控制和其他制度建设，是否需要更换管理层等。

多角度认识财会审

第三节　会计对象

一、会计的一般对象

会计对象是指会计所要核算和监督的内容。会计对象就是会计的客体，是会计以其专门方法作用的特定内容。马克思指出簿记是对"过程的控制和观念总结"，这里说的过程是社会再生产过程中的价值形成过程。在商品经济条件下，价值形成过程表现为资金运动。因此，会计的一般对象是社会扩大再生产过程中的资金运动。

二、会计的具体对象

（一）制造型企业的会计对象

企业为进行生产经营活动，必须拥有一定数量的资金。随着生产经营活动的持续进行，就形成了资金运动，资金运动有动态和静态两方面的表现。资金运动的动态表现包括资金投入企业的运动、资金在企业内部的循环与周转运动和资金退出企业的运动；资金运动的静态表现为资产同负债和所有权益的相对平衡关系。

资金运动可分为资金进入企业、资金在企业内部循环和周转、资金退出企业。

(1) 资金进入企业。企业的资金运动是由资金投入开始的。企业成立时，要扩大规模而自身积累不足或为解决临时的资金需要，就需要通过筹资活动从企业外部取得一定的资金。投入或取得的这些资金来源主要有两个：一是企业所有者投资；二是从银行以及其他金融机构借入。

(2) 资金在企业内部循环和周转。资金投入企业后，伴随着企业生产经营过程的进行开始其持续不断的运动过程。制造型企业的生产经营过程可以分为供应、生产和销售三个主要过程。在供应过程，企业购买原材料等劳动对象，发生原材料费用，与供货单位发生资金结算关系，在此过程中资金的形态由货币资金转化为储备资金。同时为了形成劳动手段，也会发生购置厂房和机器设备的活动，会使一部分货币资金转化为固定资金。在生产过程，将购进的各种原材料投入生产，劳动者借助于劳动手段对劳动对象进行加工，生产出产品，其中发生材料的消耗、固定资产的折旧、支付生产工人的劳动报酬等，并发生与职工之间的工资结算关系、与提供劳务单位之间的劳务结算关系等，在此过程中资金的形态由储备资金和一部分的货币资金及固定资金转化为生产资金，然后再转化为成品资金。在销售过程，企业将生产出来的产品销售出去，实现商品的价值，要收回销货价款，在此过程中资金的形态由成品资金转化为货币资金。经过上述三个过程，资金从货币资金开始，依次转化为储备资金和固定资金、生产资金和成品资金，最后又回到货币资金，这一过程称为资金的循环。周而复始的资金循环称为资金的周转。在资金循环和周转运动中必然发生各种费用(成本)，取得各种收入，收入与费用相抵后，即产生利润或亏损。

(3) 资金退出企业。投入企业的资金，在生产经营过程中，或者一个经营过程结束时，会有一部分退出企业的资金循环和周转，游离于企业的资金循环周转之外，如上缴税金、归还贷款、偿还其他债务、分配给投资者利润等。制造型企业的资金运动如图 1-1 所示。

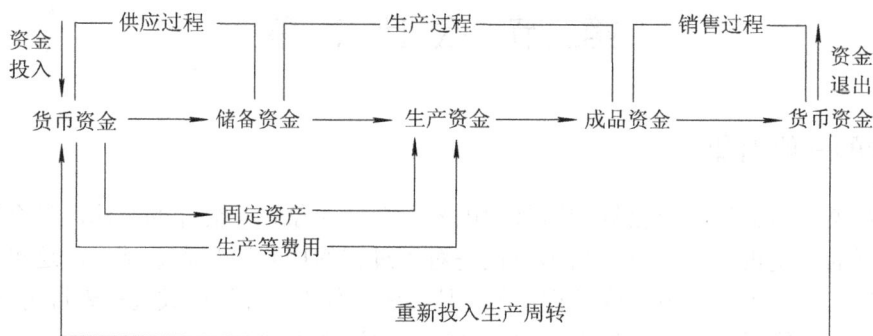

图 1-1　制造型企业的资金运动

综上所述，企业资金运动在数量方面的结果涉及资产、负债、所有者权益、收入、费用和利润的增减变动。上述六项内容在会计上称为会计要素。

(二) 商品流通企业的会计对象

商品流通企业是专门从事组织商品流通的经济实体，担负着社会商品交换的任务，也是再生产过程的重要环节。商业企业的经营资金运动与制造企业相比有所不同，一般只有供应和销售两个阶段。在供应阶段，经营资金运动表现为从货币资金形态转化为商品资金形态，主要的经济业务有商品的采购、货款的结算和采购、费用的支付等。在销售阶段，经营资金运动表现为由商品资金形态转化为货币资金形态，主要的经济业务有商品销售款的结算、销售费用及工资的支付等。如此不断的循环和周转就构成了商品流通企业的经营资金运动。此外，商品流通企业的资金运动也包括资金的投入、退出、耗费和收回等增减变化。所以，商品流通企业的会计对象就是商品流通企业资金运动的过程。

(三) 行政事业单位的会计对象

行政事业单位为了完成国家赋予的任务，也需要拥有一定数量的资金。这些资金列入财政预算，由国家拨给并按批准的预算来支用，一般称为预算资金。行政事业单位的财务活动主要是资金的收支活动及其结存，它构成预算资金运动过程。行政事业单位的资金收付和结存就是预算会计的对象。

综上所述，无论是制造企业、商品流通企业，还是行政事业单位，它们都是国民经济的基层单位，各自执行着不同的职能，各自的资金运动有其自身的特点，但会计对其核算和监督的内容都是资金运动。

第四节 会 计 核 算

一、会计基本假设

会计基本假设亦称会计核算的基本前提，就是对会计核算所处的时间、空间环境所作的合理设定。会计准则中所规定的各种程序和方法只能在满足会计核算基本前提的基础上进行选择使用。因此，会计人员在进行会计核算之前，必须对所处的经济环境是否符合会计核算的基本前提做出正确的判断。会计假设是会计人员在长期的会计实践中逐步认识、总结而形成的，绝不是毫无根据的猜想和简单武断的规定。离开了会计假设，会计活动就失去了确认、计量、记录、报告的基础，会计工作就会陷入混乱，甚至难以进行。按照我国 2006 年新修订的《企业会计准则——基本准则》的规定，会计假设包括会计主体假设、持续经营假设、会计分期假设和货币计量假设四个方面。

(一) 会计主体假设

《企业会计准则——基本准则》第五条规定："企业应当对其本身发生的交易或者事项进行会计确认、计量和报告。"这是对会计主体假设的描述。

会计主体，又称会计实体或会计个体，是指会计所服务的特定单位或组织。会计主体假设明确了会计工作的空间范围。会计主体假设要求会计人员只能核算和监督所在主体的经济活动。其意义在于：一是将特定主体的交易或事项与会计主体的所有者的交易或事项区别开来；二是将该主体的交易或事项与其他会计主体的交易或事项区别开来。会计主体假设明确了会计工作的空间范围。

值得注意的是，会计主体与法律主体不是同一概念，它可以是一个有法人资格的企业，也可以是若干家企业通过控股关系组织起来的集团公司，又可以是企业、单位下属的二级核算单位。一般来说，法律主体一定是一个会计主体，但会计主体不一定是法律主体。比如：母公司和子公司是会计主体，同时也都是法律主体；而总公司和分公司不同，前者是会计主体和法律主体，后者只是会计主体，却不是法律主体。而且一个法律主体可以包括多个会计主体(如分公司、车间)，一个会计主体也可以有多个法律主体(如编制合并会计报表的集团公司)。此外，由企业管理的证券投资基金、企业年金基金等，尽管不属于法律主体，但属于会计主体，应当对每项基金进行会计确认、计量和报告。

会计主体假设是持续经营、会计分期其他会计核算基础的基础，因为，如果不划定会计的空间范围，则会计核算工作就无法进行，指导会计核算工作的有关要求也就失去了存在的意义。

(二) 持续经营假设

《企业会计准则——基本准则》第六条规定："企业会计确认、计量和报告应当以持续经营为前提。"这是对持续经营假设的描述。

持续经营是指在可以预见的将来，会计主体将会按当前的规模和状态继续经营下去，不会停业，也不会大规模削减业务，不会破产清算。它明确了会计工作的时间范围。会计主体确定后，只有假定这个作为会计主体的企业或行政事业单位是持续、正常经营的，会计原则和会计方法的选择才有可能建立在非清算的基础之上。

明确了这一假设，就意味着会计主体将按照既定的用途去使用资产，负债将按照既定的合约条件到期予以偿还；债权到期也将及时收回；收入与费用按期正常地计量和记录等。同时，在此基础上，企业所采用的会计原则、会计方法才能保持稳定，才能正常反映企业的财务状况、经营成果和现金流量，从而保持了会计信息处理的一致性和稳定性。例如，只有在持续经营的前提下，企业的固定资产才可以根据历史成本进行记录，并采用折旧的方法，将历史成本分摊到各个不同的会计期间或相关产品成本中。当然，如果有理由可以判断企业不能持续经营，就应当改变会计核算的原则和会计处理方法，并在企业财务会计报告中作相应披露。例如，一旦企业破产的法律条件已经成立且即将进入清算状态，就破坏了持续经营假设，就需要借助于一些特殊的方法来处理清算过程中的会计业务，即要改用破产会计的方法对其进行核算。

(三) 会 计 分 期 假 设

《企业会计准则——基本准则》第七条规定："企业应当划分会计期间，分期结算账目和编制财务会计报告。会计期间分为年度和中期。中期是指短于一个完整会计年度的报告期间。"这是对会计分期假设的描述。

会计分期是指把企业持续不断的生产经营过程，划分为首尾相接、间距相等的会计期间。它是对会计工作时间范围的具体划分。会计分期的目的是通过会计分期的划分将持续经营的生产经营活动划分为连续、相等的期间，分期结算账目，以便分阶段考核、报告其经营成果，按期编制会计报表。

会计期间是指在会计工作中为核算生产经营活动所规定的起讫日期，是对会计工作时间范围的具体划分。会计期间通常分为年度和中期。中外各国所采用的会计年度一般都有不同的规定。我国是以日历年度作为会计年度，即从公历 1 月 1 日起至 12 月 31 日止为一个会计年度。会计中期是指短于一个完整会计年度的报告期间，包括会计半年度、会计季度和会计月度。

有了会计分期这个假设，才产生了本期与非本期的区别，才产生了收付实现制和权责发生制，以及划分收益性支出和资本性支出、配比等要求。只有正确地划分会计期间才能准确地提供财务状况、经营成果和现金流量的信息，才能进行会计信息的对比。

(四) 货 币 计 量 假 设

《企业会计准则——基本准则》第八条规定："企业会计应当以货币计量。"这是对货币计量假设的描述。

货币计量，是指企业在会计核算中要以货币为统一的计量单位，记录和反映企业生产经营活动和财务状况等会计信息。在会计核算中，日常用来登记账簿和编制会计报表的货币，就是单位主要会计核算业务所使用的货币，称为记账本位币。我国《企业会计准则——外币折算》规定："企业通常应选择人民币作为记账本位币。"业务收支以人民币以外的货币为主的企业，也可以选定某种外币作为记账本位币，但编制的财务报表应当折算为人民币反映。企业记账本位币一经确定，不得随意变更，除非企业经营所处的主要经济环境发生重大变化。同时，企业选择哪种货币作为记账本位币，还应考虑币值稳定，即一种价值变动频繁的货币不宜作为记账本位币。

在以货币作为主要计量单位时，包含着币值稳定不变的假设。当货币本身价值不变动，或前后波动可以抵消时，会计核算时可以不考虑这种波动，仍按照稳定的币值进行会计处理。当然，货币本身的价值不可能不变，但在该假设条件下，会计核算也不进行币值的调整。事实上，币值每发生一次变动就对会计记录进行调整，是不现实的，也是做不到的。所以，货币计量的假设，为在会计核算时对不同时期的经济事项做出一致记录并进行比较提供了理论依据，也有利于组织会计工作。当然，有时货币可能会发生急剧变动，出现恶性通货膨胀，此时可采用物价变动会计。

综上所述，会计的四个假设是相互依存、相互补充的关系。会计主体确定了会计核算的空间范围，持续经营确定了会计核算的时间范围，而会计分期又是经营期间的具体化，货币计量则为会计核算提供了必要的计量手段。没有会计主体，就不会有持续经营；没有持续经营，就不会有会计分期；没有货币计量，就不会有现代会计。它们共同构成了企业单位开展会计工作、组织会计核算的前提条件和理论基础。

二、会计信息质量要求

会计信息质量要求亦称会计信息质量标准或会计信息质量特征，是对企业财务报告中所提供会计信息质量的基本规范，是使财务会计报告中所提供会计信息对投资者等信息使用者决策有用应具备的基本特征。它主要包括可靠性、相关性、可理解性、可比性、实质重于形式、重要性、谨慎性和及时性。其中，可靠性、相关性、可理解性和可比性是会计信息的首要质量要求，是企业财务报告中所提供会计信息应具备的基本质量特征；实质重于形式、重要性、谨慎性和及时性是会计信息的次级质量要求，是对可靠性、相关性、可理解性、可比性等首要质量要求的补充和完善。

（一）可靠性

《企业会计准则——基本准则》第十二条规定："企业应当以实际发生的交易或者事项为依据进行会计确认、计量和报告，如实反映符合确认和计量要求的各项会计要素及其他相关信息，保证会计信息真实可靠、内容完整。"

可靠性也称客观性、真实性，是对会计信息质量的一项基本要求。因此，企业不得虚构、歪曲和隐瞒经济业务事项，这是杜绝会计信息失真的基本前提。

可靠性标准的具体要求：

(1) 反映真实。会计记录必须以实际发生的经济业务为依据，并且有证明这些经济业务发生的原始凭证，如购回原材料时应有发票、运单和验收单据作为凭证，从而如实反映财务状况和经营成果，做到记录清楚、内容真实、数字准确、资料可靠。

(2) 内容完整。在符合成本效益的原则的前提下，保证会计信息的完整性，包括所编报的报表及其附注内容等应当保持完整，不得随意遗漏或者减少应予披露的信息，与会计信息使用者相关的有用信息都应充分披露。

(3) 保持中立。在财务报告中的会计信息对于所有的利害关系人应当是中立的、无偏的。如果企业在财务报告中为了达到事先设定的结果或效果，通过选择或列示有关会计信息以影响决策和判断的，这样的财务报告信息就不是中立的。

(二) 相关性

《企业会计准则——基本准则》第十三条规定："企业提供的会计信息应当与财务会计报告使用者的经济决策需要相关，有助于财务会计报告使用者对企业过去、现在或者未来的情况做出评价或者预测。"

相关性也称有用性，是会计信息质量的一项基本要求。会计信息是否有用，关键看其与会计信息使用者的决策是否相关，是否有助于决策或提高决策水平。同时，还要看相关的信息是否有预测价值，是否有助于会计信息使用者预测未来。

相关性标准的具体要求：

(1) 决策相关。相关的会计信息应当能够有助于评价企业过去的决策，因而具有反馈价值。

(2) 预测价值。相关的会计信息还应该具有预测价值。这有助于会计信息使用者根据财务报告所提供的会计信息预测企业未来的财务状况、经营成果和现金流量。

会计信息使用者包括投资者、债权人、政府、职工、其他利益主体乃至社会公众，不同的使用者使用会计信息的目的不同。因为他们各自进行的是不同的经济决策，企业的会计信息正是为这些与企业相关的各种经济决策提供信息支持，因而要求与这些经济决策相对应。

(三) 可理解性

《企业会计准则——基本准则》第十四条规定："企业提供的会计信息应当清晰明了，便于财务会计报告使用者理解和使用。"可理解性也称明晰性，提供会计信息的目的在于使用，是会计信息质量要求的一项重要要求。要使用会计信息，就必须了解会计信息的内涵。要弄懂会计信息的内容，就要求会计核算和财务报告必须清晰明了，易于理解。只有这样才能提高会计信息的有用性，实现财务报告的目标，满足向投资者等会计信息使用者提供决策有用信息的要求；否则，就谈不上会计信息的使用。

理解性标准的具体要求：

(1) 会计记录应当准确、清晰，填制会计凭证、登记会计账簿必须做到依据合法、账户对应关系清楚、摘要完整。

(2) 在编制会计报表时，项目钩稽关系清楚、项目完整、数字准确。

随着我国经济体制改革的不断深入，会计信息的使用者也越来越广泛，这在客观上对会计信息的简明和通俗易懂提出了越来越高的要求。

（四）可比性

《企业会计准则——基本准则》第十五条规定："企业提供的会计信息应当具有可比性。"可比性也是会计信息质量要求的一项重要要求，它包括两层含义：

(1) 同一企业不同时期可比。要求同一企业不同时期发生的相同或者相似的交易或者事项，应当采用一致的会计政策，不得随意变更。但该原则并非表明企业不得变更会计政策，如果按照规定或者在变更会计政策后能够提供更可靠、更相关的会计信息，可以变更会计政策，有关会计政策的变更情况，应当在附注中予以说明。

(2) 不同企业相同期间可比。要求不同企业同一期间发生的相同或者相似的交易或者事项，应当采用规定的会计政策，确保会计信息口径一致、相互可比，以使不同企业按一致的确认、计量和报告要求提供相关的信息。

（五）实质重于形式

《企业会计准则——基本准则》第十六条规定："企业应当按照交易或者事项的经济实质进行会计确认、计量和报告，不应仅以交易或者事项的法律形式为依据。"

实质重于形式，是要求对会计要素进行确认和计量时，应重视交易的实质，而不管采用何种形式。企业发生的交易或事项在大多数情况下，其经济实质和法律形式是一致的。但在有些情况下，可能会碰到一些不吻合的业务或事项。例如，融资租入的固定资产，在租期未满以前，从法律形式上讲，所有权并没有转移给承租人，但实际上承租人也能行使对该项固定资产的控制权，并能为企业带来经济利益的流入，因此承租人应该将其视同自有的固定资产，列入资产负债表，一并计提折旧。遵循实质重于形式原则，体现了对经济实质的尊重，并能够保证会计核算信息与客观经济事实相符。

（六）重要性

《企业会计准则——基本准则》第十七条规定："企业提供的会计信息应当反映与企业财务状况、经营成果和现金流量等有关的所有重要交易或者事项。"

重要性，是指财务报告在全面反映企业的财务状况和经营成果的同时，应当区分经济业务的重要程度，采用不同的会计处理程序和方法。如果某项会计信息的错报和漏报，会引起使用者的误解或导致决策的失误，则称该事项或信息是重要的。重要性的应用需要依赖于会计人员的职业判断，企业应当根据其所处环境和实际情况，从项目的性质和金额大小两方面加以判断，准确地反映企业经济活动的过程和结果。虽说是会计核算的基本要求，但从会计信息的使用要求来看，重要的是了解那些对经营决策有重要影响的经济事项。如果会计信息不分主次，反而会影响会计信息的使用价值。从核算效益来看，对一切会计事项的处理，一律不分轻重主次和繁简详略，必将耗费过多的人力、物力和财力，增加许多不必要的工作量。重要性原则也是会计核算本身进行成本效益权衡的体现。

（七）谨慎性

《企业会计准则——基本准则》第十八条规定："企业对交易或者事项进行会计确认、

计量和报告应当保持应有的谨慎，不应高估资产或者收益、低估负债或者费用。"

谨慎性也称稳健性，是指在处理具有不确定性的经济业务时，应持谨慎态度。当一项经济业务有多种处理方法可供选择时，应充分、合理地估计到各种风险和损失，既不高估资产和收益，也不低估负债或费用。谨慎性原则的目的在于避免虚夸资产和收益，抑制由此给企业生产经营带来的风险。固定资产计提折旧采用加速折旧法，对各项资产可能发生的减值损失计提资产减值准备等都是谨慎性原则的具体体现。但是谨慎性原则并不能与蓄意隐瞒利润、逃避纳税画上等号，因而会计准则中明令禁止提取各项不符合规定的秘密准备。

(八) 及时性原则

《企业会计准则——基本准则》第十九条规定："企业对于已经发生的交易或者事项，应当及时进行会计确认、计量和报告，不得提前或者延后。"

相关性标准的具体要求：

(1) 及时收集会计信息，即在经济业务发生后，及时收集整理各种原始单据。

(2) 及时处理会计信息。即按照会计准则的规定，对会计事项及时进行确认、计量、并编制会计报告。

(3) 及时传递会计信息，即在国家规定的时限内，及时将编制的会计报告传递给会计报告使用者。如果企业的会计核算不能及时进行，会计信息不能及时提供，就无助于经济决策，就不符合及时性原则的要求。

在会计实务中为了及时提供会计信息，可能需要在有关交易或者事项的信息全部获得之前即进行会计处理，这样就满足了会计信息的及时性要求，但可能会影响会计信息的可靠性；反之，如果企业等到与交易或者事项有关的全部信息获得之后再进行处理，虽然能适当提高会计信息的可靠性，但这样的信息披露可能会影响会计信息的时效性，可能会使财务报告使用者决策的有用性大大降低。因此，需要很好地权衡会计信息的可靠性和及时性，以最好地满足信息使用者做出正确的经济决策判断。

三、会计计量

会计计量是指将企业符合确认条件的会计要素登记入账并列报于财务报表(会计报表及其附注)而确定其金额的过程。一般来说，会计计量主要由计量单位和计量属性两方面构成。

(一) 会计的计量单位

计量单位是计量尺度的量度单位。正如在会计假设中所阐述的那样，会计应坚持货币计量假设，以货币作为主要计量单位。但货币的本质是充当一般等价物的商品，其本身也有价值，而且其价值也在不断变动。因此，计量单位至少存在两种形式的选择：一是名义货币单位；二是不变货币单位(一般购买力单位)。会计计量通常使用的是名义货币，即以币值稳定为基本假设。但如果通货膨胀率居高不下，无视购买力的变化就会严重扭曲会计信息，解决问题的办法就是使用物价变动会计。

(二) 会计的计量属性

计量属性也称计量基础，是可以计量的特征或外在表现形式。它是区分不同计价模式的重要标志。

1. 会计计量属性的种类

《企业会计准则——基本准则》第四十二条规定，会计计量属性包括：

1) 历史成本

历史成本也称实际成本，是指企业在取得或制造某项财产物资时所实际支付的现金或者其他现金等价物。在历史成本计量下，资产按照购置时支付的现金或者现金等价物的金额，或者按照购置资产时所付出的对价的公允价值计量；负债按照其因承担现时义务而实际收到的款项或者资产的金额，或者承担现时义务的合同金额，或者按照日常活动中为偿还负债预期需要支付的现金或者现金等价物的金额计量。

2) 重置成本

重置成本也称现行成本，是指在当前市场条件下，重新取得同样一项资产所需支付的现金或现金等价物。在重置成本计量下，资产按照现在购买相同或者相似资产所需支付的现金或者现金等价物的金额计量；负债按照现在偿付该项债务所需支付的现金或者现金等价物的金额计量。

3) 可变现净值

可变现净值是指在正常生产经营活动中以预计售价减去进一步加工成本和销售所必需的预计税金、费用后的净值。在可变现净值计量下，资产按照其正常对外销售所能收到现金或者现金等价物的金额扣减该资产至完工时估计将要发生的成本、估计的销售费用以及相关税金后的金额计量。

4) 现值

现值是对未来现金流量以恰当的折现率进行折现后的价值，是考虑货币时间价值因素等的一种计量属性。在现值计量下，资产按照预计从其持续使用和最终处置中所产生的未来净现金流入量的折现金额计量；负债按照预计期限内需要偿还的未来净现金流出量的折现金额计量。

5) 公允价值

公允价值是指在公平交易中熟悉情况的交易双方自愿进行资产交换或者债务清偿的金额。在公允价值计量下，资产和负债按照在公平交易中熟悉情况的交易双方自愿进行资产交换或者债务清偿的金额计量。

2. 会计计量属性的选择

《企业会计准则——基本准则》第四十三条规定："企业在对会计要素进行计量时，一般应当采用历史成本，采用重置成本、可变现净值、现值、公允价值计量的，应当保证所确定的会计要素金额能够取得并可靠计量。"这是对会计计量属性选择的一种限定性条件，一般应当采用历史成本，如果要用其他计量属性，必须保证金额能够取得并可靠计量。

(三) 会计处理基础

会计处理基础包括收付实现制和权责发生制，它们是确定收入和费用的两种截然不同的方法。正确地应用权责发生制是会计核算中非常重要的一条规范。企业生产经营活动在时间上是持续不断的，不断地取得收入，不断地发生各种成本、费用，将收入和相关的费用相配比，就可以计算和确定企业生产经营活动所产生的利润。由于企业生产经营活动是连续的，而会计期间是人为划分的，所以难免有一部分收入和费用出现收支期间和应归属期间不一致的情况。于是，在处理这类经济业务时应正确选择合适的会计处理基础。可供选择的会计处理基础包括收付实现制和权责发生制。

1. 收付实现制

收付实现制也称现收现付制，是以款项是否实际收到或付出作为确定本期收入和费用的标准。采用收付实现制会计处理基础，凡是本期实际收到的款项，无论其是否属于本期实现的收入，都作为本期的收入处理；凡是本期付出的款项，无论其是否属于本期负担的费用，都作为本期的费用处理；反之，凡是本期没有实际收到和付出款项，即使应归属于本期，也不作本期的收入和费用处理。这种会计处理基础核算手续简单，但强调财务状况的确实性，不同时期缺乏可比性，所以它主要适用于行政事业单位。

2. 权责发生制

《企业会计准则——基本准则》第九条规定："企业应当以权责发生制为基础进行会计确认、计量和报告。"

权责发生制也称应计制，是指企业以收入的权力和支出的义务是否归属于本期为标准来确定收入、费用的一种会计处理基础。也就是应收应付为标准，而不是以款项的实际收付是否在本期发生为标准来确认本期的收入和费用。在权责发生制下，凡是属于本期的实现的收入和发生的费用，不论款项是否实际收到或实际支付，都应作为本期的收入和费用入账；凡是不属于本期的收入和费用，即使款项在本期收到或付出，也不作为本期的收入和费用处理。虽然采用权责发生制核算比较复杂，但是反映本期的收入和费用比较合理、真实，所以权责发生制适用于企业。

下面举几个例子，并以列表的方式对两种会计处理基础加以比较，如表 1-1 所示。

表 1-1　权责发生制和收付实现制的对比

类型	业务内容	业务 发生期	款项 收付期	收入、费用归属期	
				权责发生制	收付实现制
第一种情况	1 月份销售商品 20 000 元，款项于 2 月份收到	1 月	2 月	1 月	2 月
第二种情况	1 月份预收货款 10 000 元，商品于 2 月份发出	2 月	1 月	2 月	1 月
第三种情况	1 月份发生费用 8 000 元，款项于 2 月份支付	1 月	2 月	1 月	2 月
第四种情况	1 月份预付 2 月份费用 5 000 元	2 月	1 月	2 月	1 月
第五种情况	1 月份销售产品 30 00 元，并收到货款	1 月	1 月	1 月	1 月

第五节 会 计 方 法

一、会计方法体系概述

会计方法是用来核算和监督会计对象,完成会计任务的手段,从事会计工作所使用的各项技术和方法。各单位为了对经济业务进行核算和监督,为有利于向各方提供有用的会计信息,必须对会计方法加以研究。

会计方法是从会计实践中总结出来的,随着会计核算和监督的内容日趋复杂,会计方法也在不断地丰富和发展,经历了由简单到复杂、由不完善到逐步完善的漫长发展过程。从传统的观点来看,会计方法体系包括会计核算方法、会计分析方法和会计检查方法三种。但伴随着会计的进一步发展和会计职能的拓展,有些学者又提出来,会计方法体系还应该包括会计监督的方法、会计预测方法和会计决策等方法。这种会计方法体系的扩充,说明了现代会计的发展趋势。但这些方法之间存在着内容上的相互交叉和融合。比如,会计监督和会计控制的含义就很难明确地界定,会计检查和会计分析从监督目的和过程来看,都有监督和控制的意味。因此,会计方法体系主要包括四部分的内容:会计核算方法、会计分析方法、会计检查与监督方法、会计预测与会计决策方法。

(一)会计核算方法

会计核算是会计的基本环节,其他的会计方法都是在会计核算的基础上进行的。会计核算方法是对各单位已经发生的经济活动进行连续、系统、完整的反映和监督所采用的方法。

(二)会计分析方法

会计分析方法是以会计核算资料为主要依据,结合相关资料对单位一定时期的经济活动的过程及其结果进行剖析与评价,剖析有关因素对经济活动本身的影响程度,及时发现经营管理中存在的问题及缺陷,总结经验教训,以便在以后的经营活动中进一步加强管理、提高经济效益所采用的专门方法。会计分析的具体方法有很多,主要有比率分析法、因素分析法、平衡分析法等。这些方法将在以后的成本会计学、财务管理学和管理会计学中讲述。会计分析的主要目的在于发现问题、总结经验、评价业绩、改进提高。

(三)会计检查与监督方法

会计检查方法也称审计,是以会计核算资料为基础,依据会计法律、法规、准则及其他相关经济法规对会计核算资料的真实性、完整性、准确性、合法性进行检查。会计监督方法是对会计检查结果予以确认或对检查中发现的问题予以纠正判断和处置,从而达到控制和监督的目的。会计检查是一种手段,而会计监督是目的。会计检查的具体方法包括凭证检查、账簿检查和报表检查等。会计监督方法又分为以单位会计机构和会计人员为主的内部监督、以政府职能部门为主的政府监督和以注册会计师等中介机构为主的社会公众监督。这些方法除在本书有关章节中讲述外，还将在审计课程中阐述。会计检查与监督的目的主要在于查错防弊，保证会计资料的真实和完整，维护会计信息使用者的合法权益。

(四) 会计预测与决策方法

会计预测方法是以会计核算和会计分析资料为依据，结合市场等其他相关的信息，对未来经营活动作出的科学判断和推测所采用的方法。会计预测是会计核算在时间上的前瞻性延伸，主要运用的是预测学、数学、统计学等相关学科的成果，结合会计数据资料所形成的方法；会计决策方法是依据会计核算、会计分析、会计预测等所提供的资料，针对将要开展的某项经营活动确定可能存在的各种备选方案，进行可行性分析和择优判断，以供有关决策者进行决策所采用的方法。例如，企业进行固定资产购建或更新、对外投资、产品结构调整等，事先都需要围绕投资额度、投资回报等，采用如回收期法、盈亏平衡法、投资报酬率法等专门的方法进行测算、分析和决策，从而形成了会计决策的专门方法。会计预测、决策的方法将在管理会计学课程中讲授。会计预测与决策的目的主要是为单位预测未来发展趋势和以后的科学决策提供客观依据。

综上所述，会计核算方法是信息的基础和核心，会计分析方法是会计核算的延续和深化，会计检查与监督方法是会计核算和会计分析的质量保证，会计预测与决策方法是会计职能的扩充。这几种方法既密切联系，又有一定区别，都是为了从事会计活动、履行会计职能、实现会计目标所运用的技术手段。在本门课程中主要学习会计核算的方法，而其他的会计方法将在以后的专业课中陆续学习。

二、会计核算方法

会计核算的方法是用来反映和监督会计对象的。由于会计对象的多样性和复杂性，就决定了用来对其进行反映和监督的会计核算方法不能采用单一的方法形式，而应该采用方法体系的模式。因此，会计核算方法由设置账户、复式记账、填制和审核凭证、登记账簿、成本计算、财产清查和编制会计报表。

(一) 设置账户

账户是对会计对象的具体内容分门别类地进行记录、反映的工具。设置账户是根据国家统一规定的会计科目和经济管理的要求，科学地建立账户体系的过程。进行会计核算之前，首先应将多种多样、错综复杂的会计对象的具体内容进行科学的分类，通过分类核算和监督，才能提供管理所需要的各种指标。每个会计账户只能核算一定的经济内容，将会计对象的具体内容划分为若干项目，即为会计科目。据此设置若干个会计账户，就可以使所设置的账户既有分工又有联系地反映整个会计对象的内容，提供管理所需的各种信息。

(二) 复式记账

复式记账是记录经济业务的一种方法。复式记账法就是对任何一笔经济业务，都必须以相等的金额在相互联系的两个或两个以上的有关账户中进行登记的一种专门方法。采用这种方法记账，使每项经济业务所涉及的两个或两个以上的账户发生对应关系，登记在对应账户上的金额相等；通过账户的对应关系，可以检查有关经济业务的记录是否正确。由此可见，复式记账是一种科学的记账方法，采用这种方法记录各项经济业务，可以相互联系地反映经济业务的全貌，也便于核对账簿记录的正确性。

（三）填制和审核凭证

填制和审核凭证是为了审查经济业务是否合理、合法，保证账簿记录正确、完整而采用的一种专门方法。会计凭证是记录经济业务、明确经济责任的书面证明，是登记账簿的重要依据。对于已经发生或已经完成的经济业务，都要由经办人员或有关单位填制凭证，并签名盖章。所有凭证都要经过会计部门和有关部门的审核，只有经过审核并认为正确无误的凭证才能作为记账的依据。通过填制和审核凭证，可以保证会计记录有可靠的依据，并明确经济责任；可以监督经济业务的合法性和合理性。

（四）登记账簿

登记账簿也称记账，就是把所有的经济业务按其发生的顺序，分门别类地记入有关账簿。账簿是用来全面、连续、系统地记录各项经济业务的簿记，也是保存会计数据资料的重要工具。登记账簿必须以会计凭证为依据，按照规定的会计科目在账簿中分设账户，将所有的经济业务分别记入有关账户，并定期进行结账，计算各项核算指标，还要定期核对账目，使账簿记录同实际情况相符合。账簿所提供的各种数据资料，是编制会计报表的主要依据。

（五）成本计算

成本计算是指对生产经营过程中所发生的各种费用，按照一定对象和标准进行归集和分配，以计算确定各该对象的总成本和单位成本。企业在生产经营过程中会发生各种耗费，为了核算和监督所发生的各项费用。必须正确地进行成本计算。成本计算要在有关的账簿中进行，同时会计凭证的填制和传递也要适应成本计算的要求。成本计算提供的信息是企业成本管理所需要的主要信息。正确地选择成本计算方法，准确地计算成本，可以了解企业实际成本的高低，考核成本计划的执行情况，以便采取措施，降低成本。

（六）财产清查

财产清查是盘点实物、核对账目来查明各项财产物资和货币资金及债权债务实有数额的一种专门方法。通过财产清查，可以加强会计记录的正确性，保证账实相符。在清查中，如果发现某些财产物资和资金的实有数额同账面结存额不一致，则应查明账实不符的原因，并调整账簿记录，使账实保持一致，从而保证会计核算资料的真实性。通过财产清查，还可以发现财产物资、货币资金保管和债权、债务管理中的问题，以便对积压、变质、毁损、短缺的财产物资和逾期未能收回的款项，及时采取措施进行清理和加强财产管理，从而保护财产物资的安全、完整，挖掘财产物资的潜力，有利于加速资金周转，节约费用开支。总之财产清查对于保证会计核算资料的正确性和监督财产的安全与合理使用具有重要的作用。

（七）编制会计报表

会计报表是以一定的表格形式，对一定时期内的财务状况、经营成果和现金流量进行反映的一种综合性报告文件。编制会计报表是对日常核算的总结，是将账簿记录的内容定期地加以分类整理和汇总，提供为经济管理所需要的核算指标。会计报表提供的信息不仅可以为企业管理者进行决策时服务，也可以满足企业会计信息使用者了解该企业财务状况、经营成果和现金流量的需要。为了正确报告会计信息，应当按会计准则的有关规定来确认、计量和报告会计信息，做到数字真实、计算准确、内容完整、报送及时。

上述会计核算的各种方法是相互联系、密切配合的，对于日常发生的各项经济业务，不论是采用手工处理方式，还是使用计算机数据处理系统，首先要取得合法的凭证，按照所设置的账户，进行复式记账，根据账簿记录，进行成本计算，在财产清查、账实相符的基础上编制财务会计报告。会计核算的这七种方法相互联系，缺一不可，形成了一个完整的方法体系。会计核算方法之间的关系可用图 1-2 表示。

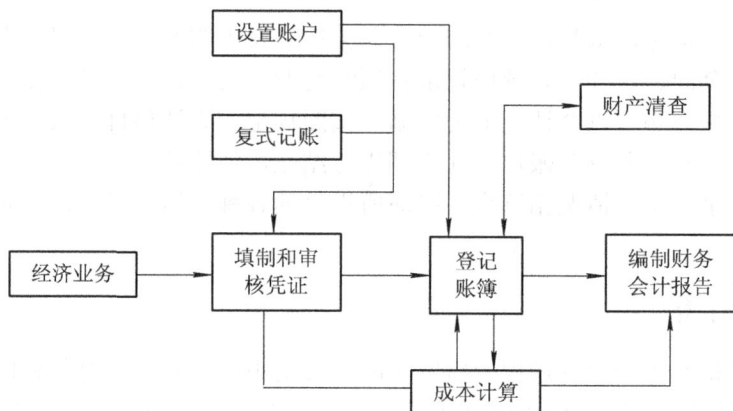

图 1-2　会计核算方法关系图

课 程 实 践

【课程实践一】

走进会计王国

王勇用 180 万元初始资金成立了黄河贸易有限公司，经营建材生意，并聘请宋涛担任公司经理。公司经过 1 年的精心经营，赚了 60 万元。当年年底，王勇的好友赵飞向公司投资 80 万元。第二年，公司的经营十分顺利，到年底的时候，不仅有 300 万元的资金、价值 70 万元的库存建材，还购置了 4 辆货运汽车。由于这一年内的经济活动太多，王勇也不能准确地知道目前公司有多少资产。他既高兴又有些担心：高兴的是他赚了很多钱；担心的是很多财物没有办法核实，并且他还想通过账目查看宋涛是否有贪污、舞弊等行为。于是王勇打算找个会计，将每一笔经济活动的来源和去向都记录下来，然后由会计依据这些经济活动的记录按照一定的周期加以汇总和分析，并向他汇报，让他能了解自己的资产、权益状况及收支状况。

假设你应聘为黄河贸易有限公司的会计，你能妥善解决王勇担心的问题吗？想要通过会计工作掌握企业的经营状况和财务状况，首先需要走进会计王国。

【课程实践二】

阿拉伯数字与汉字大写数字的书写

一、阿拉伯数字的标准写法

(1) 数字应当逐个写，不得连笔写。

(2) 字体要各自成形，大小均衡，排列整齐，字迹工整、清晰。

(3) 有网的数字，如6、8、9、0等，网圈必须封口。

(4) 同行的相邻数字之间要空半个阿拉伯数字的位置。

(5) 每个数字要紧靠凭证或账表行格底线书写，字体高度占行格高度的1/2以下，不得写满格，以便留有改错的空间。

(6) "6"字要比一般数字向右上方长出 1/4，"7"和"9"字要向左下方(过底线)长出 1/4。

(7) 字体要自右上方向左下方倾斜，约倾斜60°。

二、汉字大写数字的标准写法

(1) 中文大写金额数字应用正楷或行书填写，如壹、贰、叁、肆、伍、陆、柒、捌、玖、拾、佰、仟、万、亿、元、角、分、零、整(正)等字样，不得用一、二(两)、三、四、五、六、七、八、九、十、廿、毛、另(或 0)填写，不得自造简化字。

(2) 字体要各自成形，大小匀称，排列整齐。字迹要工整、清晰。

三、大小写金额的标准写法

(一) 小写金额的标准写法

1. 没有数位分割线的凭证账表的标准写法

(1) 阿拉伯金额数字前面应当书写货币币种符号或货币名称简写，币种符号和阿拉伯数字之间不得留有空白。凡在阿拉伯数字前写了币种符号的，数字后面不再写货币单位。

(2) 以元为单位的阿拉伯数字，除表示单价等情况外，一律写到角分；没有角分的角位和分位可写"00"或者"—"；有角无分的，分位应当写"0"，不得用"—"代替。

(3) 只有分位金额的，在元和角位上各写一个"0"字，并在元与角之间点一个小数点，如￥0.05。

(4) 元以上每三位要空半个阿拉伯数字的位置书写，如￥5 647 108.92，也可以三位一节用"分位号"分开，如￥5,647,108.92。

2. 有数位分割线的凭证账表的标准写法

(1) 对应固定的位数填写，不得错位。

(2) 只有分位金额的，在元和角位上均不得写"0"字。

(3) 只有角位或角分位金额的，在元位上不得写"0"字。

(4) 分位是"0"的,在分位上写"0";角位与分位都是"0"的,在角位与分位上各写一个"0"字。

(二) 大写金额的标准写法

(1) 大写金额要紧靠"人民币"三个字书写,不得留有空白。如果大写数字前没有印"人民币"字样的,应加填"人民币"三个字。

(2) 大写金额有"元"或"角"的,在"元"或"角"后写"整"字;大写金额有"分"的,"分"后面不写"整"字。

(3) 分位是"0"的,可不写"零分"字样,如¥4.60应写为人民币肆元陆角整。

(4) 小写金额中间有"0"的,大写金额要写"零"字。

(5) 小写金额元位是"0"的,或者数字中间连续有几个"0"的,元位也是"0",但角位不是"0"时,大写金额可以只写一个"零"字,也可以不写"零"字。

(6) 小写金额角位是"0",而分位不是"0"的,大写金额"元"后面应写"零"字。

(7) 小写金额最高位是"1"的,大写金额加写"壹"字。

(8) 在印有大写金额万、仟、佰、拾、元、角、分位置的凭证上书写大写金额时,金额前面如有空位,可画"×"注销。小写金额数字中间有几个"0"(含分位),大写金额就写几个"零"字。

四、资料

阿拉伯数字和汉字大写数字的标准写法练习资料如表1-2~表1-5所示。

表1-2 阿拉伯数字的标准写法

0	1	2	3	4	5	6	7	8	9	0	1	2	3	4	5	6	7	8	9	0	1	2	3	4	5	6	7	8	9	0	1	2	3	4	5	6	7	8	9
0	1	2	3	4	5	6	7	8	9	0	1	2	3	4	5	6	7	8	9	0	1	2	3	4	5	6	7	8	9	0	1	2	3	4	5	6	7	8	9
0	1	2	3	4	5	6	7	8	9	0	1	2	3	4	5	6	7	8	9	0	1	2	3	4	5	6	7	8	9	0	1	2	3	4	5	6	7	8	9
0	1	2	3	4	5	6	7	8	9	0	1	2	3	4	5	6	7	8	9	0	1	2	3	4	5	6	7	8	9	0	1	2	3	4	5	6	7	8	9

表1-3 汉字大写数字的标准写法

壹	贰	叁	肆	伍	陆	柒	捌	玖	拾	佰	仟	万	亿	元	角	分	零	整

表 1-4 小写金额转大写金额的练习表

会计凭证账表的"小写金额"栏								原始凭证上的"大写金额"栏
没有数位分割线	有数位分割线							
	万	千	百	十	元	角	分	
￥0.08							8	人民币：
￥0.60						6	0	人民币：
￥2.00					2	0	0	人民币：
￥17.08				1	7	0	8	人民币：
￥630.06			6	3	0	0	6	人民币：
￥1020.70		1	0	2	0	7	0	人民币：
￥15006.09	1	5	0	0	6	0	9	人民币：
￥13000.110	1	3	0	0	0	1	0	人民币：

表 1-5 大写金额转小写金额的练习表

序 号	大 写 金 额	小写金额
1	人民币伍万柒仟玖佰捌拾柒元贰角壹分	
2	人民币陆拾捌万柒仟肆佰壹拾陆元伍角整	
3	人民币叁拾伍万柒仟陆佰壹拾陆元玖角肆分	
4	人民币叁佰柒拾肆万陆仟壹佰陆拾肆元陆角捌分	
5	人民币伍佰陆拾捌万肆仟壹佰陆拾肆元壹角整	
6	人民币叁拾柒万肆仟陆佰壹拾肆元陆角肆分	
7	人民币捌万柒仟陆佰陆拾壹元叁角伍分	
8	人民币陆拾捌万陆仟玖佰柒拾元整	
9	人民币玖仟壹佰零叁元陆角捌分	
10	人民币陆拾玖万零柒佰肆拾壹元陆角肆分	
11	人民币捌仟柒佰壹拾陆元叁角陆分	
12	人民币肆佰伍拾贰元壹角陆分	
13	人民币捌拾柒万壹仟陆佰伍拾肆元玖角整	
14	人民币叁万捌仟贰佰壹拾柒元壹角陆分	
15	人民币柒万捌仟陆佰伍拾贰元伍角贰分	
16	人民币叁佰伍拾贰元叁角整	
17	人民币伍万叁仟陆佰伍拾伍元陆角柒分	
18	人民币叁佰伍拾壹万陆仟伍佰肆拾陆元壹角叁分	
19	人民币叁拾肆万陆仟陆佰捌拾肆元贰角叁分	

本 章 小 结

会计是适应生产实践的客观需要而产生、发展并不断完善起来的。会计的发展分为三个阶段，分别是古代会计、近代会计和现代会计。会计是经济管理的重要组成部分，是以货币为主要计量单位，并利用专门的方法和程序，对企业和行政、事业单位的经济活动进行连续、系统、全面核算和监督，提供以财务信息为主的经济信息，为外部有关各方的投资、信贷决策服务，是为强化内部经济管理和提高经济效益服务的一个经济信息系统。

核算和监督是会计的两个基本职能。除此之外，还有一些扩展职能，比如会计控制职能、会计分析职能、会计预测职能和会计决策职能。会计的目标是受托责任观和决策有用观的有机结合。

会计的一般对象是社会扩大再生产过程中的资金运动。会计的具体对象表现为资金进入企业、资金的循环和周转及资金退出企业的运动。会计的具体对象分为制造型企业的资金运动、商品流通企业的资金运动和行政事业单位的资金运动。其中，制造型企业的资金运动最复杂。

会计核算分为四部分，即会计基本假设、会计信息质量要求、会计计量属性以及会计确认、计量和报告的基础。会计基本假设包括会计主体、持续经营、会计分期和货币计量四个假设。会计信息质量要求的原则主要包括可靠性、相关性、可比性、可理解性、实质重于形式、重要性、谨慎性和及时性等。会计计量包括计量属性和计量单位的选择。我国会计准则规定的计量属性有历史成本、重置成本、可变现净值、现值和公允价值五种。会计确认、计量和报告的基础有收付实现制和权责发生制。企业以权责发生制为基础来确认收入和费用。

会计方法体系主要包括四个部分的内容，即会计核算方法、会计分析方法、会计检查与监督方法、会计预测与会计决策方法等。会计核算方法包括设置账户、复式记账、填制和审核凭证、登记账簿、成本计算、财产清查和编制会计报表。

习 题 一

一、单项选择题

1. 会计是以( )为主要计量单位的。

A. 实物   B. 货币

C. 劳动量   D. 价格

2. 会计的本质是( )。

A. 管理工作   B. 经济管理工作

C. 基础性工作   D. 信息系统

3. 会计的最基本职能是( )。

　　A. 核算职能　　　　　　　　　　　　B. 监督职能

　　C. 分析职能　　　　　　　　　　　　D. 预测职能

4. 会计核算和监督的内容是特定主体的(　　　)。

　　A. 经济活动　　　　　　　　　　　　B. 实物运动

　　C. 资金运动　　　　　　　　　　　　D. 经济资源

5. 会计主体是会计所核算和监督的特定单位或组织，它界定了从事会计工作和提供会计信息的(　　　)。

　　A. 时间长度　　　　　　　　　　　　B. 空间范围

　　C. 必要手段　　　　　　　　　　　　D. 原则和方法

6. 会计分期是建立在(　　　)基础上的。

　　A. 会计主体　　　　　　　　　　　　B. 持续经营

　　C. 货币计量　　　　　　　　　　　　D. 权责发生制

7. 持续经营前提的主要意义在于，它可使企业在会计原则和会计方法的选择建立在(　　　)。

　　A. 试算平衡的基础上　　　　　　　　B. 复式记账的基础上

　　C. 非清算的基础上　　　　　　　　　D. 会计分期的基础上

8. (　　　)为会计核算提供了必要的手段。

　　A. 会计主体　　　　　　　　　　　　B. 会计分期

　　C. 持续经营　　　　　　　　　　　　D. 货币计量

9. 企业应当以(　　　)为基础进行会计确认、计量和报告。

　　A. 收付实现制　　　　　　　　　　　B. 权责发生制

　　C. 定期盘存制　　　　　　　　　　　D. 不定期盘存制度

10. 企业在对会计要素进行计量时，一般应采用(　　　)。

　　A. 可变现净值　　　　　　　　　　　B. 现值

　　C. 公允价值　　　　　　　　　　　　D. 历史成本

二、多项选择题

1. 会计的基本职能有(　　　)。

　　A. 进行会计核算　　　　　　　　　　B. 实施会计监督

　　C. 参与经济决策　　　　　　　　　　D. 评价经营业绩

2. 下列说法正确的是(　　　)。

　　A. 会计核算过程采用货币为主要计量单位

　　B. 我国企业的会计核算只能以人民币为记账本位币

　　C. 业务收支以外币为主的单位可以选择某种外币为记账本位币

　　D. 在境外设立的中国企业向国内报送的财务报表，应当折算为人民币

3. 会计核算职能是指会计以货币为主要计量单位，通过(　　　)等环节，对特定主体的经济活动进行记账、算账、报账。

　　A. 确认　　　　　　　　　　　　　　B. 记录

　　C. 计算　　　　　　　　　　　　　　D. 报告

4. 会计监督职能是指会计人员在进行会计核算的同时，对经济活动的(　　)进行审查。

A. 合法性　　　　　　　　　　　　　　B. 合理性

C. 有效性　　　　　　　　　　　　　　D. 盈利性

5. 不属于会计核算方法的是(　　)。

A. 复式记账　　　　　　　　　　　　　B. 会计检查

C. 会计分析　　　　　　　　　　　　　D. 成本计算

6. 会计核算的基本前提是(　　)。

A. 会计主体　　　　　　　　　　　　　B. 持续经营

C. 会计分期　　　　　　　　　　　　　D. 货币计量

7. 我国将会计期间划为(　　)。

A. 年度　　　　　　　　　　　　　　　B. 半年度

C. 季度　　　　　　　　　　　　　　　D. 月度

8. 工业企业的资金运动(　　)。

A. 资金的循环和周转　　　　　　　　　B. 资金的投入

C. 资金的耗用　　　　　　　　　　　　D. 资金的退出

9. 下列各项中，属于会计核算的具体工作的是(　　)。

A. 记账　　　　　　　　　　　　　　　B. 算账

C. 报账　　　　　　　　　　　　　　　D. 控制

10. 会计的计量属性主要包括(　　)。

A. 历史成本　　　　　　　　　　　　　B. 可变现净值

C. 重置成本　　　　　　　　　　　　　D. 公允价值

三、判断题

1. 会计以货币为唯一计量单位。　　　　　　　　　　　　　　　　　　　(　　)

2. 会计主体指会计所核算和监督的内容。　　　　　　　　　　　　　　　(　　)

3. 凡是特定主体进行的经济活动，都是会计核算和监督的内容。　　　　　(　　)

4. 会计主体与法律主体是完全对等的概念。　　　　　　　　　　　　　　(　　)

5. 会计期间分为年度、季度、月度。　　　　　　　　　　　　　　　　　(　　)

6. 会计年度即公历年度，通常从某一年的 1 月 1 日起到 12 月 31 日止。　(　　)

7. 谨慎性要求企业不仅要确认可能发生的收入，也要确认可能发生的费用和损失，以对未来的风险进行充分核算。　　　　　　　　　　　　　　　　　　　　　(　　)

8. 重要性要求企业提供的会计信息应当反映与企业财务状况、经营成果和现金流量等有关的所有重要交易或者事项。　　　　　　　　　　　　　　　　　　　(　　)

9. 按照权责发生制，凡是属于本期的收入，无论款项是否在本期收到，都应当作为本期的收入。　　　　　　　　　　　　　　　　　　　　　　　　　　　　(　　)

10. 会计分期界定了从事会计工作和提供信息的空间范围。　　　　　　　(　　)

四、简答题

1. 简述会计的含义及特点。

2. 什么是会计的职能？会计的基本职能有哪些特点？

3. 什么是权责发生制？什么是收付实现制？二者对收入和费用的确认有何区别？

4. 会计核算方法体系有哪些内容构成？它们之间的联系是什么？

五、案例分析

【目的】　运用权责发生制和收付实现制分别计算某一会计期间企业的收入和费用。

【资料】　茂源公司 2020 年 1 月份发生了下列经济业务：

(1) 销售产品 3 000 元，货款已存入银行。

(2) 销售产品 7 000 元，货款本月尚未收到。

(3) 销售产品 2 000 元，货款已于上月预收。

(4) 本期预收销货款 1 000 元，下月发货。

(5) 本月发生银行借款利息 2 000 元，尚未支付。

(6) 预付全年保险费 12 000 元。

(7) 本月电信费 500 元，以现金支付。

(8) 本月发生水电费 3 000 元，尚未支付。

(9) 本月发生房屋租金 2 000 元，上月已预付。

【要求】　根据上述业务，分别运用权责发生制和收付实现制，确认该企业 1 月份的收入和费用各是多少。

习题一参考答案

第二章 会计要素与会计等式

【知识目标】

了解会计要素的含义、内容构成及特征，掌握反映会计要素之间关系的会计等式。

【能力目标】

理解六大会计要素的基本内容，掌握会计等式的基本原理以及发生经济业务对会计等式的影响，为深入学习会计的基本方法奠定理论基础。

【案例导读】

如何确定股份的转让价格

李明和张静是大学同学，两人 2019 年大学本科毕业后开始自主创业，成立了一家网络科技公司，并创办了自己的网站。实际投入资本 30 万元，其中张静投资 18 万元，李明投资 12 万元，均为个人家庭的借款。日常公司管理由张静负责，李明一边复习考研，一边利用业余时间进行网站策划。在公司运行一年以后，由于要扩大网站规模，公司向张静父母借款 15 万元投入网站的建设中。2020 年 10 月，公司经营陷入困难，净资产仅剩 10 万元，且李明考上了研究生准备脱离公司。李明和张静商量后，决定把股份转让给张静，但双方就转让价格发生了分歧。

根据以上情况，请运用会计要素和会计等式的相关知识，说明如何确定李明的股份价格。请学完本章后，分析讨论。

第一节 会 计 要 素

一、会计要素的定义

会计要素是对会计对象的内容按照其经济特征的不同所做的基本分类，是会计对象的具体化。会计要素是从会计的角度解释构成企业经济活动的必要因素，是对会计内容的第一步分类。我国财政部颁布的《企业会计准则》将企业会计内容划分为六项会计要素，即资产、负债、所有者权益、收入、费用和利润。

会计要素的意义和作用主要表现在以下两个方面：

(1) 会计要素是会计内容的基本分类，它为会计分类核算提供了基础。把会计内容划分为会计要素将产生两方面的作用：一是可以按照会计要素的分类提供会计数据和会计信息，这使相关的投资和经营决策对于经济管理来说变得切实可行；二是可以按照会计要素的分类，分别进行会计确认和会计计量，这使会计确认和会计计量有了具体的对象。

(2) 会计要素为财务报表构筑了基本框架。由不同的会计要素组成的财务报表可以分类反映各项会计要素的基本数据，并科学、合理地反映会计要素之间的相互关系，从而提供许多有用的经济信息。这对企业外部的会计信息使用者和企业内部的管理者都是十分必要的。

二、会计要素的分类

我国《企业会计准则——基本准则》将会计要素分为资产、负债、所有者权益、收入、费用和利润。其中，资产、负债和所有者权益是反映企业在某一特定日期(如月末、季末、半年末、年末)财务状况的会计要素，称为静态的会计要素；收入、费用和利润是反映企业在一定时期(如月度、季度、半年度、年度)经营成果的会计要素，称为动态的会计要素。资产、负债和所有者权益构成资产负债表的基本框架，收入、费用和利润构成利润表的基本框架。

(一) 反映财务状况的会计要素

1. 资产

1) 资产的定义

资产是指企业过去的交易或事项形成的、由企业拥有或控制的、预期会给企业带来经济利益的资源。

2) 资产的特征

(1) 资产是由过去的交易或事项所形成的。企业预期在未来发生的事项或者正在发生的交易或事项不形成资产。例如，企业 1 月份计划购买一批材料，并与供应商签订了购买合同，预期 3 月份购买，因此 1 月份不能确认该批材料为资产，只能到实际发生交易的 3 月份才可以确认其为资产。

(2) 资产是企业拥有或控制的经济资源。一项资源要确认为企业的资产必须拥有所有权或者虽然不拥有所有权，但该资源可以被企业所控制。例如，企业融资租入的固定资产，该项固定资产虽然所有权归出租方，但该项资产的风险和报酬都由承租方承担，承租方控制了该项资产，因此应该作为承租方的资产。

(3) 资产预期会给企业带来经济利益。可以为企业带来未来的经济利益是资产的本质特征，一旦不能为企业带来经济利益，就不能确认为资产。例如，一条在技术上已经淘汰的生产线，尽管在实物上仍然存在，但它实际上已经不能用于产品生产，预期不能为企业带来经济利益，所以不能确认为企业的资产。

3) 资产的确认

除了要符合资产的定义外，还要同时满足以下两个条件，才能确认为企业的资产。

(1) 与该资产有关的经济利益很可能流入企业。

(2) 该资产的成本或者价值能够可靠地计量。

【知识拓展 2-1】

"很可能"发生的可能性如表 2-1 所示。

表 2-1 概率区间划分

项　目	发生的概率区间
基本确定	95% < 发生的可能性 < 100%
很可能	50% < 发生的可能性 ≤ 95%
可能	5% < 发生的可能性 ≤ 50%
极小可能	0 < 发生的可能性 ≤ 5%

4) 资产的分类

资产按照其流动性不同分为流动资产和非流动资产。所谓流动性，是指资产转变成现金或现金等价物的能力，即通过对其正常使用最终以现金或现金等价物的形式实现其价值的能力。这种能力的体现一般以其变现时间的长短作为衡量标准。

(1) 流动资产是指预计在一年(含一年)或者一个正常营业周期内变现、出售或耗用的资产。流动资产包括货币资金、交易性金融资产、应收及预付款、存货等。

(2) 非流动资产是流动资产以外的资产，主要包括长期投资、长期应收款、固定资产、无形资产等。

2. 负债

1) 负债的定义

负债是指企业过去的交易或事项形成的、预期会导致经济利益流出企业的现时义务。

2) 负债的特征

(1) 负债是由过去的交易或事项形成的。也就是说，企业预期在将来要发生的交易或事项可能产生的债务，不能作为负债确认。例如，企业计划向银行借款，这笔借款不能确认为负债。

(2) 负债是企业过去承担的现时义务。现时义务是企业在现行条件下已承担的义务，这一特征是由"负债是由过去的交易或事项所形成的"所决定的。只有过去的交易或事项才可能形成企业的现时义务，而如果是"未来承诺"，则不可能形成现时义务。所以，未来发生的交易或事项形成的义务，不属于现时义务，不应确认为负债。

【知识拓展 2-2】

负债是企业承担的现时义务。该现时义务包括法定义务和推定义务。比如，企业购买了货物，因为签订了合同，所以要给供应方付款，这就是法定义务；企业销售货物，货物如果出现质量问题，则应该由企业负责退换或修理，这就是推定义务。

(3) 负债的清偿预期会导致经济利益流出企业。负债的清偿也就是现时义务的履行会导致经济利益流出企业。例如，用银行存款偿还债务等。

3）负债的确认

除了要符合负债的定义外，还要同时满足以下两个条件，才能确认为企业的负债。

(1) 与该义务有关的经济利益很可能流出企业。

(2) 未来流出的经济利益的金额能够可靠地计量。

4）负债的分类

负债按其偿还期限的长短，可以分为流动负债和非流动负债。

(1) 流动负债是预计在一年(包含一年)或一个正常营业周期内清偿。流动负债主要包括短期借款、应付票据、应付账款、预收款项、应付职工薪酬、应交税费、应付股利等。

(2) 非流动负债是流动负债以外的负债，主要包括长期借款、应付债券、长期应付款等。

3. 所有者权益

1）所有者权益的定义

所有者权益是指企业全部资产扣除全部负债后由所有者享有的剩余权益。公司的所有者权益又称为股东权益。所有者权益在性质上体现为所有者对企业资产的剩余权益，在数量上表现为全部资产减去负债后的余额。

2）所有者权益的特征

(1) 除非发生减资、清算或分派现金股利，否则企业不需要偿还所有者权益。

(2) 企业清算时，资产只有清偿所有的负债后，还有剩余才返还给所有者。

(3) 所有者凭借所有者权益能参与企业的利润分配。

(4) 所有者权益具有比债权人权益更大的风险。

【知识拓展 2-3】

负债和所有者权益的区别如表2-2所示。

表2-2 负债和所有者权益的区别

比较项目	负债和所有者权益的区别
对企业的要求权不同	负债是债权人对企业资产的要求权；而所有者权益是所有者或股东对企业净资产的要求权
享有的权利不同	债权人没有参与企业经营管理和决策的权利，也没有参与企业盈利分配的权利；而所有者或股东具有法定的管理企业和委托他人经营企业的权利，同时还具有参与企业利润分配的权利
偿还期限不同	负债需要偿还，有规定的偿还期限，必须按期还本付息；所有者权益不需偿还，除非发生减值、清算
承担的风险不同	债权人可以按事先约定取得固定的利息收入，并在债务到期时获得返还的本金，承担的风险相对较小；而所有者应获得的投资收益和企业业绩紧密联系，承担的风险相对较大

3）所有者权益的来源

所有者权益的来源包括所有者投入的资本、直接计入所有者权益的利得和损失、留存收益。

(1) 所有者投入的资本。所有者投入的资本包括实收资本和资本公积。实收资本是所有者投入各种财产物资在工商注册登记的注册资本。资本公积是指企业收到投资者出资额超过其在注册资本所占份额的部分。

(2) 直接计入所有者权益的利得和损失。直接计入所有者权益的利得和损失是指不应计入当期损益的、会导致所有者权益发生增减变动的、与所有者投入资本或向所有者分配利润无关的利得和损失，以公允价值计量且其变动计入其他综合收益的金融资产持有期间所产生的公允价值变动收益或损失。

(3) 留存收益。留存收益是指企业从历年利润中提取或留存于企业的内部积累。它来源于企业的生产经营活动所实现的利润，包括企业的盈余公积和未分配利润两部分。

① 盈余公积是指按照企业法律、法规的规定从净利润中提取的公共积累，包括法定盈余公积和任意盈余公积。法定盈余公积是指企业按照《中华人民共和国公司法》(以下简称《公司法》)规定的比例提取的盈余公积金。任意盈余公积是企业经股东大会或类似机构批准后按照规定提取的盈余公积金。

② 未分配利润是指企业留待以后年度分配的利润。

4) 所有者权益的确认

由于所有者权益体现的是所有者在企业中的剩余权益，因此，所有者权益的确认主要依赖于其他会计要素，尤其是资产和负债的确认；所有者权益金额的确定也主要取决于资产和负债的计量。

(二) 反映经营成果的会计要素

1. 收入

1) 收入的定义

收入是指企业在日常活动中形成的、会导致所有者权益增加的、与所有者投入资本无关的经济利益的总流入。

【知识拓展 2-4】

广义的收入是指企业因生产经营及其他活动而获得的全部经济利益的总流入。上述定义中的概念是从狭义的角度讲的。广义的收入包含狭义的收入和直接计入当期损益的利得。此后，本书不再说明广义的收入和狭义的收入，统指狭义的收入。

2) 收入的特征

(1) 收入是企业在日常的经营活动中形成的。日常活动是指企业为完成其经营目标所从事的经常性活动以及与之相关的活动，包括销售商品、提供劳务等。

【知识拓展 2-5】

工商企业销售商品、提供劳务等属于企业为完成其经营目标所从事的经常性活动，由此而形成的经济利益的总流入构成企业的收入。企业所从事或发生的某些活动，虽然也能为企业带来经济利益，但不属于经常性活动，不属于收入，如处置固定资产、无形资产形成的经济利益的流入。

(2) 收入最终会导致企业所有者权益增加。收入形成经济利益总流入的形式是多样的，可能表现为资产的增加、负债的减少或两者兼而有之，最终导致所有者权益的增加。

(3) 收入所导致的所有者权益的增加与所有者投入资本无关。收入是企业经营现有资产的所得，而非所有者投入资本带来的经济利益的流入。所有者投入资本可以导致所有者权益增加，但它不是企业的经营成果，因而不能确认为收入。

(4) 收入只包括本企业经济利益的流入，不包括为第三方或客户代收的款项。例如，商业银行代委托贷款企业收取的利息，不属于商业银行的收入。

【知识拓展 2-6】

利得是由企业非日常活动所形成的、会导致所有者权益增加的、与所有者投入资本无关的经济利益的流入。

思考：收到的捐赠属于收入吗？收入和利得有什么不同？

分析：收到的捐赠不属于收入，不符合收入的定义，属于利得。收入和利得的不同之处在于：一个是由日常活动产生的，另一个是由非日常活动产生的。

3）收入的确认条件

除了要符合收入的定义以外，还要至少同时满足以下两个条件才能确认为企业的收入。

(1) 与收入相关的经济利益很可能流入企业。

(2) 流入的经济利益的金额能够可靠地计量。

2. 费用

1）费用的定义

费用是指企业在日常活动中发生的、会导致所有者权益减少的、与所有者分配利润无关的经济利益的总流出。

【知识拓展 2-7】

广义的费用是指企业因生产经营及其他活动而发生的全部经济利益的总流出。上述定义中的概念是从狭义的角度讲的。广义的费用包含狭义的费用和直接计入当期损益的损失。此后，本书不再说明广义的费用和狭义的费用，统指狭义的费用。

2）费用的特征

(1) 费用是指企业在日常经营活动中形成的，而不是在偶发的交易或事项中发生的经济利益的流出。也就是说，日常活动形成的经济利益的流出才形成费用。例如，支付管理人员的工资所导致的经济利益流出应作为费用。

(2) 费用最终会导致所有者权益减少。费用的表现形式是多样的，可能表现为资产的减少、负债的增加或者两者兼而有之，最终会导致所有者权益的减少。例如，企业用一笔存款偿还债务，不影响所有者权益，因此不构成企业的费用。

(3) 费用所导致的所有者权益的减少与向所有者分配利润无关。费用是企业经营现有资产的耗费，而非因向所有者分配利润而流出的经济利益。向所有者分配利润虽然也可以导致所有者权益减少，但这种减少属于所有者权益的直接抵减项目，不能确认为费用。

3）费用的确认

除了要符合费用的定义以外，还要至少同时满足以下两个条件，才能确认为企业的费用。

(1) 与费用相关的经济利益很可能流出企业。

(2) 流出的经济利益的金额能够可靠地计量。

4）费用的分类

按照费用与收入的关系，费用可以分为生产经营成本和期间费用等。

(1) 生产经营成本是与收入直接相关的耗费，是为取得收入而必须付出的代价，其价值从实现的收入中直接得到补偿，如营业成本、税金及附加。

① 营业成本是所销售商品或提供劳务等的成本。按照在企业日常活动中所处的地位可以分为主营业务成本和其他业务成本。企业已销商品或已提供劳务的成本包括为生产该商品或劳务所发生的直接费用和间接费用。直接费用包括直接材料和直接人工。间接费用是生产部门为组织和管理而发生的费用，如制造费用。

② 税金及附加是企业在生产经营过程中产生的税金及附加，包括消费税、城建税和教育费附加等。

(2) 期间费用是指与收入没有直接关系的耗费，不计入产品成本，而应当在本会计期间计入当期损益的费用，包括管理费用、销售费用和财务费用。

① 管理费用是企业行政管理部门为组织和管理整个企业的生产经营活动而发生的各项费用，如行政管理人员的工资和办公费、管理用设备的折旧费等。

② 销售费用是在销售商品和材料、提供劳务的过程中发生的各项费用，如广告费、展览费、销售过程中发生的运费等。

③ 财务费用是企业为筹集资金而发生的筹资费用，如借款的利息。

【知识拓展 2-8】

损失是由企业非日常活动所形成的、会导致所有者权益减少的、与所有者分配利润无关的经济利益的流出。

思考：给某企业的捐赠属于费用吗？费用与损失有何不同？

分析：捐赠不属于费用，不符合费用的定义。费用与损失的不同之处在于：一个是由日常活动产生的，另一个是由非日常活动产生的。

3. 利润

1）利润的定义

利润是企业在一定会计期间的经营成果，包括收入减去费用后的净额、直接计入当期利润的利得和损失等。

2）利润的构成

利润由营业利润、利润总额和净利润构成。

(1) 营业利润是指企业在销售商品、提供劳务等日常活动中产生的利润。它在数量上表现为一定会计期间所实现的营业收入减去营业成本、营业税金及附加、期间费用等的金额。

(2) 利润总额是指营业利润加上营业外收入，再减去营业外支出后的金额。

(3) 净利润是指利润总额减去所得税费用后的金额。

【知识拓展 2-9】

会计要素是财务会计理论的基石，是构建会计准则的核心。不同会计准则的要素体系不尽相同。中国会计准则、国际会计准则 IASB 和美国 FASB 的会计要素存在明显的差异，如表 2-3 所示。

表 2-3　各国的会计要素

中国会计准则	IASB		FASB	
资产	资产		资产	收入
负债	负债		负债	费用
所有者权益	所有者		所有者权益	利得
收入	收益		业主投资	损失
费用	费用		业主派得	综合收益
利润				

清晰了解会计要素

第二节　会计等式

会计要素是对会计对象按照经济特征进行的基本分类，是会计对象的具体化内容。六项会计要素从不同的角度反映了企业的财务状况和经营成果，它们彼此之间存在着内在的数量关系。会计等式就是揭示会计要素之间内在数量关系的数学表达式，又称为会计方程式或会计平衡公式。会计等式按照所包含的会计要素的不同，具体分为静态会计等式、动态会计等式和综合会计等式。

一、静态会计等式

静态等式是描述静态会计要素之间数量关系的数学表达式。资产、负债和所有者权益三个会计要素属于静态会计要素，因为它们是某一时点下资金处于静止状态下的表现。企业要进行生产经营活动，必须从投资者和债权人那里取得一定的资金。这些资金表现的形式就是企业的资产在企业生产经营活动过程不同阶段的占用。企业的资产要么来源于债权人，形成企业的负债，要么来源于投资者的投资，形成企业的所有者权益。资金的占用和资金的来源必然相等，因此，资产从价值量上必然等于负债和所有者权益之和。这一关系用公式表示出来就是会计的基本恒等式，即

$$资产 = 负债 + 所有者权益$$

从债权人的角度来说，静态等式中的负债是债权人对企业资产享有的权益，也称债权人的权益，与所有者权益可统称为权益，所以此等式可以写成：

$$资产 = 权益$$

该等式反映了资产与权益之间内在数量的恒等关系。没有无权益的资产，也没有无资产的权益。静态会计等式是编制资产负债表的理论基础，是设置会计科目和账户、建立复式记账等会计核算方法的理论依据，是最基本的会计等式。

二、动态会计等式

动态会计等式是描述动态会计要素之间内在数量关系的数学表达式。收入、费用和利润三个会计要素属于动态会计要素，因为它们是一段时期内资金处于运动状态下的表现。收入、费用和利润三个动态会计要素之间在数量关系上可用公式表示出来：

$$收入 - 费用 = 利润$$

其中，收入表现为广义的收入，包括狭义的收入和直接计入当期损益的利得；费用表现为广义的费用，包括狭义的费用和直接计入当期损益的损失。

动态会计等式反映了某一会计期间企业收入、费用和利润之间的数量关系，是编制利润表的理论依据。

三、综合会计等式

上述两个会计等式相互之间存在着有机的联系。在会计期间的任一时刻，可以合并成综合的会计等式：

$$资产 = 负债 + 所有者权益 + 收入 - 费用$$

通过移项，可以写成：

$$资产 + 费用 = 负债 + 所有者权益 + 收入$$

这一综合等式的含义是：在企业成立之日资产、负债、所有者权益平衡的基础上，经过一个会计期间的经营，在期末时，三者之间又建立了新的平衡关系。由此推理得出结论：在企业持续经营期间的任何一个时点上，资产与负债和所有者权益在数量上总是保持平衡关系。因此，资产=负债+所有者权益称为恒等式，有着重要的意义。

【 **知识拓展** 2-10 】

如何理解综合会计等式"资产 = 负债 + 所有者权益 + 收入 - 费用"？

解析：收入的增加最终会导致所有者权益的增加，费用的增加最终会导致所有者权益的减少。当企业盈利时，收入大于费用，引起所有者权益的增加；当企业亏损时，收入小于费用，引起所有者权益的减少。在基本等式的基础上表达为资产 = 负债 + (所有者权益+利润)，在会计期间的任一时刻该等式都成立，代入动态等式(利润=收入 - 费用)，得出综合等式。

孔子与会计

第三节 经济业务发生对会计等式的影响

一、经济业务的含义

经济业务是指引起会计要素发生变化并能用货币计量的经济活动，也称为会计事项。经济业务可以划分为交易和事项。交易是指一个企业与其他企业之间经济往来而发生的经济业务，如向供应商购买原材料、向客户销售商品进行款项结算等。事项是指企业内部业务活动，是需要进行账务处理的经济业务，如生产经营活动中耗用原材料、支付职工工资等。

二、经济业务的发生类型

企业会发生各种各样的经济业务，每一笔经济业务的发生都会对会计要素产生影响。但不管会计要素如何增减变动，都不会破坏会计等式中各要素之间的平衡关系，其资产总额总是与负债和所有者权益的总额相等。归纳起来，经济业务的发生所引起的等式两边会计要素增减变动的方式，有以下四种类型：

(1) 资产项目和权益项目同时增加(等式两边同增)。

(2) 资产项目和权益项目同时减少(等式两边同减)。

(3) 资产项目内部有增有减(等式左边有增有减)。

(4) 权益项目内部有增有减(等式右边有增有减)。

以上四种资金变化情况如图 2-1 所示。

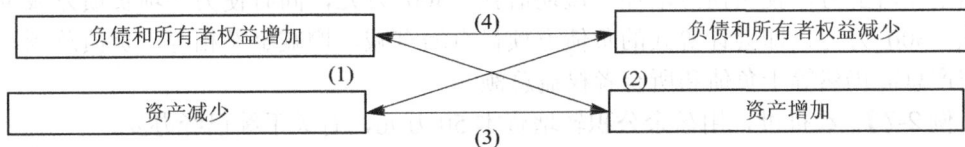

图 2-1　资金增减变化图

综上所述，可将上述四种类型对会计等式的影响划分为九种具体情况，如表 2-4 所示。

表 2-4　资金增减变化的九种情况

经济业务类型		资产	负债	所有者权益
第一大类	1	增加	增加	
	2	增加		增加
第二大类	3	减少	减少	
	4	减少		减少
第三大类	5	有增有减		
第四大类	6		有增有减	
	7			有增有减
	8		增加	减少
	9		减少	增加

三、以具体的经济业务为例说明经济业务的发生对会计等式的影响

弘大公司 2020 年 1 月份发生如下业务：

【例 2-1】 从银行取得短期借款 500 万元，办妥手续，款项已存入银行账户。

这笔经济业务，使资产方增加"银行存款"500 万元，同时使负债方"短期借款"增加 500 万元，即会计等式两方同时等额增加，资产总额仍然等于负债和所有者权益总额。

【例 2-2】 用银行存款偿还应付账款 300 万元。

这笔经济业务，使资产方减少"银行存款"300 万元，同时使负债方"应付账款"减少 300 万元，即会计等式两方同时等额减少，资产总额仍然等于负债和所有者权益总额。

【例 2-3】 投资者投入一台设备价值 600 万元。

这笔经济业务，使资产方增加"固定资产"600 万元，同时使所有者权益方"实收资本"增加 600 万元，即会计等式两方同时等额增加，资产总额仍然等于负债和所有者权益总额。

【例 2-4】 经批准，以银行存款退还某投资者资金 60 万元。

这笔经济业务，使资产方减少"银行存款"60 万元，同时使所有者权益方减少"实收资本"60 万元，即会计等式两方同时等额减少，资产总额仍然等于负债和所有者权益总额。

【例 2-5】 从银行提取现金 30 万元。

这笔经济业务，使资产方减少"银行存款"30 万元，同时使资产方增加"库存现金"30 万元，即会计等式的资产方项目有增有减，增减金额相等，资产总额不变，因此资产总额仍然等于负债和所有者权益总额。

【例 2-6】 向银行借入短期借款 300 万偿还应付账款。

这笔经济业务，使负债方增加"短期借款"300 万元，同时使另一项负债方减少"应付账款"300 万元，即会计等式的负债方项目有增有减，增减金额相等，负债总额不变，因此资产总额仍然等于负债和所有者权益总额。

【例 2-7】 经批准，用盈余公积转增资本 50 万元，有关手续已经办妥。

这笔经济业务，使所有者权益"实收资本"增加 50 万元。同时使另一项所有者权益方"盈余公积"减少 50 万元，即会计等式的所有者权益项目有增有减，增减金额相等，所有者权益总额不变，因此资产总额仍然等于负债和所有者权益总额。

【例 2-8】 将对某公司的长期借款 800 万元，转作对本企业的投资。

这笔经济业务，使负债项目"长期借款"减少 800 万元，同时使所有者权益项目"实收资本"增加 800 万元，即会计等式右边所有者权益有关项目与负债有关项目之间此增彼减，增减金额相等。这类业务不涉及会计等式左边资产项目，因此会计等式两方的总金额仍然维持不变。

【例 2-9】 根据实现的利润，企业应付给投资者的利润为 20 万，款项尚未支付。

这笔经济业务，使所有者权益项目"利润分配"减少 20 万，同时使负债"应付股利"增加 20 万，即会计等式右边所有者权益有关项目与负债有关项目之间此增彼减，增减金额相等。这类业务不涉及会计等式左边资产项目，因此会计等式两方的总金额仍然维持不变。

综上所述，经济业务的发生对会计恒等式的影响不外乎两种情况：一是引起会计恒等式一边内部项目有增有减，增减金额相等，相互抵消后，其总额保持原来的不变；二是引

起会计恒等式两边对应项目同增同减，增减金额相等，双方变动后的总额保持相等关系。因此得出结论：任何一笔经济业务的发生，无论引起各项会计要素发生什么样的增减变动，都不会改变会计恒等式的平衡关系。

【知识拓展 2-11】

(1) 弘大公司将库存商品出售，售价 30 万元，款项未收。分析该业务对会计要素的影响。此业务会影响"资产＝负债＋所有者权益"的恒等关系吗？

解析： 这笔业务使弘大公司"应收账款"增加 30 万元，同时使弘大公司"主营业务收入"增加 30 万元，而收入的增加最终会引起所有者权益的增加。因此这笔业务属于资产和所有者权益同时增加的情况，不改变等式的恒等关系。

(2) 用银行存款支付广告费用 7 万元。分析该业务对会计要素的影响。此业务会影响"资产＝负债＋所有者权益"的恒等关系吗？

解析： 这笔业务使弘大公司"银行存款"减少 7 万元，同时使弘大公司"销售费用"增加 7 万元，而费用的增加最终会引起所有者权益的减少。因此这笔业务属于资产和所有者权益同时减少的情况，不改变等式的恒等关系。

课程实践

【课程实践一】

一、目的

熟练掌握会计要素及其组成项目。

二、资料

假定华信公司 2020 年末有如下项目：

(1) 某集团公司向华信公司投入资金 300 000 元。

(2) 存放在工商银行的存款 1 500 000 元。

(3) 向银行借入资金 43 000 元，期限三个月。

(4) 存放在企业的备用现金 3 000 元。

(5) 仓库中存放的各种材料 230 000 元。

(6) 尚未生产完工的在制产品 4 000 元。

(7) 已完工入库的成品 5 000 元。

(8) 各类机器设备、房屋建筑物 700 000 元。

(9) 欠交国家的各种税金 1 200 元。

(10) 本公司欠 B 公司的购买材料款 1 000 元。

(11) C 公司欠本公司的销货款 3 200 元。

(12) 销售产品取得销售收入 1 500 元。

(13) 企业管理部门发生的办公费和水电费共 700 元。

(14) 出租机器设备取得的租金收入 200 元。

(15) 以前年度留存的尚未分配的利润 5 000 元。

(16) 预收某单位货款 3 000 元。

三、要求

根据上述资料，指出上述各个项目分别属于哪个会计要素和会计要素中的哪个项目？

【课程实践二】

一、目的

熟练掌握资产的分类。

二、资料

假定华信公司 2020 年末有如下项目：

(1) 库存现金：30 000 元。

(2) 银行存款：720 000 元。

(3) 完工入库产品：250 000 元。

(4) 尚未完工入库的在产品：150 000 元。

(5) 机器设备：350 000 元。

(6) 房屋建筑物：460 000 元。

(7) 预收账款：32 000 元。

(8) 预付账款：15 000 元。

(9) 应收账款：23 000 元。

(10) 应付账款：17 000 元。

(11) 土地使用权：60 700 000 元。

(12) 应付职工薪酬：890 000 元。

(13) 应交税费：70 000 元。

(14) 库存原材料：10 000 元。

(15) 短期借款：40 000 元。

(16) 长期借款：200 000 元。

三、要求

根据上述资料，计算华信公司 2020 年末流动资产、流动负债总额分别是多少？

【课程实践三】

一、目的

掌握经济业务的发生对会计等式的影响。

二、资料

假定华信公司 12 月发生下列经济业务：

(1) 收到上级单位投资款 100 万元，已存入银行。

(2) 向银行借 80 万存入银行。

(3) 从银行存款户提出现金 5 万元。

(4) 向甲公司购入原材料 4 万元，货款未付。

(5) 以银行存款 2 万元归还欠甲公司购料款。

(6) 向银行借款 2 万元归还欠甲公司购料款。

(7) 上级单位向本公司追加投资 50 万元，为本公司归还银行借款。

(8) 以存款 30 万元代上级单位归还债务，作为上级单位对本公司的投资减少。

(9) 上级单位将投资的一半，即 75 万元，转让给振兴研究所。

(10) 公司销售产品实现收入 1 万元，取到现金。

(11) 用存款 0.5 万元付房租。

(12) 销售产品实现收入 2 万元，货款尚未收到。

(13) 生产产品耗用材料 1.2 万元。

(14) 计算本月应付职工薪酬 1.5 万元，下月支付。

(15) 计算本月应交税费 0.3 万元，下月交纳。

三、要求

根据上述经济业务，分析对会计等式的影响，并将分析结果填入表 2-5 中。(注：只填列有关于会计要素的增减金额)

表 2-5　分　析　结　果

业务号	资产/万元	=	负债/万元	+	所有者权益/万元	+	收入/万元	−	费用/万元
1		=		+		+		−	
2		=		+		+		−	
3		=		+		+		−	
4		=		+		+		−	
5		=		+		+		−	
6		=		+		+		−	
7		=		+		+		−	
8		=		+		+		−	
9		=		+		+		−	
10		=		+		+		−	
11		=		+		+		−	
12		=		+		+		−	
13		=		+		+		−	
14		=		+		+		−	
15		=		+		+		−	

本 章 小 结

会计要素是对会计对象的基本分类。会计要素分为六大类。其中，资产、负债和所有者权益是反映财务状况的要素，收入、费用和利润是反映经营成果的要素。

会计等式表明了会计要素之间的基本关系，揭示了企业财务状况和经营成果的本质。会计等式有静态和动态之分。

静态会计等式：

$$资产 = 负债 + 所有者权益$$

动态会计等式：

$$收入 - 费用 = 利润$$

将动态会计等式代入静态会计等式，可得出：

$$资产 = 负债 + 所有者权益 + 收入 - 费用$$

这一等式表明，企业的收入能导致企业资产的增加和所有者权益的增加，而费用的发生会导致资产和所有者权益的减少。

经济业务的发生归纳总结有四大类型，九种情况。不管经济业务如何发生，都不会改变会计恒等式"资产 = 负债 + 所有者权益"的恒等关系。

习 题 二

一、单项选择题

1. 下列属于企业的流动资产的是(　　)。

A. 存货　　　　　　　　　　　　　B. 厂房

C. 机器设备　　　　　　　　　　　D. 专利权

2. 所有者权益在数量上等于(　　)。

A. 全部资产减去全部负债的净额　　B. 所有者的投资

C. 实收资本和资本公积之和　　　　D. 实收资本与未分配利润之和

3. 负债是指企业由于过去的交易或事项形成的(　　)。

A. 过去义务　　　　　　　　　　　B. 现实义务

C. 现时义务　　　　　　　　　　　D. 将来义务

4. 符合会计要素收入定义的是(　　)。

A. 出售材料收入　　　　　　　　　B. 出售无形资产净收益

C. 出售固定资产的净收益　　　　　D. 罚款收入

5. 下列各项中，不属于费用要素的内容是(　　)。

A. 销售费用　　　　　　　　　　　B. 管理费用

C. 财务费用　　　　　　　　　　　D. 预付账款

6. 下列经济活动中，引起资产和负债同时减少的是(　　)。

A. 购买材料货款尚未支付   B. 以现金支付办公费用

C. 以银行存款偿付前欠货款   D. 收回前欠货款

7. 弘大公司的资产总额为 200 万，负债为 40 万，在将 20 万元负债转为投资后，则资产总额为(　　)。

A. 230 万   B. 200 万

C. 680 万   D. 90 万

8. 各会计要素之间的相互关系的综合会计等式可以描述为(　　)。

A. 资产=所有者权益   B. 资产 = 负债 + 所有者权益

C. 资产 = 收入 － 费用   D. 资产 + 费用 = 负债 + 所有者权益 + 收入

9. 企业的利润总额减去(　　)，就是净利润。

A. 各种税费   B. 所得税费用

C. 管理费用   D. 营业外支出

10. 一项资产的增加，不可能引起(　　)。

A. 另一项资产的减少   B. 一项所有者权益的增加

C. 一项负债的增加   D. 一项负债的减少

二、多项选择题

1. 反映财务状况的会计要素的是(　　)。

A. 资产   B. 负债

C. 所有者权益   D. 收入

2. 反映一定时期内经营成果的会计要素的是(　　)。

A. 收入   B. 负债

C. 费用   D. 利润

3. 下列各项中，属于期间费用的是(　　)。

A. 制造费用   B. 销售费用

C. 管理费用   D. 财务费用

4. 流动负债包括(　　)。

A. 长期借款   B. 短期借款

C. 应付账款   D. 预付账款

5. 留存收益包括(　　)。

A. 实收资本   B. 资本公积

C. 盈余公积   D. 未分配利润

6. 资产和权益的平衡关系是(　　)。

A. 编制会计报表的依据   B. 复式记账法的理论依据

C. 编制资产负债表的依据   D. 编制利润表的依据

7. 下列各项经济业务中，能引起会计等式左右两边会计要素变动的有(　　)。

A. 收到购买方前欠货款 30 000 元存入银行

B. 以银行存款偿还银行借款

C. 收到投资者投入机器设备一台，价值 70 万元

D. 以银行存款购买材料 10 000 元

8. 企业在取得收入时可能会影响到的会计要素是(   )。

A. 资产   B. 负债

C. 所有者权益   D. 费用

9. 下列各项经济业务中，能引起资产和负债同时增加的有(   )。

A. 企业赊购材料一批   B. 用银行存款偿还所欠货款

C. 从银行借入一笔款项存入银行账户   D. 收到投资人投入的资金存入银行

10. 下列各项经济业务中，能引起资产和所有者权益同时增加的有(   )。

A. 收到国家投资存入银行   B. 提取盈余公积金

C. 收到外单位投入设备一台   D. 将资本公积金转增资本

三、判断题

1. 应收以及预收账款是资产，应付及预付款是负债。   (   )

2. 资产按照流动性可以分为流动资产和固定资产。   (   )

3. 只要是过去的交易、事项形成的并由企业所拥有或控制的资源，均应确认为企业的资产。   (   )

4. 按照我国会计准则，负债不仅指现实已存在的债务责任，还包括将来可能发生的、偶然事项形成的债务责任。   (   )

5. 收入是企业所从事的活动中，会导致所有者权益增加的，与所有者投入资本无关的经济利益的总流入。   (   )

6. 如果企业在一定时期内，发生了亏损，必然会导致所有者权益的减少。   (   )

7. 资产、负债与所有者权益的平衡关系是企业资金运动处于相对静止状态下出现的，如果考虑收入、费用等动态要素，则资产与权益的平衡关系必然被破坏。   (   )

8. 一项资产的增加，必然导致一项负债或所有者权益的增加。   (   )

9. 会计要素中既有反映财务状况的要素、又有反映经营成果的要素。   (   )

10. 利润是收入与费用配比相抵后的差额，是经营成果的最终要素。   (   )

四、简答题

1. 什么是会计要素？我国《企业会计准则》规定的会计要素有哪些？

2. 什么是资产？资产的特征有哪些？

3. 什么是负债？什么是所有者权益？两者有何区别与联系？

4. 什么是会计等式？它有哪几种不同的表达方式？

5. 什么是经济业务？经济业务的发生对基本会计等式有什么影响？

五、案例分析

刘琳大学毕业之后到弘大公司实习，尽管知道六大会计要素，但是六大要素的区分还不是很熟练，经常把资产和所有者权益弄错。弘大公司会计师把 11 月份的业务整理出来，让刘琳弄清楚会计要素的划分和它们之间的联系，会计要素之间的联系清楚了，划分起来就容易了。弘大公司 11 月份的业务有：

(1) 弘大公司 2020 年 11 月 1 日，获得弘大公司 300 000 元的投资，并存入银行。

(2) 2020 年 11 月 7 日，弘大公司以银行存款购买原材料一批，支付价款 20 000 元。

(3) 2020 年 11 月 10 日，弘大公司向银行借入 3 个月期限的借款 120 000 元。

(4) 公司向弘海公司购进材料一批，价值 30 000 元，款项尚未支付。

(5) 2020 年 11 月 23 日，弘大公司以银行存款支付所欠弘海公司货款。

【问题】请刘琳判断一下上述业务涉及哪些会计要素？这些会计要素在经济业务发生后如何变化？是否影响会计等式？

六、业务题

1. 业务题一

【目的】练习会计要素的划分。

【资料】弘大公司有下列项目：

(1) 存放在出纳处的现金。

(2) 存在银行的存款。

(3) 向银行借入 3 个月的临时借款。

(4) 仓库里存放的材料。

(5) 仓库中存放的已完工的产品。

(6) 正在加工中的在制产品。

(7) 向银行借入 3 年期限的借款。

(8) 房屋及建筑物。

(9) 所有者投入的资本。

(10) 机器设备。

(11) 应收外单位的货款。

(12) 应付外单位的材料款。

(13) 以前年度积累的未分配利润。

(14) 从净利润中提取的盈余公积。

(15) 销售商品的收入。

(16) 销售材料的收入。

(17) 销售商品的成本。

(18) 销售材料的成本。

(19) 支付的广告费。

(20) 企业本月发生税金及附加 3 000 元。

【要求】判断上列各项目分别所属的会计要素。

2. 业务题二

【目的】练习经济业务的发生对会计等式的影响。

【资料】假定弘大公司发生了下列经济业务：

(1) 用银行存款购买原材料 3 000 元。

(2) 用银行存款偿还前欠某公司购货款 3 200 元。

(3) 向银行借入流动资金借款 50 000 元，存入银行存款户。

(4) 收到投资者投入的资本 3 500 000 元，存入银行。

(5) 购买设备一台 3 100 元，货款尚未支付。

(6) 收回应收的销货款 3 000 元，存入银行。

(7) 将盈余公积转为资本金 200 000 元。

(8) 向银行借款 320 000 元，直接偿还欠某公司的购货款。

(9) 弘大公司投资人为企业偿还银行借款 50 000 元，并将其作为对弘大公司的追加投资。

(10) 企业投资人收回部分投资 200 000 元，弘大公司以银行存款支付。

【要求】根据上述经济业务，说出对会计等式影响的类型，并将结果填入表 2-6 中。

表 2-6　经济业务的发生对会计等式的影响

经 济 业 务	对会计等式影响的类型
(1) 一项资产增加，另一项资产减少	
(2) 一项负债增加，另一项负债减少	
(3) 一项所有者权益增加，另一项所有者权益减少	
(4) 一项资产增加，一项负债增加	
(5) 一项资产增加，一项所有者权益增加	
(6) 一项资产减少，一项负债减少	
(7) 一项资产减少，一项所有者权益减少	
(8) 一项负债增加，一项所有者权益减少	
(9) 一项负债减少，一项所有者权益增加	

根据上述经济业务，逐项分析其对资产、负债及所有者权益三类会计要素增减变动的影响。

习题二参考答案

第三章 会计科目与账户

【知识目标】

通过本章的学习，掌握会计科目与会计对象、会计要素之间的关系，了解常用的会计科目，明确会计科目与账户之间的关系，熟悉账户的设置、格式、特点、分类。

【能力目标】

掌握会计科目的定义及会计科目与会计要素的关系，掌握账户的设置、格式、特点、分类。

【案例导读】

小李大学毕业以后在一家新成立的公司(弘大公司)做核算会计。在小李工作的第一天，就有该公司经理来报销出差发票，在其提供的发票中有参加考察发生的火车票、出租车票、住宿发票、餐费发票等，还有为公司签发合同办理的飞机票、餐票等。

面对不同用途、各种类型的原始凭据，作为一名会计的小李该如何对其进行分类？该如何做账呢？

第一节 会 计 科 目

一、会计科目的概念

会计科目是对会计要素对象的具体内容进行分类核算的类目。会计对象的具体内容各有不同，管理要求也各有不同。为了全面、系统、分类地核算与监督各项经济业务的发生情况，以及由此而引起的各项资产、负债、所有者权益和各项损益的增减变动，就有必要按照各项会计对象分别设置会计科目。设置会计科目是对会计对象的具体内容加以科学归类，是进行分类核算与监督的一种方法。

企业在经营过程中发生的各种各样的经济业务，会引起各项会计要素发生增减变化。企业的经营业务错综复杂，即使涉及同一种会计要素，也往往具有不同性质和内容。例如，固定资产和现金虽然都属于资产，但它们的经济内容以及在经济活动中的周转方式和所引起的作用各不相同；又如，应付账款和长期借款虽然都是负债，但它们的形成原因和偿付期限是各不相同的；再如，所有者投入的实收资本和企业的利润虽然都是所有者权益，但它们的形成原因与用途不大一样。为了实现会计的基本职能，从数量上反映各项会计要素的增减变化，不但需要取得各项会计要素增减变化及其结果的总括数字，而且要取得一系列更加具体的分类和数量指标。因此，为了满足所有者了解利润构成及其分配情况、负债及构成情况的需要，为了满足债务人了解流动比率、速动比率等有关指标并判断其债权人的安全情况的需要，为了满足税务机关了解企业欠缴税金的详细情况的需要，还要对会计要素作进一步的分类。这种对会计要素对象的具体内容进行分类核算的项目称为会计科目。

会计科目是进行各项会计记录和提供各项会计信息的基础，设置会计科目是复式记账中编制、整理会计凭证和设置账簿的基础，并能提供全面、统一的会计信息，便于投资人、债权人以及其他会计信息使用者掌握和分析企业的财务情况、经营成果和现金流量。

二、设置会计科目的意义

会计要素是对会计对象的分类，但会计要素仍不能满足会计信息使用者的需要，还应进一步分类。对会计要素进一步分类的项目是会计科目。在企业日常生产经营过程中，根据企业经营性质的不同，会计要素的内容势必会根据企业的数量金额有所变化。比如，用银行存款购买固定资产，会导致银行存款的减少，固定资产的增加，使得资产要素的具体内容发生变化，但资产的总体不变；用现金偿还应付账款，应付账款与现金同时减少，使得负债与资产两要素都会减少。现今企业活动的复杂性会导致各个会计要素之间的构成及会计要素之间的增减变化具有规律性，有些业务可能导致会计恒等式发生变化，有些业务在会计要素内部构成中发生增减变化。

设置会计科目是根据会计要素的内容与经济管理的需要，事前规定分类核算的项目与标志的一种专门工具方法。通过设置会计科目可以将不同性质、不同内容的经济问题简单化，可以将复杂问题趋于规律、易于识别。在设置会计科目时，需要将会计要素中具体内容归为一类。从会计信息分类角度看，会计科目是会计科目编制的代码。任何有用的经济信息都可以归集为一个代码，即会计科目。从会计信息使用者角度看，会计科目设置决定着会计账户开设和报表结构设计，是一种基本的会计核算方法。

三、设置会计科目的原则

会计科目是反映会计要素的构成情况及其变化情况，为投资者、债权人、企业管理者等提供会计信息的重要手段，在其设置过程中应努力做到科学、合理、实用，因此在设计会计科目时应遵循下列基本原则：

(1) 设置会计科目要符合国家的会计法规体系的规定。国家的会计法规体系体现了国家对财务会计工作的要求，因此，设计会计科目首先要以此为依据，设置时应尽量符合《中华人民共和国会计法》以及《企业会计准则》等规定，以便编制会计凭证，登记账簿，查阅账目，实行会计电算化。

(2) 设置会计科目要结合所反映会计要素的特点，具有一定的灵活性。设置会计科目必须对会计要素的具体内容进行分类，以分门别类地反映和监督各项经营业务，不能有任何遗漏，即所设置的会计科目应能覆盖企业的所有要素。比如，有些公司主要制造工业产品，根据这一业务特点就必须设置反映和监督其经营情况和生产过程的会计科目，如"主营业务收入"和"生产成本"；而农业企业就可以设置"消耗性生物资产"和"生产性生物资产"；金融企业则应设置反映和监督吸收和贷出存款的相关业务，可以设置"利息收入"和"利息支出"等科目。此外,为了便于发挥会计的管理作用,企业可以根据实际情况自行增设、减少或合并某些会计科目的明细科目。

(3) 设置会计科目要全面反映企业经济业务内容。在会计要素的基础上对会计对象的具体内容做进一步分类时,为了全面而概括地反映企业生产经营活动情况,会计科目的设置要保持会计指标体系的完整,企业所有能用货币表现的经济业务,都能通过所设置的某一会计科目进行核算。

(4) 会计科目名称力求简明扼要,内容确切。每一科目原则上反映一项内容,各科目之间不能相互混淆。企业可以根据本企业的具体情况,在不违背会计科目使用原则的基础上,确定适合本企业的会计科目名称。

(5) 要保持相对稳定性。为了便于在不同期间分析比较会计核算指标和在一定范围内汇总会计核算指标,应保持会计科目的相对稳定,不能随意变动会计科目的名称、内容等数据,要保持会计科目核算的可比性。

会计科目趣味解读

四、会计科目的内容及级别

(一) 会计科目的内容

根据会计法律最新准则《企业会计准则——应用指南》,结合企业的复杂性,设置适用于本书的会计科目,如表3-1所示。

表 3-1　会计科目表

序号	编号	会计科目名称	序号	编号	会计科目名称	序号	编号	会计科目名称
		一、资产类	17	1406	库存商品	34	1604	在建工程
1	1001	库存现金	18	1407	发出商品	35	1605	工程物资
2	1002	银行存款	19	1410	商品进销差价	36	1606	固定资产清理
3	1015	其他货币资金	20	1411	委托加工物资	37	1701	无形资产
4	1101	交易性金融资产	21	1412	包装物及低值易耗品	38	1702	累计摊销
5	1121	应收票据	22	1461	存货跌价准备	39	1703	无形资产减值准备
6	1122	应收账款	23	1501	待摊费用	40	1711	商誉
7	1123	预付账款	24	1502	持有至到期投资减值准备	41	1801	长期待摊费用
8	1131	应收股利	25	1503	可供出售金融资产	42	1811	递延所得税资产
9	1132	应收利息	26	1511	长期股权投资	43	1901	待处理财产损溢
10	1231	其他应收款	27	1512	长期股权投资减值准备			二、负债类
11	1241	坏账准备	28	1521	投资性房地产	44	2001	短期借款
12	1321	代理业务资产	29	1531	长期应收款	45	2101	交易性金融负债
13	1401	材料采购	30	1541	未实现融资收益	46	2201	应付票据
14	1402	在途物资	31	1601	固定资产	47	2202	应付账款
15	1403	原材料	32	1602	累计折旧	48	2205	预收账款
16	1404	材料成本差异	33	1603	固定资产减值准备	49	2211	应付职工薪酬

续表

序号	编号	会计科目名称	序号	编号	会计科目名称	序号	编号	会计科目名称
50	2221	应交税费	65	3202	被套期项目	78	6051	其他业务收入
51	2231	应付利息			四、所有者权益类	79	6101	公允价值变动损益
52	2232	应付股利	66	4001	实收资本	80	6111	投资损益
53	2241	其他应付款	67	4002	资本公积	81	6301	营业外收入
54	2314	代理业务负债	68	4101	盈余公积	82	6401	主营业务成本
55	2401	递延收益	69	4103	本年利润	83	6402	其他业务支出
56	2501	长期借款	70	4104	利润分配	84	6403	税金及附加
57	2502	应付债券	71	4201	库存股	85	6601	销售费用
58	2701	长期应付款			五、成本类	86	6602	治理费用
59	2702	未确认融资费用	72	5001	生产成本	87	6603	财务费用
60	2711	专项应付款	73	5101	制造费用	88	6604	勘探费用
61	2801	预计负债	74	5103	待摊进货费用	89	6701	资产减值损失
62	2901	递延所得税负债	75	5201	劳务成本	90	6711	营业外支出
		三、共同类	76	5301	研发支出	91	6801	所得税费用
63	3101	衍生工具			六、损益类	92	6901	以前年度损益调整
64	3201	套期工具	77	6001	主营业务收入			

注：(1) 共同类项目的特点是既可能是资产，也可能是负债。它们在某些条件下是一项权益，形成经济利益的流入，这时是资产，在某些条件下是一项义务，将导致经济利益流出企业，这时是负债。

(2) 损益类项目是形成利润的要素。例如，主营业务收入为反映收益类科目，主营业务成本为反映费用类科目。

【知识拓展 3-1】

　　思考：从银行提取现金 500 元，该题目需设置哪些科目？

　　分析：该项业务应设置"银行存款"和"库存现金"科目。

　　思考：购买办公用品 10 000 元，款项尚未支付，需设置哪些科目？

　　分析：该项业务应设置"原材料"和"应付账款"科目。

　　思考：接受投资者投入设备一台，价值 100 万元，需设置哪些科目？

　　分析：该项业务应设置"实收资本"和"固定资产"科目。

　　思考：弘大公司销售产品一批，价值 50 000 元，货款尚未收到，需设置哪些科目？

　　分析：该项业务应设置"主营业务收入"和"应收账款"科目。

(二) 会计科目的级别

各个会计科目并不是彼此孤立的，而是相互联系、相互补充的，它们组成一个完整的会计科目体系。这些会计科目能够全面、系统、分类地反映和监督会计要素的增减变动情况及其结果，为经营治理提供所需要的一系列核算指标。在生产经营过程中，由于经济管理的要求不同，因此所需要的核算指标的详细程度也就不同。依照经济治理的要求，既需要设置提供括核算指标的总账科目，又需要设置提供详细核算资料的二级明细科目和三级明细科目。

1. 总账科目

总账科目即一级科目，也称总分类会计科目，是对会计要素的具体内容进行总括分类的会计科目，是进行总分类核算的依据。为了满足会计信息使用者对信息质量的要求，总账科目是由财政部《企业会计准则——应用指南》统一规定的。

2. 明细科目

明细科目也称为明细分类会计科目、细目，是在总账科目的基础上，对总账科目所反映的经济内容进行进一步详细分类的会计科目，以提供更详细、更具体的会计信息。例如，在"原材料"科目下按材料类别不开设"原料及要紧材料""辅助材料""燃料"等二级科目。明细科目的设置，除了要符合财政部的统一规定外，一般依照经营管理需要，由企业自行设置。对于明细科目较多的科目，能够在总账科目和明细科目设置二级或多级科目。比如在"原料及要紧材料"下，可依照材料规格、型号等开设三级明细科目。

在实际工作中，并不是所有的总账科目都需要开设二级和三级明细科目，依照会计信息使用者所需不同信息的详细程度，有些只需设一级总账科目，有些只需要设一级总账科目和二级明细科目，不需要设置三级科目。会计科目的级别如表 3-2 所示。

表 3-2　会计科目的级别

总账科目 (一级科目)	明细科目	
	二级科目(子目)	三级科目(细目)
原材料	原料及要紧材料	圆钢、角钢
	辅助材料	润滑剂、石碳酸
	燃　　料	汽油、原煤

【知识拓展 3-2】

会计科目设置的有关问题

会计科目与会计要素共同构成了会计科目体系，用来诠释会计对象。会计科目与会计要素是纵向关系，会计科目是会计要素的具体化，因此，从这个意义上来讲，会计科目的分类与会计要素的分类应该同步一致。

会计要素分为资产、负债、所有者权益、收入、费用和利润，那么会计科目的分类也应该分为这六类，在理论上它们之间的关系才能自洽。但是，目前在我国的会计理论与实务中它们的分类并不一致，会计科目分为资产、负债、所有者权益、成本、损益等类别。显然，会计要素分类的项目与会计科目分类的各个项目的含义不一致，有利润会计要素，却没有利润会计科目，将反映利润要素的会计科目并入了其他科目类别中。同样地，没有成本要素，却有成本科目，这意味着成本科目反映了其中某一项会计要素。这样就会导致相同名称的会计要素项目与会计科目项目的含义不一致。例如，同样是资产，会计要素中的资产类别与会计科目中的资产类别的含义并不一致，会计要素中的资产包含了会计科目中的资产科目与成本科目。在逻辑上，会计科目体系的设置显得相当混乱，因此，需要对传统的会计科目体系理论设计进行改进，进一步厘清会计科目与会计要素之间的关系，使会计科目体系的设置更具有科学性和逻辑性。

第二节 会计账户

一、设置账户的概念

会计科目只是对会计对象的具体内容(会计要素)进行分类的项目账户。为了能够分门别类地对各项经济业务的发生所引起的会计要素的增减变动情况及其结果进行全面、连续、系统、准确反映和监督，为经营管理提供需要的会计信息，必须设置一种方法或手段，以核算指标的具体数字资料，因此必须根据会计科目开设账户。

所谓会计账户，是具有一定格式，用来分类、连续地记录经济业务，反映会计要素增减变动及其结果的一种核算工具。所以设置会计科目以后，还要根据规定的会计科目开设一系列反映不同经济内容的账户。每个账户都有一个科学而简明的名称，账户的名称就是会计科目。会计账户是根据会计科目设置的。设置账户是会计核算的一种专门方法，运用账户，把各项经济业务的发生情况及由此引起的资产、负债、所有者权益、收入、费用和利润等要素的变化系统地、分门别类地进行核算，以便提供所需的各项指标。会计账户是对会计要素的内容所作的科学再分类。

会计科目与账户是两个既相区别又相互联系的不同概念。它们的共同点是：会计科目是设置会计账户的依据，是会计账户的名称，会计账户是会计科目的具体运用，会计科目所反映的经济内容，就是会计账户所要登记的内容。它们之间的区别在于：会计科目只是对会计要素具体内容的分类，本身没有结构；会计账户则有相应的结构，是一种核算方法，能具体反映资金的运用状况。因此，会计账户比会计科目，分户更为明细，内容更为丰富。

二、设置账户的格式

会计要素作为会计核算对象，随着经济的复杂性和多样性，在数量上会产生增减变化并相应产生变化结果。用来分类记录经济业务的账户必须确定账户结构：增加的数额记在哪里，减少的数额记在哪里，增减变动后的结果记在哪里。

账户一般划分为左右两方。每一方会根据经济业务的需要分成若干栏次，用来分类登记经济业务与会计要素的增加及减少变动情况。账户的格式详见图3-1。

账户的格式设计一般应包括以下内容：

(1) 账户的名称，即会计科目。

(2) 日期和摘要，即经济业务发生的时刻和内容。

(3) 凭证号数，即账户记录的来源和依据。

(4) 增加和减少的金额。

(5) 余额。

会计数字的写法

年凭证			摘要	借方										贷方									借或贷	余额									
	字	号数		亿	千	百	十	万	千	百	十	元	角	分	亿	千	百	十	万	千	百	十	元	角	分		亿	千	百	十	万	千	百	十	元	角	分

一级科目
户名

图 3-1 账户的格式

在会计实务中常用的会计账户结构如表 3-3 所示。

表 3-3 账户名称(会计科目)

年		凭证号数	摘要	借方	贷方	借或贷	余额
月	日						

为了教学方便,在教材中经常用简化的格式,即 T 形账户来说明账户结构。该结构通常由左右两方组成,其中一方记增加,另一方记减少。至于哪一方记增加,哪一方记减少,取决于记账的方法和账户的性质。在借贷记账法下,会计账户的左边称为"借方",会计账户的右边称为"贷方",如图 3-2 所示。

借方　　　账户名称　　　贷方

图 3-2 T 形账户

下面以借贷记账法账户结构为例讲明账户结构。

账户的金额栏记录的主要内容是期初余额、本期增加额、本期减少额及期末余额。其中,本期增加额反映本期借方或贷方增加的余额;本期减少额反映借方或贷方本期减少额;本期增加额与本期减少额相抵后的差额是本期的期末余额;在年末需要结转到下年的期末余额,就是下年初的期初余额。上述四项变动的关系可以用下列公式来表示:

本期期末余额 = 期初余额 + 本期增加额 − 本期减少发生额

由公式可知,若已知其中三个金额要素,则可以计算出另一个未知金额要素。本期的期末余额就是下期的期初余额,且余额的方向总是与增加的方向一致。

【**例3-1**】 弘大机械公司 2020 年 1 月 1 日"银行存款"账户的期初余额是 10 000 元，1 月份本期增加额合计为 2 000 元，本期减少额合计为 3 000 元，请计算 1 月 31 日"银行存款"账户的期末余额。

解 根据"期末余额 = 期初余额 + 本期增加发生额 − 本期减少发生额"公式得出

"银行存款"账户的期末余额 = 10 000 + 2 000 − 3 000 = 9 000(元)

用简化的 T 形账户表示，如图 3-3 所示。

借方		银行存款	贷方	
期初余额	10 000			
本期增加发生额	2 000	本期减少发生额	3 000	
期末余额	(9 000)			

图 3-3　银行存款 T 形账户

【**例3-2**】 弘大机械公司 2021 年 1 月份"短期借款"账户的本期增加发生额为 26 000 元，本期减少发生额为 16 000 元，1 月 31 日期末余额为 30 000 元，请计算 1 月 1 日"短期借款"账户的期初余额。

解 根据"期末余额 = 期初余额 + 本期增加发生额 − 本期减少发生额"公式，得出

期初余额 = 期末余额 + 本期减少发生额 − 本期增加发生

= 30 000 + 16 000 − 26 000 = 20 000(元)

用简化的 T 形账户表示，如图 3-4 所示。

借方		短期借款	贷方	
		期初余额	(12 000)	
本期减少发生额	16 000	本期增加发生额	26 000	
		期末余额	30 000	

图 3-4　短期借款 T 形账户

三、账户的分类

按照不同的标准对账户进行分类，可以从不同的角度认识账户，并把全部账户划分为各种类别。由于账户是根据会计科目开设的，因此会计科目的分类同样适用于账户的分类。本书着重介绍账户的两种分类方法，即按照反映的经济内容分类和按照提供指标的详细程度分类。

（一）按照反映的经济内容分类

账户按经济内容可以分为资产类账户、负债类账户、所有者权益类账户、成本类账户和损益类账户等五类。

1. 资产类账户

按照资产的流动性不同，资产类账户可以分为流动资产类账户和非流动资产类账户。

流动资产类账户主要有库存现金、银行存款、应收账款、原材料、库存商品等账户。非流动资产类账户主要有固定资产、无形资产、长期股权投资等。

2. 负债类账户

按照负债偿还期限的长短不同,负债类账户可以分为流动负债类账户和非流动负债类账户。流动负债类账户主要有短期借款、应付账款、应付票据、应交税费、应付职工薪酬等。非流动负债类账户主要有长期借款、应付债券等账户。

3. 所有者权益类账户

所有者权益类账户按照来源和构成的不同可以分为投入资本类所有者权益类账户和资本积累类所有者权益类账户。投入资本类所有者权益类账户主要有实收资本(股份制公司中又称其为股本)、资本公积等。资本积累类所有者权益类账户主要有盈余公积、本年利润、利润分配等。

4. 成本类账户

成本类账户按照是否可以直接归集于产品的成本分为直接计入成本类账户和间接分配计入成本类账户。直接计入产品成本类账户有生产成本账户。间接分配计入成本类账户有制造费用账户。

5. 损益类账户

损益类账户按照性质和内容不同可以分为收入类账户和费用类账户。收入类账户主要有主营业务收入、其他业务收入等账户。费用类账户主要有主营业务成本、其他业务成本、销售费用、管理费用、财务费用等账户。

(二) 按照提供指标的详细程度分类

按照提供指标的详细程度的不同,账户可以分为总分类账户和明细分类账户。

1. 总分类账户

总分类账户是根据总分类科目开设的,简称总账,又称一级账户,以货币为计量单位,提供总括核算资料。

2. 明细分类账户

明细分类账户是根据明细分类科目开设的,简称明细账,以货币、实物等为计量单位,提供详细核算资料。

总分类账户与明细分类账户的关系是:总分类账户是对所属明细分类账户的总括,对明细分类账户起着统驭和控制作用;明细分类账户是对其总分类账户的细分,起着补充、说明的作用。

(三) 会计账户的其他分类方法

会计账户可以在经济内容分类的基础上,按照用途和结构进行分类,分为三大类九小类,具体如图3-5所示。

```
                          ┌ 盘存账户：库存现金、原材料、库存商品等
                   ┌ 基本账户┤ 结算账户：应收账款、应付账款等
                   │        │ 跨期摊配账户：长期待摊费用等
                   │        └ 资本账户：实收资本、资本公积等
        会计账户 ┤ 调整账户：累计折旧
                   │        ┌ 集合分配账户：制造费用等
                   └ 业务账户┤ 成本计算账户：生产成本等
                            │ 配比账户：主营业务收入、主营业务成本等
                            └ 财务成果账户：本年利润等
```

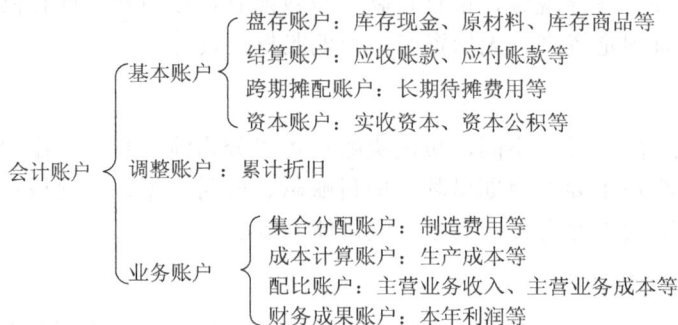

图 3-5 账户按用途和结构分类

课 程 实 践

【课程实践一】

知悉账户和复式记账

公司采购员用支票购买 10 000 元的塑钢，并将采购发票交给你，同时库管员也将入库单交给你，你应该如何记录这项经济活动呢？

通过前面的学习我们知道，塑钢和银行存款均属于资产，如果用会计六要素记录，你也许会记成：

增加资产 10 000 元；

减少资产 10 000 元。

可没过多久，你就不清楚发生了什么具体的经济活动。由此可见，六要素的分类太笼统了，必须给六要素做进一步分类。六要素的进一步分类就产生了不同的会计科目。

会计对象、会计要素和会计科目三者密切相连，互为依存，连续划分，越分越细，从而满足了会计进行分类核算、提供详略的不同的各种会计信息的需要。

【课程实践二】

一、目的

熟练掌握会计科目的名称及内容。

二、资料

假定茂源 2020 年末有如下项目：

(1) 存放在企业的现金：10 000 元。

(2) 存放在银行的款项：580 000 元。

(3) 库存的各种材料：720 000 元。

(4) 房屋、建筑物：3 500 000 元。

(5) 机器设备：5 030 000 元。

(6) 库存的完工产品：250 000 元。

(7) 向银行借入的流动资金借款：150 000 元。

(8) 固定资产累计已提折旧：2 300 000 元。

(9) 投资者投入的资本：6 000 000 元。

(10) 向银行借入还款期 3 年的借款：240 000 元。

(11) 欠供货方材料款：3 000 元。

(12) 购货方拖欠本公司销售款：5 000 元。

(13) 企业留存的盈余公积：20 000 元。

(14) 尚未完工入库的在制产品：15 000 元。

(15) 本年实现利润：300 000 元。

(16) 应付职工的工资：500 000 元。

(17) 应上交的税金：3 000 元。

(18) 企业拥有的土地使用权：8 000 000 元。

三、要求

根据上述资料，指出各个项目分别归属于哪个会计科目？

【课程实践三】

一、目的

通过练习，掌握会计科目的运用。

二、资料

某制造企业发生下列经济业务：

(1) 收到国家投入的资本 5 000 000 元，已存入银行。

(2) 向银行借入期限为 3 个月的借款 300 000 元，已存入银行。

(3) 从银行提取现金 5 000 元备用。

(4) 购入原材料 90 000 元，但货款尚未支付。

(5) 以现金 600 元支付公司办公用品费。

(6) 购入卡车一辆，以银行存款支付价款 320 000 元。

(7) 生产产品领用原材料 60 000 元。

(8) 应付企业管理人员薪酬 30 000 元。

(9) 计提生产车间厂房和机器设备的折旧 8 000 元。

(10) 销售产品收入 80 000 元，但款项尚未收到。

(11) 以银行存款偿还前欠某单位的货款 160 000 元。

(12) 以银行存款支付欠交的税金 30 000 元。

(13) 出售多余材料，收到现金 300 元。

(14) 将盈余公积转增资本金。

(15) 以银行存款支付借款利息 1 500 元。

三、要求

根据上述资料，确定各项经济业务所涉及的会计科目及其所属类别，并将结果填入表 3-4 中。

表 3-4　经济业务涉及的会计科目

业务序号	经济业务涉及的账户名称及其所属类别			
	会计科目	类别	会计科目	类别

本 章 小 结

　　会计科目是对会计要素进行科学分类核算的具体项目。会计科目按照反映的经济内容可以分为资产类科目、负债类科目、所有者权益类科目、成本类科目和损益类科目；按照反映的详细程度可以分为总分类科目和明细分类科目，明细分类科目进一步可以分为二级明细科目和三级明细科目，二级明细科目又称子目，三级明细科目又称细目。

　　会计账户是根据会计科目开设的，可以连续分类全面反映会计要素增减变动及其结构的一种载体。会计账户的分类和会计科目类似，按照经济内容和详细程度分类，但也可以按照用途和结构分类。会计账户的基本结构包括增加、减少、余额三栏。一个完整的账户结构包含五项。在教学实践中用简化的 T 形账户。账户有四项金额要素，即期初余额、本期增加额、本期减少额和期末余额。期末余额＝期初余额＋本期增加额－本期减少额。本期的期末余额即为下期的期初余额。增加的方向一般与余额的方向一致。

　　会计科目和会计账户既有联系，也有区别。账户是根据会计科目开设的，会计科目就是会计账户的名称，反映的经济内容是相同的。账户具有一定的格式和结构，只能表明某项经济内容，不存在格式和结构的问题。

习 题 三

一、单项选择题

1. 会计科目是指对( )的具体内容进行分类核算的项目。

A. 经济业务
B. 会计信息
C. 会计要素
D. 会计账户

2. 下列会计科目中,属于企业损益类的是( )。

A. 盈余公积
B. 固定资产
C. 制造费用
D. 财务费用

3. 账户是根据( )设置的,用于分类反映会计要素增减变动情况及其结果的载体。

A. 会计要素
B. 会计科目
C. 经济性质
D. 会计对象

4. 会计科目与会计账户的根本区别是( )。

A. 名称不同
B. 反映的经济内容不同
C. 有无结构
D. 有无格式

5. "应付账款"科目按其归属的会计要素不同,属于( )类科目。

A. 资产
B. 负债
C. 所有者权益
D. 成本

6. "制造费用"科目按其所归属的会计要素不同,属于( )科目。

A. 资产
B. 负债
C. 损益
D. 成本

7. 下列账户中,属于损益类的是( )。

A. 预收账款
B. 销售费用
C. 制造费用
D. 利润分配

8. 下列账户中,属于所有者权益类账户的是( )。

A 应收账款
B. 生产成本
C. 利润分配
D. 应付账款

9. 下列账户的表述中,不正确的是( )。

A. 账户是根据会计科目设置的,它没有格式和结构
B. 设置账户是会计核算的重要方法之一
C. 账户哪一方登记增加,哪一方登记减少,取决于记录的经济业务和账户的性质
D. 账户中登记的本期增加金额及减少金额统称为本期发生额

10. 下列各项既属于费用要素又属于损益类科目的是( )。

A. 劳务成本
B. 制造费用
C. 生产成本
D. 销售费用

二、多项选择题

1. 下列科目中,属于资产类科目的是( )。

A. 预收账款　　　　　　　　　　　B. 预付账款

C. 原材料　　　　　　　　　　　　D. 短期借款

2. 下列科目中，属于负债类科目的是(　　)。

A. 短期借款　　　　　　　　　　　B. 应收账款

C. 应付账款　　　　　　　　　　　D. 应交税费

3. 下列会计科目中，属于成本类科目的是(　　)。

A. 生产成本　　　　　　　　　　　B. 主营业务成本

C. 制造费用　　　　　　　　　　　D. 销售费用

4. 下列科目中，属于所有者权益科目的是(　　)。

A. 实收资本　　　　　　　　　　　B. 盈余公积

C. 利润分配　　　　　　　　　　　D. 主营业务收入

5. 下列项目中，属于账户金额要素的有(　　)。

A. 期初余额　　　　　　　　　　　B. 期末余额

C. 本期借方余额　　　　　　　　　D. 本期贷方余额

6. 下列账户的四个金额要素中，属于本期发生额的是(　　)。

A. 期初余额　　　　　　　　　　　B. 本期增加金额

C. 本期减少额　　　　　　　　　　D. 期末余额

7. 会计科目按其所归属的会计要素不同，分为资产类、负债类、(　　)五大类。

A. 收入类　　　　　　　　　　　　B. 成本类

C. 所有者权益类　　　　　　　　　D. 损益类

8. 下列等式中错误的有(　　)。

A. 期初余额 = 本期增加发生额 + 期末余额 − 本期减少发生额

B. 期末余额 = 本期增加发生额 + 期初余额 − 本期减少发生额

C. 期初余额 = 本期减少发生额 + 期末余额 − 本期增加发生额

9. 根据所需要信息详细程度，账户可分设(　　)。

A. 一级科目　　　　　　　　　　　B. 二级科目

C. 总分类账户　　　　　　　　　　D. 明细分类账户

10. 下列表述中，正确的是(　　)。

A. 所有总账都要设明细账　　　　　B. 账户是根据会计科目开设

C. 账户有一定的格式和结构　　　　D. 账户和会计科目的性质相同

三、判断题

1. 账户分为左右两方，左方登记增加，右方登记减少。　　　　　　　　(　　)

2. 账户是根据会计科目设置的，具有统一的格式和结构。　　　　　　　(　　)

3. 生产成本及主营业务成本都属于成本类科目。　　　　　　　　　　　(　　)

4. 销售费用、管理费用和制造费用都属于损益类科目。　　　　　　　　(　　)

5. 企业只能使用国家统一的会计制度规定的会计科目，不得自行增减或合并。(　　)

6. 账户的余额一般和账户的增加额方向一致。　　　　　　　　　　　　(　　)

7. 总分类科目对明细分类科目起着补充说明和统驭控制的作用。　　　　(　　)

8．会计科目是账户的名称，账户是会计科目的载体和具体运用。　　　　（　　）

9．总分类账户提供总括的核算指标，因此，不仅要用货币量度，还要辅以实物量度。

（　　）

10．账户的完整结构仅包括增减金额及余额。　　　　　　　　　　　　（　　）

四、简答题

1．企业会计科目和会计账户包括的具体内容有哪些？

2．如何区分会计账户的几种明细账？

3．会计账户明细账目的 T 形账户如何运用？

五、案例分析

五人准备投资 1 000 万元，设置弘大百货公司，主要经营服装、五金、家电和百货商品，开设音乐茶座。已租入两层楼房屋一栋，一楼为音乐茶座，二楼为商场。已办理营业执照，准备开业。经事前调查，获得以下资料：

(1) 除五人投资外，另外向银行贷款和吸收他人投资，但他人投资不作为股份，按照比银行同期存款利率高 20% 付息。

(2) 商场和音乐餐厅需重新装修后才能营业。

(3) 商场需购入货架、柜台、音像设备、桌椅。

(4) 商场购销活动中，库存商品按售价记账，可以赊购赊销。

(5) 茶座的收入作为附营业务收入。

(6) 采用计时工资制，每月支付雇员工资。

(7) 房屋按月交纳租金。

(8) 按规定缴纳增值税和所得税。

【问题】

(1) 依据弘大百货准备的相关资料，该公司如何设置会计科目？

(2) 假如你是弘大公司会计，你如何运用所学的会计科目与账户知识来建立两者的联系？

习题三参考答案

第四章　复式记账法

【知识目标】

了解记账方法的概念和种类，理解借贷记账法的基本内容，理解会计分录和账户对应关系。

【能力目标】

掌握借贷记账法的记账规则，掌握编制会计分录，明确账户对应关系，掌握总分类账户与明细分类账户的平行登记。

【案例导读】

在弘大公司实习的李明领到实习费后将其存入银行，当拿到存折后，发现银行将其存入银行的钱记录在"贷"栏内。

摆在李明面前的问题是："贷"是什么意思？为什么银行将李明存入的钱记录在"贷"栏内？

第一节　记账方法

单式记账法与复式记账法是我们在了解了账户的概念和结构以后，必须进一步掌握怎样把发生的经济业务记录到账户中的方法，也就是记账的方法。所谓记账方法，就是在账户中登记各项经济业务的方法。记账方法虽然多种多样，但按其记录方式可分为单式记账法和复式记账法两大类。

一、单式记账法

所谓单式记账法，就是对发生的每一项经济业务一般只在一个账户中进行登记的记账方法。采用这种记账方法，通常只登记库存现金和银行存款的收付业务，以及"人欠""欠人"的结算业务，一般不登记实物的收付款业务。除"人欠""欠人"的库存现金以及银行存款收付业务以外，对发生的每一项经济业务一般只在一个账户中登记。采用单式记账法，手续简便，但账户设置不完整，各账户之间没有直接的联系，因而不能全面地反映经济活动的增减变动情况，不便于检查账户记录的正确性和完整性。

二、复式记账法

复式记账法是指对每一笔经济业务，都要用相等的金额，在两个或两个以上相互联系的账户中进行记录的记账方法。比如"以银行存款 1 000 元购买原材料"，这笔业务在记账时，不仅记"银行存款"减少 1 000 元，同时还要记"原材料"增加 1 000 元。由此可见，在复式记账法下，有科学的账户体系，通过对应账户的双重等额记录，能反映经济活动的来龙去脉，并能运用账户体系的平衡关系来检查全部会计记录的正确性。所以，复式记账法作为科学的记账方法一直被广泛地运用。目前，我国的企业和行政、事业单位所采用的记账方法，都属于复式记账法。

复式记账法根据记账符号、记账规则等不同，又可分为借贷记账法、增减记账法和收付记账法等。其中，借贷记账法是世界各国普遍采用的一种记账方法，在我国也是应用最广泛的一种记账方法。我国颁布的《企业会计准则》明文规定：中国境内的所有企业都应该采用借贷记账法记账。采用借贷记账法在相关账户中记录各项经济业务，可以清晰地表明经济业务的来龙去脉，同时也便于试算平衡和检查账户记录的正确性。

第二节　借贷记账法

借贷记账法是以"借""贷"作为记账符号，反映各项会计要素增减变动情况的一种复式记账法。该方法主要涉及记账符号、账户结构、记账规则和试算平衡方法等问题。

一、借贷记账法概述

借贷记账法是指以"借"和"贷"为记账符号，以"有借必有贷，借贷必相等"为记账规则，记录会计要素增减变动情况的一种复式记账方法。

借贷记账法起源于 12—15 世纪的欧洲，经历了佛罗伦萨式、热那亚式、威尼斯式三个阶段。在 15 世纪末最终形成了比较完整的复式记账体系。大约在公元 12 世纪，意大利的商品经济，特别是沿海城市的海上贸易非常发达，以经营货币资金借入和贷出为主要业务的借贷资本家应运而生。到 13 世纪，随着商品经济的发展，经济活动日益复杂，借贷记账法的记账对象逐渐由原来的债权债务扩展到商品和现金的记录，会计账簿中不仅要记录钱币的借贷，还要记录财产物资的增减变动，即使对非钱币的借贷业务，也要求用借贷记录，以求账簿记录的统一。这样，原来的"借主"和"贷主"就被抽象出来，形成借贷记账法记账方向的符号。1494 年意大利数学家卢卡·帕乔利在威尼斯出版了《算术、几何、比及比例概要》一书，第一次如实地介绍了威尼斯的复式记账法，并在理论上给予了必要的说明，推动了借贷记账法的广泛应用，被会计界公认为会计发展史上的一个里程碑。

二、借贷记账法理论基础

借贷记账法的对象是会计要素的增减变动过程及其结果。这个过程及结果可用公式表示：

$$资产 = 负债 + 所有者权益$$

这一恒等式揭示了三个方面的内容:

(1) 会计主体各要素之间具有数字平衡关系。有一定数量的资产,就必然有相应数量的权益(负债和所有者权益)与之相对应,任何经济业务所引起的要素增减变动都不会影响这个等式的平衡。如果把等式的"左""右"两方用"借""贷"两方来表示的话,则每一次记账的借方和贷方是平衡的,一定时期账户的借方、贷方的金额是平衡的,所有账户的借方、贷方余额的合计数是平衡的。

(2) 各会计要素增减变化是相互联系的。在一个会计要素的项目发生变化时,同一个会计要素的另一项或另一类会计要素的某一项也必然发生增减变化,以维持等式的平衡关系。增减变化的相互联系在借贷记账法中的表现是:在一个账户中记录的同时必然要有另一个或两个以上账户的记录与之对应。

(3) 等式有关因素之间是对立统一的。资产在等式的左边,当想移到等式右边时,就要以"-"表示,负债和所有者权益也具有同样的情况。也就是说,当用左边(借方)表示资产类项目增加时,就要用右边(贷方)来记录资产类项目减少。与之相反,当用右方(贷方)记录负债和所有者权益增加额时,就需要通过左方(借方)来记录负债和所有者权益的减少额。

这三个方面的内容贯穿了借贷记账法的始终。会计等式对记账方法的要求决定了借贷记账法的账户结构、记账规则、试算平衡的基本理论,因此说会计恒等式是借贷记账法的理论基础。

三、借贷记账法记账符号

经济业务发生所引起的会计要素在数额上的变动不外乎是增加和减少两种情况,为了便于记录,"增加"和"减少"可用一定的记账符号来表示。借贷记账法是以"借""贷"作为记账符号,因此在借贷记账法下,账户的左方称为借方,账户的右方称为贷方。其中一方登记增加数额,另一方登记减少数额,究竟用哪一方记数额的增加、哪一方记数额的减少要根据账户所反映的经济内容(即账户的经济性质和结构)来决定。

习惯上,资产类账户的借方登记增加额,贷方登记减少额,而负债及所有者权益类账户正好相反,即借方登记减少额,贷方登记增加额。企业在一定时期内的增加额、减少额,称为本期发生额,一定期间结束时在账户借贷双方合计数额不能完全抵消而出现差额时,称为账户余额。会计期间是前后相连的,本期的期末余额也就是下期的期初余额。

四、借贷记账法账户结构

在借贷记账法中,账户的基本结构是:左方为借方,右方为贷方。但哪一方登记增加,哪一方登记减少,则可以从会计要素的静态恒等式(资产 = 负债 + 所有者权益)及动态平衡方程(资产 + 费用 = 负债 + 所有者权益 + 收入)来分析。

(一) 资产类账户

在资产类账户中,一般借方登记其增加数,贷方登记其减少数。登记的结果是:借方数额一般大于贷方数额,期末若有余额,则必定在账户的借方。例如,"银行存款"账户是资产类账户，收入存款反映为资产的增加，应记入"银行存款"账户的借方；支出存款反映为资产的减少，应记入"银行存款"账户的贷方。这样很容易计算出银行存款的收入总数和支出总数。由于支出的银行存款数额不可能大于已存的银行存款数额，因而银行存款若有结余，则必定在"银行存款"账户的借方。

资产类账户的发生额和余额之间的关系表示为

资产类账户期末余额 = 借方期初余额 + 本期借方发生额 − 本期贷方减少额

该类账户的结构可用 T 形账户表示，如图 4-1 所示。

资产类账户

借方		会计科目(账户名称)		贷方
期初余额	×××	发生额(减少数)		×××
发生额(增加数)	×××			
本期发生额(增加合计)	×××	本期发生额(减少合计)		×××
期末余额	×××			

图 4-1　资产类账户的结构

(二) 负债及所有者权益类账户

由会计等式"资产 = 负债 + 所有者权益"及借贷记账法的含义可以推知，负债和所有者权益类账户的记账方向必然与资产类账户相反，即贷方记负债和所有者权益的增加额，借方记负债和所有者权益的减少额，负债和所有者权益类账户期末一般为贷方余额，反映企业实际的负债金额及所拥有的所有者权益金。

负债及所有者权益类账户的发生额和余额之间的关系表示为

该类账户期末余额 = 贷方期初余额 + 本期贷方发生额 − 本期借方减少额资产

账户的结构可用 T 形账户表示，如图 4-2 所示。

负债和所有者权益类账户

借方		会计科目(账户名称)		贷方
		期初余额		×××
发生额(减少数)	×××	发生额(增加数)		×××
本期发生额(减少合计)	×××	本期发生额(增加合计)		×××
		期末余额		×××

图 4-2　负债及所有者权益类账户的结构

(三) 费用类账户

企业在生产经营过程中要有各种耗费，即发生费用，费用类账户的增加金额记入借方，减少金额记入贷方，期末应将费用类账户借方发生额与贷方发生额的差额转入"本年利润"账户，转销金额记入账户的贷方，期末结转后费用类账户无余额。

该类账户的结构可用 T 形账户表示，如图 4-3 所示。

费用类账户

借方		会计科目(账户名称)		贷方
发生额(增加数)	×××	发生额(减少数)		×××
本期发生额(增加合计)	×××	本期发生额(减少合计)		×××

图4-3 费用类账户的结构

(四) 收入类账户

收入类账户的结构是收入的增加金额记入贷方，减少金额记入借方，与费用类账户相同，期末应将费用类账户借方发生额与贷方发生额的差额转入"本年利润"账户，转销金额记入账户的贷方，期末结转后收入类账户无余额。

该类账户的结构可用T形账户表示，如图4-4所示。

收入类账户

借方		会计科目(账户名称)		贷方
发生额(减少数)	×××	发生额(增加数)		×××
本期发生额(减少合计)	×××	本期发生额(增加合计)		×××

图4-4 收入类账户的结构

综上所述，在资产类账户中，"借"表示增加，"贷"表示减少；而在负债和所有者权益类账户中，"借"表示减少，"贷"表示增加。成本、费用类账户与资产类账户方向相同，收入类账户与负债和所有者权益类账户方向相同，如图4-5所示。

成本、费用类账户

借方	账户名称	贷方
资产的增加		资产的减少
成本、费用的增加		成本、费用的减少
负债和所有者权益的减少		负债和所有者权益的增加
收入的减少或转出		收入的增加

图4-5 成本、费用类账户

【知识拓展 4-1】

综合等式记忆账户之方法

资产 = 负债 + 所有者权益 + 收入 − 费用

资产 + 费用 = 负债 + 所有者权益 + 收入

等式左边为借增贷减，等式右边为借减贷增。

五、借贷记账法记账规则

在了解借贷记账法的含义、记账符号和账户结构之后，就可以据此对企业交易或事项的发生进行账务处理，将经济业务对会计要素的影响按照一定的记账规则在特定账户中予以记录和反映。

借贷记账法的记账规则为有借必有贷，借贷必相等。

对以上记账规则的理解可从以下角度进行：

(1) 任何一笔经济业务的发生必然引起至少两个账户的金额发生变化。经济业务可能导致会计等式两边同增同减，或者会计等式一边不同项目的一增一减，不管哪种影响，都会引起至少两个账户的金额发生变化。

(2) 任何一笔经济业务的发生必然同时在不同账户的借方和贷方予以反映。所记入的账户可以是等式同一个方向的，也可以是不同方向的，但对每一项经济业务都应当作借贷相反的记录。具体来说，如果在一个账户中记借方，就必须同时在另一个或几个账户中记贷方；同理，如果在一个账户中记贷方，就必须同时在另一个或几个账户中记借方。

(3) 任何一笔经济业务记入借方的金额必定等于记入贷方的金额。如果经济业务对会计等式的不同方向产生影响，则因为在借记某个账户和贷记其他账户之后会计等式依然相等，所以借和贷的金额也必然相等；同理，如果经济业务只涉及等式中会计要素的增减变动，则因为借和贷之后该边的总金额不变，所以借和贷的金额也肯定相等。而且，在本期发生的全部交易或事项进行正常账务处理后，记入所有账户借方的发生额合计，应当等于记入所有账户贷方的发生额合计。

由此可知，会计在记账时必然会记入一些账户的借方，同时记入另一些账户的贷方，这样就在账户之间形成一种对应关系。相互联系的不同账户之间应借和应贷的关系，就是账户的对应关系，而具有对应关系的账户叫作对应账户。可见，每一笔账务处理必然会形成至少一对对应账户，通过对对应账户的分析可以发现会计人员对经济业务的处理是否恰当。

借贷记账法和核算口诀

下面举例说明借贷记账法的记账规则。

【例 4-1】 2020 年 2 月 1 日投资者继续向宏大公司投入货币资金 100 000 元，手续已办妥，款项已转入宏大公司的存款户头。

该项业务的发生说明，一方面公司"银行存款"增加了，另一方面公司"实收资本"的规模扩大了。经进一步分析可知，"银行存款"属于资产类账户，"实收资本"属于所有者权益账户。根据借贷记账法可知，资产的增加通过账户的借方反映，所有者权益的增加通过账户的贷方反映，见图 4-6。

借	银行存款	贷		借	实收资本	贷
100 000						100 000

图 4-6　例 4-1 图

【例 4-2】 宏大公司 2020 年 2 月 5 日向智民公司购买所需原材料，但由于宏大公司资金周转紧张，料款 10 000 元尚未支付。

该项业务的发生说明，购料款未付，一方面使宏大公司"原材料"增加，另一方面使宏大公司欠款"应付账款"增加。经分析，"原材料"属于资产类账户，"应付账款"属于负债类账户。根据借贷记账法下的账户结构，资产的增加通过账户的借方反映，负债的增加通过账户的贷方反映，见图4-7。

借	原材料	贷		借	应付账款	贷
100 000						100 000

图4-7 例4-2图

【例4-3】 2020年2月10日，宏大公司通过银行转账支付给银行于本月到期的银行借款30 000元。

该项业务说明，归还以前的银行贷款，一方面使公司属于资产项目的银行存款减少，另一方面使公司属于负债项目的短期借款减少。银行存款属于资产类账户，短期借款属于负债类账户。根据借贷记账法下的账户结构，资产的减少通过账户的贷方反映，负债的减少通过账户的借方反映，见图4-8。

借	银行存款	贷		借	短期借款	贷
		30 000		30 000		

图4-8 例4-3图

【例4-4】 2020年2月11日，上级主管部门按法定程序将1台价值800 000元的设备调出弘大公司。

该项业务的发生说明，国家调出设备，抽回投资，一方面使公司的固定资产减少，另一方面使属于所有者权益项目的实收资本减少。固定资产属于公司的资产账户，实收资本属于所有者权益账户。根据借贷记账法下的账户结构，资产的减少通过账户的贷方反映，所有者权益的减少通过账户的借方反映，见图4-9。

借	实收资本	贷		借	固定资产	贷
800 000						800 000

图4-9 例4-4图

【例4-5】 2020年2月12日，开出转账支票60 000元，购买1台生产设备。

该项业务的发生说明，购买仪器设备款已付，一方面使公司新的电子仪器固定资产增加，另一方面使银行存款减少。固定资产和银行存款都属于公司的资产账户。根据借贷记账法下的账户结构，资产的增加通过账户的借方反映，资产的减少通过账户的贷方反映，见图4-10。

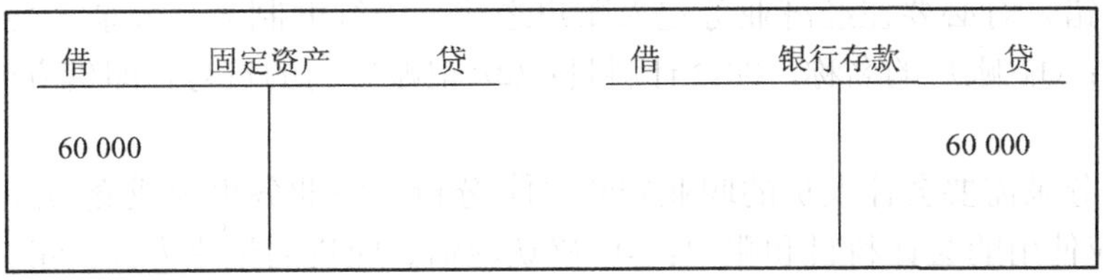

借	固定资产	贷		借	银行存款	贷
60 000						60 000

图4-10　例4-5图

【**例4-6**】　2020年2月15日，弘大公司开出一张面值为30 000元的商业汇票，以抵偿原欠志明公司的料款。

该项业务的发生说明，商业汇票抵偿原欠料款，一方面使公司的应付票据增加，另一方面使属于企业的债务应付账款减少。应付票据和应付账款都属于公司的负债账户。根据借贷记账法下的账户结构，负债的增加通过账户的贷方反映，负债的减少通过账户的借方反映，见图4-11。

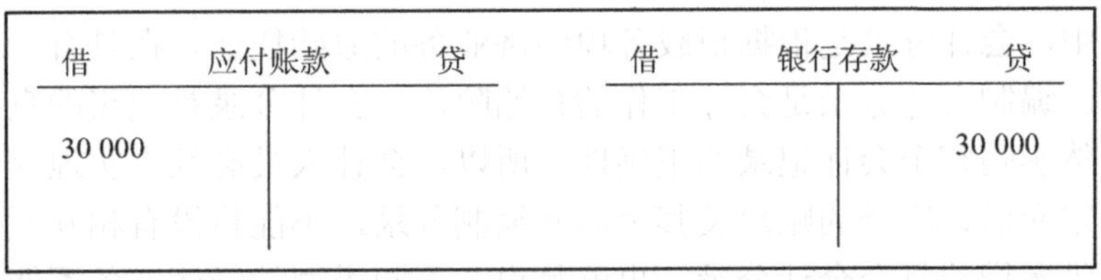

借	应付账款	贷		借	银行存款	贷
30 000						30 000

图4-11　例4-6图

【**例4-7**】2020年2月23日弘大公司接到银行通知，已用企业存款支付水电费6 000元。

该项业务的发生说明，银行存款支付水电费，一方面使公司银行存款减少，另一方面使属于管理费用的水电费增加。银行存款属于公司的资产账户，管理费用属于费用类账户。根据借贷记账法下的账户结构，资产的减少通过账户的贷方反映，费用的增加通过账户的借方反映，见图4-12。

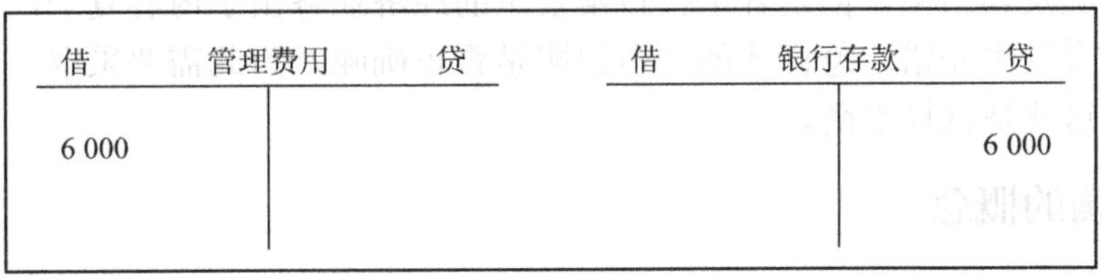

借	管理费用	贷		借	银行存款	贷
6 000						6 000

图4-12　例4-7图

以上无论哪种类型经济业务的举例，都以相等的金额同时记入有关账户的借方和另一账户的贷方。这样就可以归纳出借贷记账法的记账规则为"有借必有贷，借贷必相等"。

六、会计分录

会计分录是指以会计的专门方法对各项经济业务所运用的账户、记账方向和入账金额的记录，简称分录。前面所举例子都是在分析经济业务所引起的资金增减变动之后，直接记入有关的账户中。由于各单位发生的经济业务繁多，种类复杂，因此登账容易发生错漏，并且不能集中反映出经济业务所涉及的账户之间的对应关系。为了保证账户对应关系的正确性，避免差错，有必要在经济业务记入账户之前，先行编制会计分录。会计分录应包括三个基本要素：① 账户的名称，即会计科目；② 记账方向的符号，即借方或贷方；③ 记录的金额。

编制会计分录需要会计人员的职业判断：① 分析经济业务事项或交易涉及哪些会计要素；② 确认应使用的会计科目和账户；③ 确认应借、应贷的记账方向；④ 确认应采用的计量属性记录的金额。

借贷记账法下会计分录格式为：借方的账户写在上面偏左，贷方的账户写在下面偏右，左右错开一个字。例如，根据例 4-1 中的业务编制会计分录如下：

借：银行存款　　　　　　　　　　　　　　　100 000
　　贷：实收资本　　　　　　　　　　　　　　　100 000

会计分录有简单会计分录与复合会计分录之分。简单会计分录是由一个账户与另一个账户相对应组成的分录，上述分录就属于简单会计分录。复合会计分录是由两个以上账户相对应组成的分录。

实际工作中，会计分录是根据记载各项经济业务的原始凭证，在具有一定格式的记账凭证中编制的。编制会计分录是会计工作的初始阶段。会计分录是记账的直接依据，会计分录错了，必然影响整个会计记录的正确性。所以，会计人员必须真实地反映经济业务的内容，正确确定应借、应贷的账户及其金额并编制分录，不能将没有相互联系的简单分录合并相加成多借多贷的复合会计分录。也就是说，不同类型的经济业务不能简单地合并反映，否则将无法正确反映账户的对应关系，也无法正确反映所记录的经济业务内容。

第三节　试 算 平 衡

经济业务发生后，要采用借贷记账法编制会计分录并登记入账，以反映各项会计要素的增减变动情况及其结果。但是各单位日常发生的经济业务由于内容复杂，次数频繁，因此记账时难免会发生差错。怎样才能知道记账是否正确呢？为此需要采取一定的方法进行检查、验证，这就是试算平衡。

一、试算平衡的概念

所谓试算平衡，就是根据资产和负债、所有者权益之间的平衡关系和借贷记账法的规则来检查各类账户的记录是否正确，以使资产与负债、所有者权益之间实现相等的过程。试算平衡是利用账户本期发生额或余额各自存在的等量关系，在会计核算中检查和验算账户记录是否是正确的一种方法。借贷记账法的试算平衡，依据"资产＝负债＋所有者权益"这一基本的会计等式以及复式记账的基本原理进行。

二、试算平衡的种类

按照借贷记账法的记账规则，根据任何经济业务所编制的会计分录，其借贷双方的金额必然相等。因此，将一定时期内所有会计分录的借方金额和贷方金额按照会计账户合并之后的合计也必然相等。同理，一定时期内所有会计分录涉及的会计账户的借方余额和贷方余额合计也会相等。因此，试算平衡可分为会计分录试算平衡、发生额试算平衡和余额试算平衡。

采用借贷记账法，可以按照下列公式进行借贷平衡：

(1) 会计分录试算平衡公式：

$$借方账户金额 = 贷方账户金额$$

该平衡公式是根据"有借必有贷，借贷必相等"的记账规则直接推导出的。会计分录试算平衡在日常编制会计分录、进行账务处理时采用。

(2) 发生额试算平衡公式：

$$借方本期发生额合计 = 贷方本期发生额合计$$

因为每一笔会计分录的借方科目金额都等于贷方科目金额，所以一定时期内全部分录的借方发生额合计，也必然等于全部分录的贷方发生额合计。

(3) 余额试算平衡公式：

$$借方期末余额合计 = 贷方期末余额合计$$

资产、负债、所有者权益类账户有期末余额，其中，资产类账户一般为借方余额，负债和所有者权益类账户一般为贷方余额。根据会计等式，资产类账户的期末余额合计必然等于负债加所有者权益类账户的期末余额合计，因此，全部账户的借方余额合计一定等于全部账户的贷方余额合计。

小故事大准则

三、试算平衡表的种类

除会计分录试算平衡在日常编制会计分录时使用外，发生额和余额的试算平衡一般会定期进行。每一会计期末，在结出各个账户的本月发生额和余额后，可以通过编制发生额或余额的试算平衡表进行试算平衡。

试算平衡表包括发生额试算平衡表、余额试算平衡表和将发生额和余额合并在一张表上编制的综合试算平衡表三类。

(1) 发生额试算平衡表。发生额试算平衡表又叫本期发生额试算平衡表，是列示账户借方本期发生额和贷方本期发生额的试算表，其格式如表 4-1 所示。

表 4-1　本期发生额试算平衡表　　　　　　　　单位：元

会计科目	本期发生额	
	借方	贷方
本期合计		

(2) 余额试算平衡表。余额试算平衡表是仅列示账户期末余额的试算表，其格式如表 4-2 所示。

表 4-2　余额试算平衡表　　　　　　　　　单位：元

会计科目	期末余额	
	借方	贷方
本期合计		

（3）发生额及余额试算平衡表。在实际工作中也可将发生额及余额试算平衡表合并编表，其格式如表 4-3 所示。

表 4-3　发生额及余额试算平衡表　　　　　　单位：元

会计科目	期初余额		本期发生额		期末余额	
	借方	贷方	借方	贷方	借方	贷方
本期合计						

通过试算平衡表来检查账簿记录是否平衡并不绝对。如果借贷不平衡，则可以肯定账户的记录或计算有错误，但如果借贷平衡，却不能肯定记账没有错误，因为有些错误并不影响借贷双方平衡。例如，在有关账户中重记或漏记某些经济业务，或者将借贷记账方向弄反，就不能通过试算平衡发现。

课 程 实 践

【课程实践一】

一、目的

通过练习，掌握账户的结构及账户金额的计算方法。

二、资料

黄河公司 2020 年 6 月 30 日有关账户的资料如表 4-4 所示。

表 4-4　账 户 资 料

账户名称	期初余额/元		本期发生额/元		期末余额/元	
	借　方	贷　方	借　方	贷　方	借　方	贷　方
银行存款	90 000		23 000	45 000	（　　）	
应付账款		80 000	（　　）	67 000		95 000
应收账款	（　　）		70 000	89 000	91 000	
实收资本		（　　）		37 000		600 000
长期借款		860 000	750 000	300 000		（　　）
固定资产	570 000		93 000	（　　）	617 000	

三、要求

根据上述资料,将正确金额填入表中。

【课程实践二】

一、目的

通过练习,掌握会计分录的编制方法。

二、资料

茂源公司 2020 年 6 月发生下列经济业务(不考虑增值税):

(1) 收到投资者投入资金 150 000 元,款项已存入银行。

(2) 向银行申请短期借款 500 000 元,款项已存入银行。

(3) 用银行存款购进机器一台,价值 30 000 元。

(4) 购买原材料一批,价值 20 000 元,用银行存款支付 12 000 元,余款尚未支付。

(5) 将现金 8 000 元存入银行。

(6) 销售产品一批,价值 80 000 元,货款 50 000 元存入银行,余款尚未收到。

(7) 销售产品一批,价值 50 000 元,货款尚未收到。

(8) 以银行存款 20 000 元支付前欠某单位的货款。

(9) 收回外单位前欠的货款 50 000 元,款项已存入银行。

(10) 按规定将资本公积金 60 000 元转增资本。

三、要求

根据上述资料,编制会计分录。

【课程实践三】

一、目的

通过练习,掌握会计分录的编制、借贷记账法的运用和试算平衡方法。

二、资料

1. 茂源公司 2020 年 7 月 31 日有关账户余额如表 4-5 所示。

表 4-5 账 户 余 额

资 产	金额/元	负债及所有者权益	金额/元
库存现金	12 000	短期借款	70 000
银行存款	188 000	应付账款	100 000
应收账款	50 000	应交税费	20 000
原材料	60 000	长期借款	90 000
库存商品	70 000	实收资本	305 000
固定资产	250 000	资本公积	45 000
合 计	630 000	合 计	630 000

2．该公司 8 月份发生下列经济业务：

(1) 签发现金支票一张，从银行提取现金 6 000 元。

(2) 从银行取得短期借款 80 000 元，已存入开户银行。

(3) 收到银行通知，购货单位偿还上月所欠货款 40 000 元，已收妥入账。

(4) 签发转账支票一张，支付所欠供应单位货款 60 000 元。

(5) 购进材料一批，货款 30 000 元，货款尚未支付。

(6) 以银行存款 20 000 元交纳税费。

(7) 购买机器设备一台，价值 55 000 元，货款尚未支付。

(8) 经研究，同意所有者 A 公司的长期借款 70 000 元由企业偿还，并作为 A 公司的投资减少，已办理了借款转移手续。

三、要求

(1) 根据上述资料，编制会计分录。

(2) 开设 T 形账户，并登记各账户的期初余额。

(3) 将本期发生的经济业务登记入账，并结出各账户的本期发生额和期末余额。

(4) 编制试算平衡表进行试算平衡。

本 章 小 结

记账方法就是在账户中登记各项经济业务的方法。记账方法虽然多种多样，但按其记录方式可分为单式记账法和复式记账法两大类。

借贷记账法是以"借""贷"作为记账符号，反映各项会计要素增减变动情况的一种复式记账法。该方法主要涉及记账符号、账户结构、记账规则和试算平衡方法等问题。

借贷记账法的对象是会计要素的增减变动过程及其结果。这个过程及结果可用公式表示：资产 = 负债 + 所有者权益。这一恒等式揭示了三个方面的内容：① 会计主体各要素之间的数字平衡关系；② 各会计要素增减变化的相互联系；③ 等式有关因素之间是对立统一的。

在借贷记账法中，账户的基本结构是：左方为借方，右方为贷方。但哪一方登记增加，哪一方登记减少，则可以从会计要素的静态恒等式(资产 = 负债 + 所有者权益)及动态平衡方程(资产 + 费用 = 负债 + 所有者权益 + 收入)来分析。

为了保证账户对应关系的正确性，避免差错，有必要在经济业务记入账户之前，先行编制会计分录。会计分录应包括三个基本要素：① 账户的名称，即会计科目；② 记账方向的符号，即借方或贷方；③ 记录的金额。

试算平衡利用账户本期发生额或余额各自存在的等量关系，在会计核算中检查和验算账户记录是否是正确的一种方法。借贷记账法的试算平衡，依据"资产 = 负债 + 所有者权益"这一基本的会计等式以及复式记账的基本原理进行。

习 题 四

一、单项选择题

1. 把账户分为借贷两方，哪一方记增加，哪一方记减少，取决于( )。

A. 账户的类别和结构 B. 记账规则

C. 会计核算的方法 D. 记账方法

2. 复式记账是指对发生每一项经济业务，都要以相等的金额，在( )中进行登记的方法。

A. 两个账户 B. 一个或两个账户

C. 相互关联的两个账户 D. 相互联系的两个或两个以上的账户

3. 借贷记账法对发生额进行试算平衡的依据是( )。

A. 会计等式 B. 资金变化的类型

C. 记账规则 D. 平行登记

4. 借贷记账法对期末余额进行试算平衡的依据是( )。

A. 会计恒等式 B. 资金变化的类型

C. 记账规则 D. 平行登记

5. 某负债类账户的期初贷方余额为 6 000 元，本期借方发生额为 5 000 元，期末贷方余额为 5 000 元，其本期贷方发生额应是( )。

A. 1 000 元 B. 2 000 元 C. 3 000 元 D. 4 000 元

6. 借贷记账法下，借字表示 ( )。

A. 资产减少、负债增加 B. 资产增加、负债减少

C. 资产减少、收入增加 D. 资产增加、费用减少

7. 一个账户的期末余额与该账户的增加额一般都记在( )。

A. 账户的借方 B. 账户的贷方

C. 账户的同一方向 D. 账户的相反方向

8. 编制会计分录应根据( )。

A. 账户的记录 B. 发生的经济业务

C. 期末结账的结果 D. 试算平衡表

9. 下列经济业务类型中，在实际中不存在的是( )。

A. 一项资产增加，一项资产减少，增减金额相等。

B. 一项负债增加，一项负债减少，增减金额相等。

C. 一项资产增加，一项负债减少，增减金额相等。

D. 一项负债增加，一项所有者权益减少，增减金额相等。

二、多项选择题

1. 每一笔会计分录包括的内容有( )。

A. 账户的名称 B. 入账的实物数量

C. 入账的金额　　　　　　　　　　　　D. 记账方向，即借方和贷方

2. 下列说法正确的有(　　)。

A. 账户的余额一般与记录增加额在同一方向

B. 损益类账户期末结转后一般无余

C. 成本类账户如有余额，可能在借方或者在贷方

D. 所有者权益类账户的余额在贷方

3. 借贷记账法的记账符号"贷"对于下列会计要素表示增加的有(　　)。

A. 资产　　　　　　　　　　　　　　　B. 收入

C. 所有者权益　　　　　　　　　　　　D. 费用

4. 下列账户中，在会计期末一般没有余额的有(　　)。

A. 资产类账户　　　　　　　　　　　　B. 费用类账户

C. 收入类账户　　　　　　　　　　　　D. 所有者权益类账户

5. 下列账户中，"贷"方登记增加的有(　　)。

A. 应收账款　　　　　　　　　　　　　B. 预收账款

C. 盈余公积　　　　　　　　　　　　　D. 本年利润

6. 下列项目中，通过试算平衡无法发现的错误有(　　)。

A. 借贷记账方向彼此相反　　　　　　　B. 漏记一笔业务

C. 重记一笔业务　　　　　　　　　　　D. 某一账户入账金额错误

三、判断题

1. 借贷记账法下账户的基本结构是：每一个账户的左边均为借方，右边均为贷方。
(　　)

2. 如果试算平衡结果，发现借贷不平衡的，则肯定记账有错，如果借贷平衡，则肯定记账没错。　　　　　　　　　　　　　　　　　　　　　　　　　　(　　)

3. 期末对账户发生额进行试算平衡的依据是记账规则"有借必有贷，借贷必相等"。
(　　)

4. 所有账户期末余额试算平衡的依据是会计基本等式"资产＝负债＋所有者权益"。
(　　)

5. 收入类和费用类账户在一般情况下，既没有期初余额，也没有期末余额。(　　)

6. 复式记账法是指对每一笔经济业务都要在两个账户中记录。(　　)

四、简答题

1. 何为复式记账法？其优点是什么？

2. 何为借贷记账法？其内容包括哪些？

3. 为什么不能仅通过借贷记账法中的失算平衡方法判别记账的正确性？

4. 如何编制会计分录？编制的步骤有哪些？

五、案例分析

弘大公司账务处理

弘大公司设立的当年，由于业务尚未正式开展，为了减少开支，公司设立人张伟决定

自己记账。当年除了在"银行存款"账户中记录了 100 万元注册资本外，没有其他的账簿资料。第二年仍然仅在"银行存款"账户中记账，记录内容是：支付费用 10 万元，购买商品支付 50 万元，购买管理设备支付 30 万元，取得收入 80 万元；其余额为 90 万元。张伟认为第二年收入 80 万，支出 90 万，实际亏损，故没有向税务部门缴纳企业所得税。税务部门认定弘大公司账目混乱，有偷税漏税的嫌疑。

【问题】

(1) 你如何看待这件事？

(2) 弘大公司账务处理错在什么地方？应如何改正？

六、业务题

【目的】 通过练习，掌握会计分录的编制方法。

【资料】 弘大公司 2020 年 6 月发生下列经济业务：

(1) 收到投资者投入资金 300 000 元，款项已存入银行。

(2) 向银行申请短期借款 300 000 元，款项已存入银行。

(3) 用银行存款购进机器一台，价值 10 000 元。

(4) 购买原材料一批，价值 60 000 元，用银行存款支付 38 000 元，余款尚未支付。

(5) 将现金 9 000 元存入银行。

(6) 销售产品一批，价值 80 000 元，货款 50 000 元存入银行，余款尚未收到。

(7) 销售产品一批，价值 60 000 元，货款尚未收到。

(8) 以银行存款 50 000 元支付前欠某单位的货款。

(9) 收回外单位前欠的货款 10 000 元，款项已存入银行。

【要求】 根据上述资料，编制会计分录。

习题四参考答案

第五章　借贷记账法的应用

【知识目标】

本章介绍了借贷记账法在工业企业主要经济业务核算中的应用，目的是使学生了解并熟悉企业主要经济业务的流程。工业企业的生产经营过程是以产品生产为主要经营活动的筹集资金过程、供应过程、生产过程、销售过程、利润形成及分配过程五个阶段的统一，在整个过程中，各环节首尾相接，构成了工业企业的重要交易或者事项。

【能力目标】

理解筹集资金过程、供应过程、生产过程、销售过程、利润形成及分配过程五个阶段经济业务的内容，掌握主要经营过程核算设置的主要账户，熟练运用这些账户对企业主要经营过程的基本业务进行正确的账务处理。

【案例导读】

弘大公司应该如何做账？

2020年11月份弘大公司发生下列经济业务：

(1) 1日，收回光明工厂所欠购货款12 000元，已经存入银行。

(2) 2日，从上海红星厂购入甲材料50吨，每吨98元，计4 900元，增值税额637元，材料未到达，材料款已从银行支付。

(3) 2日，行政管理部门职工李明出差借支现金500元。

(4) 2日，以银行存款支付购入甲材料的运杂费500元。

(5) 2日，从银行取得流动资金借款50 000元。

(6) 3日，甲材料达到，如数验收入库。

(7) 4日，从大华工厂购入乙材料20吨，普通发票注明价格为每吨87.5元，计1 750元，增值税为227.5元。货款尚未支付，材料已到达并验收入库。另以现金支付购入乙材料的装卸搬运费110元。

(8) 4日，开出现金支票，从银行提取现金1 000元，以备零用。

(9) 4日，车间生产A产品领用甲材料10吨，单价108元，计1 080元；乙材料8吨，单价98元，计784元。生产B产品领用甲材料40吨，计4 320元；乙材料32吨，计3 136元。行政管理部门耗用乙材料10吨，计980元。

(10) 4日，支付第二季度预提的短期借款利息13 000元。

(11) 6日，开出现金支票，从银行存款中提取现金18 000元，备发本月工资。

(12) 6日，以现金发放本月工资，共计18 000元。

(13) 6 日，收到美丽公司偿还前欠货款 20 000 元，存入银行。

(14) 7 日，以银行存款上缴税金 2 635 元。

(15) 8 日，购买行政管理部门用办公用品 248 元，以现金支付。

(16) 9 日，向美丽公司销售 B 产品，售价 10 000 元，增值税额 1 300 元，款项未收。

(17) 10 日，按照规定的折旧率，计提本月固定资产折旧 4 180 元。其中，车间使用的房屋、机器设备等折旧 3 430 元，行政管理部门使用的房屋、器具等折旧 750 元。

(18) 13 日，购进生产用设备 8 000 元，价款以银行存款支付，设备已投入使用。

(19) 13 日，摊销应由本月负担的预付办公室租金 145 元。

(20) 15 日，以银行存款偿还前欠中华公司的材料款 500 元。

(21) 22 日，向美丽公司赊销 A 产品 100 件，售价 54 000 元，增值税 7 020 元。

(22) 22 日，摊销本月应负担的财产保险费 200 元。

(23) 22 日，生产 A 产品领用甲材料 10 吨，单位成本 100 元，共计 1 000 元。

(24) 22 日，预提应由本月负担的短期借款利息 3 400 元。

(25) 22 日，职工李明出差归来报销差旅费 500 元。

(26) 22 日，以银行存款支付广告费 300 元。

(27) 30 日，结转已售出的产品的实际生产成本，共计 42 480 元。

(28) 30 日，结算本月应付职工工资 18 000 元。其中，制造 A 产品的生产工人工资为 2 800 元，制造 B 产品的生产工人工资为 11 200 元，车间技术人员和管理人员工资为 1 500 元，厂部行政管理人员工资为 2 500 元(为方便计算，本题暂不考虑计提福利费问题)。

(29) 30 日，计算本月产品消费税税金 703 元，教育费附加 301 元。

(30) 30 日，分配制造费用 4 930 元，A 产品负担 1 200 元，B 产品负担 3 730 元。

(31) 30 日，100 件 A 产品制造完成，已验收入库，计算其成本并结转入库。

(32) 30 日，将本月销售收入结转到"本年利润"账户。

(33) 30 日，将本月费用结转到"本年利润"账户。

(34) 30 日，不考虑其他因素，按照 25%的所得税税率计算并结转本期所得税费用。

根据以上情况，请同学们讨论企业对上述经济业务应该如何做账，请学完本章后，完成该企业的账务处理。

第一节　筹集资金业务核算

一个企业的生存和发展，离不开资产要素。资产是企业进行生产经营活动的物质基础。对于任何一个企业而言，形成其资产的资金来源主要有两条渠道：一是企业所有者的投资及其增值，形成企业的永久性资本，该部分业务可以称为所有者权益资金筹集业务；二是向银行及其他金融机构借入的资金，形成企业的债务资本，该部分业务可以称为负债资金筹集业务。所有者将资金投入企业进而对企业资产所形成的要求权为企业的所有者权益，债权人将资金借给企业进而对企业资产所形成的要求权为企业的负债，会计上统称为权益。但由于二者存在着本质上的区别，所以这两种权益的会计处理有着显著的差异。

一、所有者权益资金筹集业务

利用所有者权益筹集的资金形成的企业的投入资本，又称资本金，是指企业所有者按照企业章程、合同或协议的约定实际投入企业的资本，即企业在工商行政管理部门登记注册的资金。实收资本代表着一个企业的实力，是创办企业的"本钱"，也是一个企业维持正常的经营活动、以本求利、以本负亏最基本的条件和保障，是企业独立承担民事责任的资金保证。投资者投入的资本在企业经营期内，除法律、法规另有规定以外，一般不能要求收回。

1. 投入资本的分类

(1) 按照投资主体不同，投入资本可分为国家投入资本、法人投入资本、个人投入资本、外商投入资本等。

(2) 按照投入资本的实物形态不同，投入资本可分为货币投资、实物投资、无形资产投资等。

不论何种投资形式，必须经过会计师事务所注册会计师验资确认，经工商行政管理部门注册登记，经过法定程序，明确其属于谁的出资。

2. 投入资本核算中设置的账户

为了总括地核算和监督投资者的投入资本及其变动情况，应当设置以下账户。

1) "实收资本"账户

- 核算内容：核算有限责任公司按照合同、章程的规定收到投资者或股东投入的资本。
- 账户类型：所有者权益类账户。
- 账户结构：贷方登记收到投入资本的实际数额；借方登记按规定程序减少的注册资本或减少的股本数额(一般没有借方发生额)；期末余额在贷方，反映企业现有的实收资本或股本。

用简化的 T 形账户表示其结构，如图 5-1 所示。

借方	实收资本	贷方
	期初余额：投入资本的期初结存数	
按规定程序减少的投入资本	收到投资者的投入资本	
	期末余额：投入资本的期末结存数	

图 5-1 实收资本增减变化图

【知识拓展 5-1】

股份有限公司在接受所有者投资时，应按每股股票面值和发行股份总额的乘积计算的金额，记入"股本"账户。

2) "库存现金"账户

- 核算内容：核算企业的库存现金。
- 账户类型：资产类账户。
- 账户结构：借方登记库存现金的收入数；贷方登记库存现金的支出数；期末余额在

借方，反映企业实际持有的库存现金数。

用简化的 T 形账户表示其结构，如图 5-2 所示。

借方	库存现金	贷方
期初余额：库存现金的期初结存数		
库存现金的收入数	库存现金的支出数	
期末余额：期末企业实际持有的库存现金数		

图 5-2　库存现金增减变化图

3) "银行存款" 账户

- 核算内容：核算企业存入银行或其他金融机构的款项。
- 账户类型：资产类账户。
- 账户结构：借方登记存款的存入数；贷方登记存款的支取数；期末余额在借方，反映企业存放在银行的存款实有数。

用简化的 T 形账户表示其结构，如图 5-3 所示。

借方	银行存款	贷方
期初余额：银行存款的期初结存数		
银行存款的收入数	银行存款的支出数	
期末余额：期末企业存放在银行的存款实有数额		

图 5-3　库存现金增减变化图

3. 投入资本核算举例

本章将以弘大公司 2020 年 12 月份发生的经济业务为例，说明企业在资金筹集环节，产品生产的供应、生产、销售环节，利润形成与分配环节中所发生的经济业务的核算。

【例 5-1】　12 月 1 日，接受投资者投资 3 000 000 元，款项已存入银行。其编制会计分录如下：

借：银行存款　　　　　　　　　　　　　　　　　　3 000 000
　　贷：实收资本　　　　　　　　　　　　　　　　　　3 000 000

【知识拓展 5-2】

"实收资本" 账户的运用

背景：甲、乙两名大学生毕业后由家长出资自主创业，各出资 100 万元开了一家特色农庄。2 年后农庄为扩大规模增资到 300 万元，同学丙愿意出资 120 万元加入农庄，享有 1/3 的股份。

问题：丙同学为什么愿意出资 120 万元享有与甲乙同学同等的权利？丙同学的投资应全部计入 "实收资本" 账户吗？

分析提示：因为农庄经营的初期会面临生产经营、开辟市场等很大的风险，步入正常情况下，投资利润率往往要高于创业的初期。所以新投资者往往要付出更大的代价才能取得与原投资者相同的投资比例。

丙同学的投资不能全部计入 "实收资本" 账户。"实收资本" 账户反映投资者按其出资比例计算的应享有的注册资本份额,超过份额的部分计入"资本公积"账户。丙同学投资的 120 万元中,100 万元应计入"实收资本",20 万元应计入"资本公积"。

【知识拓展 5-3】

企业接受非现金资产投资

企业接受固定资产、无形资产等非现金资产投资时,应按投资合同或协议约定的价值(不公允的除外)作为固定资产、无形资产的入账价值;按投资合同或协议约定的投资者在企业注册资本或股本中所占份额的部分作为实收资本或股本入账,投资合同或协议约定的价值(不公允的除外)超过投资者在企业注册资本或股本中所占份额的部分,计入资本公积。

案例:企业收到美丽科技公司投资的一项专利权,投资合同约定的价值为 120 000 元。约定占注册资本的 10%,企业的注册资本为 1 000 000 元。

分析:该笔经济业务中,专利权为无形资产,约定的价值为 120 000 元,在会计上借记无形资产 120 000 元。

因为投入资本占注册资本的 10%,即 1 000 000×10%=100 000 元,故在会计上贷记实收资本 100 000 元。

无形资产约定价值 120 000 元超过实收资本 100 000 元的部分,计入资本公积,在会计上贷记资本公积 20 000 元。用会计分录表示如下:

借:无形资产   120 000

   贷:实收资本   100 000

       资本公积   20 000

4. 投入资本核算的流程图

投入资本核算的流程图如图 5-4 所示。

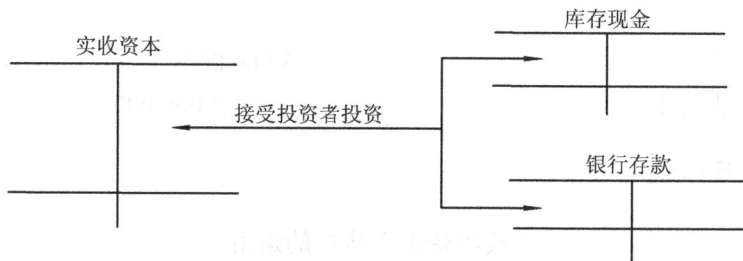

图 5-4 投入资本核算的流程图

二、负债资金筹集业务

利用负债筹集的资金形成企业的借入资金,是指企业通过向银行或其他金融机构借款等方式筹集的资金。负债具有明确的、受法律保护的还本付息期限,这是负债不同于所有者权益的一个明显特征。负债按照偿还期限的长短可以分为流动负债和非流动负债。我们仅以流动负债中的短期借款和非流动负债中的长期借款为例,介绍负债资金筹集业务的核算内容。

1. 负债资金核算中设置的账户

为了监督和核算负债资金及其变动情况，企业在会计核算中应当设置以下账户。

1) "短期借款"账户

· 核算内容：核算企业向银行或其他金融机构等借入的期限在 1 年以下(含 1 年)的各种借款。

· 账户类型：负债类账户。

· 账户结构：贷方登记企业尚未偿还的短期借款；借方登记本期已偿还的短期借款；期末余额在贷方，反映企业尚未偿还的短期借款。

用简化的 T 形账户表示其结构，如图 5-5 所示。

借方	短期借款	贷方
	期初余额：期初尚未偿还的短期借款	
本期偿还的短期借款	本期借入的短期借款	
	期末余额：期末尚未偿还的短期借款	

图 5-5　短期借款增减变化图

2) "长期借款"账户

· 核算内容：核算企业向银行或其他金融机构等借入的期限在 1 年以上(不含 1 年)的各种借款及应付未付的利息。

· 账户类型：负债类账户。

· 账户结构：贷方登记本期借入的长期借款；借方登记本期已偿还的长期借款；期末余额在贷方，反映企业尚未偿还的长期借款。

用简化的 T 形账户表示其结构，如图 5-6 所示。

借方	长期借款	贷方
	期初余额：期初尚未偿还的长期借款	
本期偿还的长期借款	本期借入的长期借款	
	期末余额：期末尚未偿还的长期借款	

图 5-6　长期借款增减变化图

3) "财务费用"账户

· 核算内容：核算企业为筹集生产经营所需资金等而发生的筹资费用，包括利息支出及相关的手续费等。

· 账户类型：损益类账户。

· 账户结构：借方登记企业发生的各项筹资费用；贷方登记期末转出的财务费用(期末结转当期损益，转至"本年利润"账户)；结转后本账户无余额。

用简化的 T 形账户表示其结构，如图 5-7 所示。

借方	财务费用	贷方
本期发生的各项筹资费用	期末转入到当期损益的数额	

图 5-7　财务费用增减变化图

4) "应付利息"账户

- 核算内容：核算企业按照合同约定应支付的利息。
- 账户类型：负债类账户。
- 账户结构：贷方登记本期发生的借款利息；借方登记本期已偿还的借款利息；期末余额在贷方，反映企业尚未归还的借款利息。

用简化的 T 形账户表示其结构，如图 5-8 所示。

借方	应付利息	贷方
	期初余额：期初尚未支付的借款利息	
本期已偿还的借款利息	本期发生的借款利息	
	期末余额：期末尚未支付的借款利息	

图 5-8　应付利息增减变化图

2. 负债资金筹集业务核算举例

1) 短期借款的核算

企业短期借款业务包括取得借款、计提短期借款利息、支付利息和偿还短期借款本金。下面我们分别举例说明它们的核算方法。

(1) 取得借款。

【例 5-2】　12 月 1 日，弘大公司临时向银行借款 400 000 元，借款期限为三个月，年利率为 7.2%，合同约定利息在合同到期时一次支付。所借款项已存入银行。其编制会计分录如下：

借：银行存款　　　　　　　　　　　　　　　　400 000
　　贷：短期借款　　　　　　　　　　　　　　　　400 000

(2) 计提短期借款利息。

【例 5-3】　12 月 31 日，弘大公司按照合同约定的利率计算应承担的利息费用。

应承担的利息费用为

$$400\ 000 \times \frac{7.2\%}{12} = 2\ 400(元)$$

其编制会计分录如下：

借：财务费用　　　　　　　　　　　　　　　　2 400
　　贷：应付利息　　　　　　　　　　　　　　　　2 400

2014 年 1 月 31 日，同样需要按照合同约定计算应承担的利息费用，会计分录和上述分录相同。

2014 年 2 月 28 日，该借款到期，也需要按照合同约定计算应承担的利息费用，但在实务中一般不再单独计提，而是和支付利息一并确认。

(3) 支付利息。

【例 5-4】　2014 年 2 月 28 日，弘大公司上述借款到期，按照合同约定支付上述借款利息。其编制会计分录如下：

借：应付利息　　　　　　　　　　　　(2 400 × 2)4 800
　　财务费用　　　　　　　　　　　　(2 400 × 1)2 400

　　　贷：银行存款　　　　　　　　　　　　　　　　　　　　7 200

　　(4) 偿还短期借款本金。

　　【例 5-5】　2014 年 2 月 28 日，弘大公司上述借款到期，偿还本金。其编制会计分录如下：

　　　借：短期借款　　　　　　　　　　　　　　　400 000
　　　　　贷：银行存款　　　　　　　　　　　　　　　　400 000

【知识拓展 5-4】

　　短期借款利息是企业筹集维持正常生产经营活动所需资金发生的资金使用费。企业在进行会计核算时将其作为期间费用(即财务费用)加以确认。由于短期借款利息支付方式和支付时间不同，因此会计处理方式也有所不同。如果银行对企业的短期借款利息按月计收，或者虽在借款到期时一次收回本息，但利息数额不大，则企业可以在付息时将发生的利息费用直接计入付息月份的当期损益(财务费用)。如果银行对企业的短期借款利息按季度或按半年度等较长时间计收，或者在借款到期时一次收回本息，但利息的数额较大，则为了正确计算各种损益，按权责发生制核算的要求，将各期利息按月计入各期的当期损益(财务费用)，并同时确认"应付利息"一项负债，待实际支付利息时，再冲减"应付利息"这项负债。由于借款时间短，计息时间一般不超过一年，因此短期借款利息的计算一般采用单利法。其计算公式为

短期借款利息 = 借款本金 × 利率 × 时间

　　银行借款利率一般以年利率表示，因此在计算利息时，要看时间的计算方式。如果时间是以月计算的，则需将年利率转化为月利率；如果时间是以天数计算的，则需将年利率转化为日利率。转化时，每年按 12 个月、360 天计算，每月按 30 天计算。

　　2) 短期借款业务核算的流程图
　　以上短期借款业务核算的流程图如图 5-9 所示。

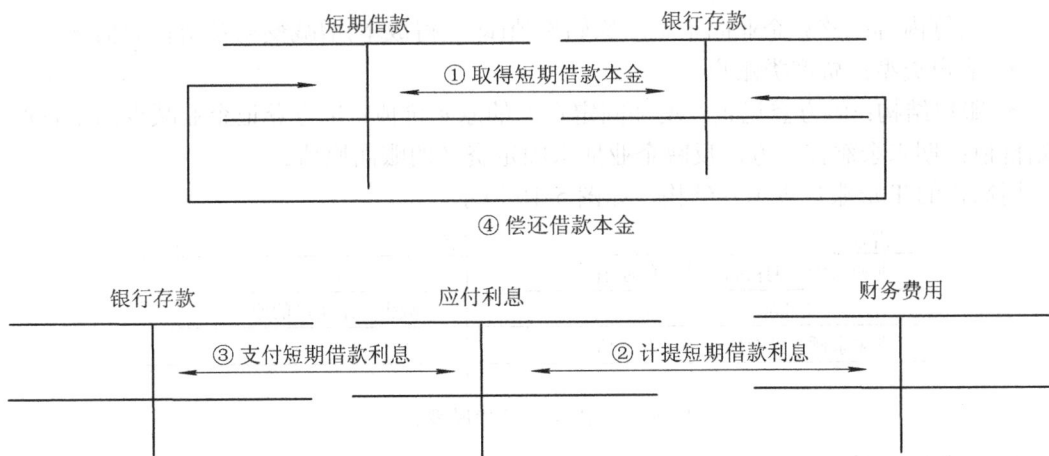

图 5-9　短期借款业务核算的流程图

3) 长期借款的核算

【例 5-6】 12 月 2 日，弘大公司向银行申请长期借款 600 000 元，存入银行。其编制会计分录如下：

借：银行存款　　　　　　　　　　　　　　　600 000
　　贷：长期借款　　　　　　　　　　　　　　　600 000

第二节　供应过程业务核算

企业的经营过程包括供应过程、生产过程和销售过程。供应过程是企业生产经营过程的第一个阶段，是为了生产产品做准备的过程。为了生产产品，就要做好多方面的物资准备工作，较为重要的有两个方面：一是准备劳动资料，即购建固定资产；二是准备劳动对象，即购买原材料。

一、固定资产购建业务的核算

固定资产是指企业为生产商品、提供劳务、出租或者经营管理而持有的，使用寿命超过一个会计年度的有形资产。它包括房屋及建筑物、机器设备、运输设备、工具器具等。

1. 固定资产成本的构成

固定资产应当按照取得成本进行初始计量。企业购建固定资产的取得成本是指该固定资产达到预定可使用状态前所发生的一切合理的、必要的支出，该支出具体包括买价、运输费、保险费、包装费等各项税费。

2. 固定资产购建业务核算中设置的账户

为了加强对固定资产购建业务的管理，核算固定资产的增减变动和结存情况，企业应设置"固定资产""在建工程"等账户。

1) "固定资产"账户

- 核算内容：核算企业固定资产原始价值(即取得成本)增减变动及结存的情况。
- 账户类型：资产类账户。
- 账户结构：借方登记企业增加固定资产的原始价值；贷方登记企业减少固定资产的原始价值；期末余额在借方，反映企业期末固定资产的账面原值。

用简化的 T 形账户表示其结构，如图 5-10 所示。

借方	固定资产	贷方
期初余额：期初固定资产的原值		
增加固定资产的原值		减少固定资产的原值
期末余额：结存固定资产的原值		

图 5-10　固定资产增减变化图

2) "在建工程"账户

企业购入固定资产，有的不需要安装就可以交付使用，有的则需要安装后才能交付使用。其中，需要安装的部分在交付使用之前，也就是达到预定可使用状态之前，通过"在建工程"账户进行核算。

- 核算内容：核算企业固定资产的建造、安装、更新改造等发生的实际支出情况。
- 账类类型：资产类账户。
- 账户结构：借方登记企业各项在建工程的实际支出(包括需要安装的设备价值和自行建造固定资产发生额等各项支出)；贷方登记完工并交付使用的工程购建成本；期末余额在借方，反映企业尚未达到预定可使用状态的在建工程成本。

用简化的 T 形账户表示其结构，如图 5-11 所示。

借方	在建工程	贷方
期初余额：期初尚未完工的在建工程成本		
在建工程的实际支出	已完工并交付使用的工程成本	
期末余额：期末尚未完工的在建工程成本		

图 5-11　在建工程增减变化图

3. 固定资产购建业务核算举例

【例 5-7】　12 月 2 日，弘大公司购入一台不需要安装的生产用设备，该设备的买价为 125 000 元，增值税为 16 250 元，包装运杂费等为 2 000 元，全部款项使用银行存款支付，设备当即投入使用。其编制会计分录如下：

借：固定资产　　　　　　　　　　　　　　　　127 000
　　应交税费——应交增值税(进项税额)　　　　　16 250
　　贷：银行存款　　　　　　　　　　　　　　　　143 250

【例 5-8】　若弘大公司购入的是一台需要安装的生产用设备，有关发票等凭证显示其买价 480 000 元，增值税 62 400 元，包装运杂费等 5 000 元，设备投入安装。其编制会计分录如下：

借：在建工程　　　　　　　　　　　　　　　　485 000
　　应交税费——应交增值税(进项税额)　　　　　62 400
　　贷：银行存款　　　　　　　　　　　　　　　　547 400

【例 5-9】　接例 5-8，上述设备安装完毕，达到预定可使用状态，并经验收合格办理竣工决算手续，现已交付使用。其编制会计分录如下：

借：固定资产　　　　　　　　　　　　　　　　485 000
　　贷：在建工程　　　　　　　　　　　　　　　　485 000

4. 固定资产购建业务核算的流程图

以上固定资产购建业务核算的流程图如图 5-12 所示。

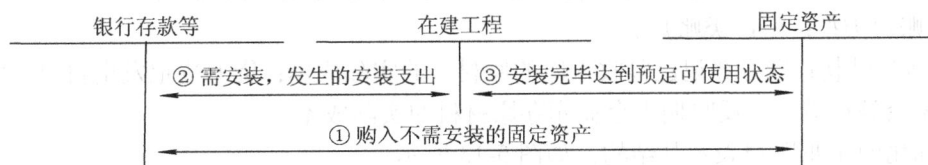

银行存款等	在建工程	固定资产
	②需安装，发生的安装支出	③安装完毕达到预定可使用状态
①购入不需安装的固定资产		

图 5-12　固定资产购建业务核算的流程图

二、材料采购业务的核算

在供应过程中，企业一方面从供货单位购进各种材料物资，以满足生产经营的需要，另一方面要支付材料的买价和各种采购费用，与供货单位进行货款的结算。

1. 材料采购成本的构成

材料取得的计价一般遵循历史成本原则，即企业取得的材料应当按照成本进行初始计量，包括材料买价和各种采购费用。其具体由以下六项内容构成：

(1) 买价：是指企业采购材料物资时，按购货发票价格支付的货款。

(2) 运输费、装卸费、保险费、包装费、仓储费等。

(3) 运输途中的合理损耗。

(4) 入库前的挑选整理费用。

(5) 相关税金，如进口关税等。

(6) 其他费用，如大宗物资的市内运杂费。

其中，第1项买价应当直接计入材料采购成本，第2、3、4、5、6项统称为采购费用，这些采购费用在发生时如果能够分清是为哪种材料发生的，应当直接计入该种材料的采购成本；如果是几种材料共同发生的，则应当按照相应的分配标准(如重量、体积等)先进行分配，然后分别计入相应材料的采购成本。

【例 5-10】 以银行存款支付购入甲、乙材料运杂费 2 000 元。该运杂费为甲、乙两种材料共同承担，假设以材料重量为分配标准，购入甲材料 40 吨，乙材料 60 吨，则运杂费在甲、乙两种材料中的分配计算如下：

$$分配率 = \frac{运杂费}{甲、乙材料重量} = \frac{2000}{40 + 60} = 20(元/吨)$$

$$甲材料应负担的运杂费 = 40 \times 20 = 800(元)$$

$$乙材料应负担的运杂费 = 60 \times 20 = 1200(元)$$

以下费用不应计入材料的采购成本，一般作为"管理费用"处理。

(1) 市内零星运杂费。

(2) 采购人员的差旅费。

(3) 采购机构的经费及供应商和仓库的经费。

2. 材料采购业务核算中设置的账户

1) "原材料"账户

- 核算内容：核算企业库存原材料的增减变动和实际结存情况。

- 账户类型：资产类账户。

- 账户结构：借方登记已验收入库的原材料的实际成本；贷方登记发出材料的实际成本；期末余额在借方，反映期末企业库存原材料的实际成本。

用简化的 T 形账户表示其结构，如图 5-13 所示。

借方	原材料	贷方
期初余额：实际成本发下，期初库存材料的实际成本		
验收入库原材料实际采购成本	发出原材料的实际成本	
期末余额：实际成本发下，期末库存材料的实际成本		

图 5-13 原材料增减变化图

2) "在途物资"账户

· 核算内容：核算企业采用实际成本进行材料物资日常核算时外购材料的买价和各种采购费用。

· 账户类型：资产类账户。

· 账户结构：借方登记购入材料的买价和采购费用(实际采购成本)；贷方登记结转完成采购过程、验收入库材料的实际采购成本；期末余额在借方，反映尚未运达企业或者已经运达企业但尚未验收入库的在途材料的成本。

用简化的 T 形账户表示其结构，如图 5-14 所示。

借方	在途物资	贷方
期初余额：期初在途材料成本		
购入材料的买价和采购费用	结转验收入库材料的实际采购成本	
期末余额：期末在途材料成本		

图 5-14 在途物资增减变化图

3) "应交税费——应交增值税"账户

"应交税费"账户用以核算和监督企业应缴纳的各种税费，该账户应按税费的种类设置明细账户进行明细分类核算。

【知识拓展 5-5】

了解企业中形形色色的税

根据国家有关税法的规定，企业在生产经营过程当中经常会发生一些税费，主要有增值税、消费税、企业所得税、资源税、土地增值税、城市建设维护税、房产税、城镇土地使用税、车船税、个人所得税、印花税、耕地占用税、契税、教育费附加、矿产资源补偿费等。

企业在物资采购业务中涉及的税金主要是增值税。按照《中华人民共和国增值税暂行条例》规定，凡在我国境内销售货物或者加工修理修配劳务，销售服务、无形资产及不动产的增值额和货物进口金额为计税依据而征收的一种流转税。

为了核算企业应交增值税的情况，应在"应交税费"总账下设置"应交增值税"明细账户。

· 核算内容：核算企业应交增值税情况。

· 账户类型：负债类账户。

· 账户结构：借方反映企业购进货物或接受劳务支付的进项税额和实际已经支付的增值税；贷方反映企业销售货物或提供修理修配劳务而向购货单位收取的销项税额等项目；

纳税人从销项税额抵扣进项税额后向税务机关缴纳增值税，期末余额在借方，表示企业预交的税金或尚未抵扣的增值税，余额在贷方表示企业应交未交的增值税。

用简化的 T 形账户表示其结构，如图 5-15 所示。

借方	应交税费——应交增值税	贷方
期初余额：预交的增值税税金或尚未抵扣的增值税	期初余额：期初企业应交而未交的增值税	
支付的进项税额和实际已经支付的增值税	向购货单位收取的销项税额	
期末余额：预交的增值税税金或尚未抵扣的增值税	期末余额：期末企业应交而未交的增值税	

图 5-15　应交税费——应交增值税增减变化图

4)　"应付账款"账户

• 核算内容：核算因采购物资、材料和接受劳务等应与供应单位发生的结算债务的增减变动情况。

• 账户类型：负债类账户。

• 账户结构：贷方登记应付给供应商或提供劳务单位的款项；借方登记应付款项的偿还数额；期末余额一般在贷方，表示企业尚未偿还的欠款金额。

用简化的 T 形账户表示其结构，如图 5-16 所示。

借方	应付账款	贷方
	期初余额：期初尚未偿还的应付账款	
偿还应付供应单位的款项	应付供应单位的款项	
	期末余额：尚未偿还的应付账款	

图 5-16　应付账款增减变化图

5)　"应付票据"账户

• 核算内容：核算因采购物资、材料和接受劳务等开出、承兑的商业汇票(商业承兑汇票或银行承兑汇票)。

• 账户类型：负债类账户。

• 账户结构：贷方登记企业承兑的商业汇票的金额；借方登记商业汇票到期支付的金额；期末余额一般在贷方，表示尚未到期商业汇票金额。

用简化的 T 形账户表示其结构，如图 5-17 所示。

借方	应付票据	贷方
	期初余额：期初尚未到期的应付票据金额	
到期应付票据的减少	开出、承兑商业汇票的增加	
	期末余额：期末尚未到期的应付票据金额	

图 5-17　应付票据增减变化图

【知识拓展 5-6】

有关企业票据的会计核算

不同的票据，在会计处理中使用的会计科目也不相同，具体情况如图 5-18 所示。

票据名称		会计科目
支票		银行存款
银行本票		其他货币资金
银行汇票		
商业汇票	商业承兑汇票	应收/应付票据
	银行承兑汇票	

图 5-18 不同票据对应的会计科目图

3. 材料采购业务核算举例

【**例 5-11**】 12 月 2 日，弘大公司向长江公司购入原材料 5 000 公斤，增值税专用发票上所列单价 8 元，买价计 40 000 元，进项税额为 5 200 元，供货方代垫运杂费 3 200 元，款项以支票支付，材料已经验收入库。其编制会计分录如下：

借：原材料 43 200
　　应交税费——应交增值税(进项税额) 5 200
　　　贷：银行存款 48 400

【**例 5-12**】 假设例 5-11 中的材料尚未运到。其编制会计分录如下：

借：在途物资 43 200
　　应交税费——应交增值税(进项税额) 5 200
　　　贷：银行存款 48 400

【**例 5-13**】 接例 5-12，12 月 8 日，向长江公司购入的材料运到经验收入库。其编制会计分录如下：

借：原材料 43 200
　　　贷：在途物资 43 200

【**例 5-14**】 假设例 5-11 中的款项尚未支付。其编制会计分录如下：

借：原材料 43 200
　　应交税费——应交增值税(进项税额) 5 200
　　　贷：应付账款 48 400

【**例 5-15**】 接例 5-14，12 月 9 日，弘大公司通过银行转账偿还长江公司 48 400 元。其编制会计分录如下：

借：应付账款 48 400
　　　贷：银行存款 48 400

【**例 5-16**】 假设例 5-11 中，弘大公司开出一张 2 个月期限的银行承兑汇票用以支付货款。其编制会计分录如下：

借：原材料 43 200
　　应交税费——应交增值税(进项税额) 5 200
　　　贷：应付票据 48 400

【**例 5-17**】接例 5-16，银行承兑汇票到期，弘大公司偿还长江公司 48 400 元。其编制会计分录如下：

借：应付票据 48 400

　　　　贷：银行存款　　　　　　　　　　　　　　　　　　　48 400

4. 材料采购业务核算流程图

以上材料采购业务核算的流程图如图 5-19 所示。

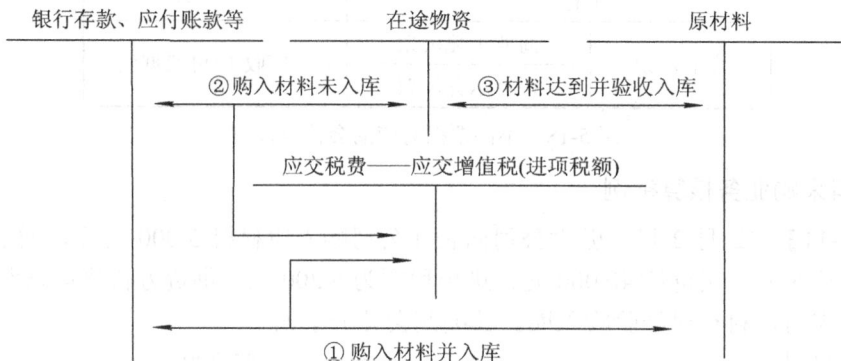

图 5-19　材料采购业务核算的流程图

第三节　生产过程业务核算

生产过程是工业企业生产经营过程的第二个阶段，即产品生产阶段。在此阶段，企业的资金形态由储备资金转变为生产资金，最后形成成品资金。

在生产过程中，企业通过对材料进行生产加工制造出产品。工业企业的生产过程就是生产耗费过程，包括直接材料、支付给直接参加产品生产的工人的工资以及按生产工人工资总额和规定的比例计算提取的职工福利费、企业生产车间等生产单位为组织和管理生产而发生的各项间接费用，即制造费用。通过对生产费用的归集和分配，计算出产成品。所以对生产费用的归集和分配便成了生产过程的主要经济业务。

此外，在生产过程中还会发生为组织、管理生产活动而支付的各种管理费用和其他费用等。由于这些耗费与企业制造产品没有直接联系，属于某一时期内发生的管理费用，按期间配比的要求，将其视为同一时期收入相关的期间费用，直接抵减当期收入。

以上生产经营过程中发生的各项耗费，统称为费用。费用按是否计入商品生产成本分为生产成本和期间费用。

一、生产成本的核算

生产成本是指为生产产品所发生的各种耗费，具体包括直接材料费、直接人工费和制造费用。其中，直接材料费和直接人工费又称直接费用；制造费用又称间接费用。

1. 生产成本核算中账户的设置

1）"生产成本"账户

· 核算内容：核算企业生产各种产品(包括产成品、自制半成品、提供劳务等)、自制材料、自制工具、自制设备等所发生的各项直接生产费用，并计算其实际生产成本。

- 账户类型：成本类账户。
- 账户结构：借方登记生产费用的发生额，即平时发生的直接材料费、直接人工费及期末分配转来的制造费用；贷方登记转入"库存商品"账户的借方完工并被验收入库产品的成本；期末余额在借方，表示尚未完工的各项产品成本。

用简化的 T 形账户表示其结构，如图 5-20 所示。

借方	生产成本	贷方
期初余额：期初在制产品的成本		
为进行生产所发生的各项直接材料费、人工费、分配的制造费用	结转完工产品、自制材料、自制工具、自制设备的实际生产成本	
期末余额：期末在产品的成本		

图 5-20 生产成本增减变化图

2) "应付职工薪酬"账户

- 核算内容：核算企业应付给职工各种薪酬总额与实际发放情况，并反映和监督企业职工薪酬结算情况。
- 账户类型：负债类账户。
- 账户结构：贷方登记结算出的应付各种薪酬；借方登记各种形式实际支付的工资额；期末余额若在贷方，表示应付未付职工的工资。

用简化的 T 形账户表示其结构，如图 5-21 所示。

借方	应付职工薪酬	贷方
	期初余额：期初应付未付的职工薪酬	
实际支付的职工薪酬	期末计算分配的职工薪酬	
	期末余额：期末应付未付的职工薪酬	

图 5-21 应付职工薪酬增减变化图

【知识拓展 5-7】

职工薪酬的内容

职工薪酬是指企业为获得职工提供的服务而给予各种形式的报酬以及其他相关支出，主要包括：

(1) 职工工资、奖金、津贴和补贴。

(2) 职工福利费。

(3) 医疗保险费、养老保险费、失业保险费、工伤保险费和生育保险费等社会保险费。

(4) 住房公积金。

(5) 工会经费和职工教育经费。

(6) 非货币性福利。

(7) 因解除与职工的劳动关系而给予的补偿。

(8) 其他与获得职工提供的服务相关的支出。

3) "制造费用"账户

• 核算内容：核算企业生产车间为生产产品和提高劳务所发生的各项间接费用，包括工资和福利费、折旧费、修理费、办公费等。

• 账户类型：成本类账户。

• 账户结构：借方登记期内各项费用的发生额；贷方登记转入"生产成本"账户借方的数额；期末无余额。

用简化的 T 形账户表示其结构，如图 5-22 所示。

借方	制造费用	贷方
发生的各项制造费用	结转分配转入"生产成本"的制造费用	

图 5-22　制造费用增减变化图

4) "累计折旧"账户

固定资产折旧是指固定资产在使用过程中，随着磨损而减少的价值。固定资产折旧的核算需要设置"累计折旧"账户。

• 核算内容：核算固定资产的损耗价值。

• 账户类型：资产类备抵账户。

• 账户结构：贷方登记固定资产折旧的增加数；借方登记固定资产减少时折旧的冲销数；期末余额在贷方，表示企业固定资产累计已提折旧数。

用简化的 T 形账户表示其结构，如图 5-23 所示。

借方	累计折旧	贷方
	期初余额：期初固定资产累计已计提的折旧数	
因各种原因减少的固定资产已提折旧数	按期计提的固定资产折旧数	
	期末余额：期末固定资产累计已计提的折旧数	

图 5-23　累计折旧增减变化图

5) "库存商品"账户

• 核算内容：核算企业生产完工验收入库可供销售商品的实际成本。

• 账户类型：资产类账户。

• 账户结构：借方登记完工入库产品的生产成本；贷方登记发出产品的生产成本；期末余额在借方，表示尚未销售的库存成品的生产成本。

用简化的 T 形账户表示其结构，如图 5-24 所示。

借方	库存商品	贷方
期初余额：期初库存结余产品的实际成本		
完工验收入库产品的实际成本	发出产品的实际成本	
期末余额：期末库存结余产品的实际成本		

图 5-24　库存商品增减变化图

2. 制造费用的归集与分配

制造费用是产品生产成本的组成内容，应计入产品生产成本。当企业发生各项制造费用时，先将其归集到"制造费用"账户的借方，期末应将归集的制造费用总额按一定的标准在生产的产品之间进行分配，以便计算出生产成本。

制造费用的分配标准有多种，如按产品的生产工时、机器工时或生产工人工资等进行分配。

【例 5-18】 本月制造费用的发生情况及其编制会计分录如下：

(1) 车间耗用材料 17 220 元。

借：制造费用   17 220

 贷：原材料   17 220

(2) 车间管理人员工资 8 000 元。

借：制造费用   8 000

 贷：应付职工薪酬   8 000

(3) 车间使用的厂房、机器设备等固定资产折旧 8 000 元。

借：制造费用   8 000

 贷：累计折旧   8 000

(4) 支付生产车间办公费 1 200 元、水电费 1 300 元。

借：制造费用——办公费   1 200

   ——水电费   1 300

 贷：银行存款   2 500

根据上述制造费用发生情况，归集制造费用总额为

$$17\ 220 + 8\ 000 + 8\ 000 + 1\ 200 + 1\ 300 = 35\ 720(元)$$

月末将本月发生的制造费用分配转入产品的生产成本。假设企业按照产品生产工人工资的标准进行分配，本企业生产 A、B 两种产品，生产 A 产品的工人工资为 35 720 元，生产 B 产品的工人工资为 107 160 元，则计算制造费用的分配率为

$$制造费用分配率 = \frac{制造费用}{生产工人工资资额} = \frac{35\ 720}{35\ 720 + 107\ 160} = 0.25$$

$$A 产品应负担的制造费用 = 35\ 720 \times 0.25 = 8\ 930(元)$$

$$B 产品应负担的制造费用 = 35\ 720 - 8\ 930 = 26\ 790(元)$$

根据分配结果，将 A、B 产品应负担的制造费用记入"生产成本"账户，编制会计分录如下：

借：生产成本——A 产品   8 930

   ——B 产品   26 790

 贷：制造费用   35 720

3. 生产成本核算举例

【例 5-19】 12 月份，弘大公司生产 A 产品 100 件共使用甲材料 20 吨，金额为 10 200 元。其编制会计分录如下：

借：生产成本——A 产品   10 200

 贷：原材料——甲材料   10 200

【例 5-20】 12 月份，弘大公司结算本月份应付职工的工资：A 产品生产工人工资 32 000 元，车间管理人员工资 8 000 元。其编制会计分录如下：

借：生产成本——A 产品   32 000

  制造费用   8 000

  贷：应付职工薪酬   40 000

【例 5-21】 12 月份，弘大公司计提本月份车间使用的厂房、机器设备固定资产折旧 8 000 元。其编制会计分录如下：

借：制造费用   8 000

  贷：累计折旧   8 000

【例 5-22】 假设弘大公司只生产了 A 产品，月末将本月发生的制造费用(8 000 + 8 000 = 16 000)转入 A 产品的生产成本。其编制会计分录如下：

借：生产成本——A 产品   16 000

  贷：制造费用   16 000

【例 5-23】 月末，结转完工入库 A 产品的实际成本。A 产品 100 件，全部制造完工，实际总成本为：10 200 + 32 000 + 16 000 = 58 200(元)。

其编制会计分录如下：

借：库存商品——A 产品   58 200

  贷：生产成本——A 产品   58 200

4. 生产成本核算的流程图

以上生产成本核算的流程图如图 5-25 所示。

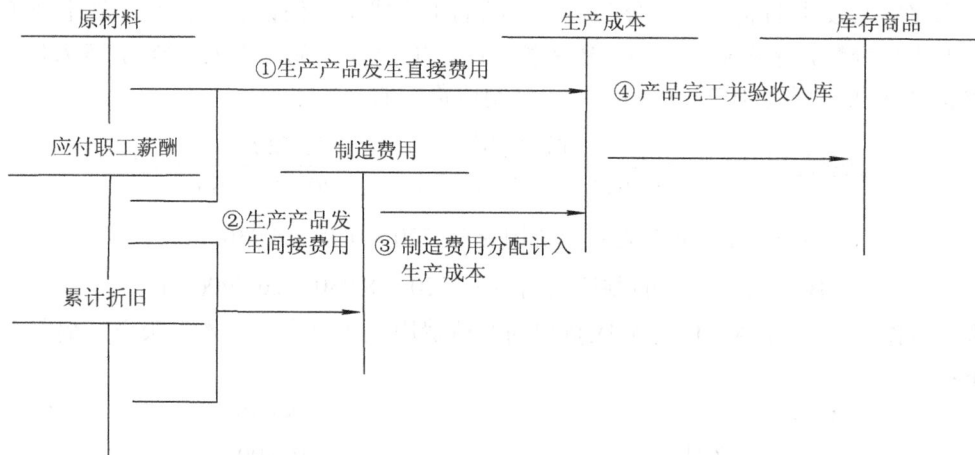

图 5-25　生产成本核算的流程图

会计小故事，财务大思考

二、期间费用的核算

期间费用是指与产品生产无直接关系，不计入生产成本，而计入发生的期间由该期间负担的费用。期间费用具体包括管理费用、财务费用和销售费用。生产过程业务核算中主要涉及管理费用。

1. 期间费用核算中账户的设置

"管理费用"账户
- 核算内容：核算企业行政管理部门为组合和管理生产经营活动而发生的费用。
- 账户类型：费用类账户。
- 账户结构：借方登记各项管理费用的发生额；贷方登记期末转入"本年利润"账户借方的金额；结转后，期末应无余额。

用简化的 T 形账户表示其结构，如图 5-26 所示。

借方	管理费用	贷方
发生的管理费用	期末转入"本年利润"账户的管理费用	

图 5-26 管理费用增减变化图

2. 期间费用核算举例

【例 5-24】 12 月份，弘大公司以银行存款支付水电费共 4 000 元。其编制会计分录如下：

借：管理费用　　　　　　　　　　　　　　　　4 000
　　贷：银行存款　　　　　　　　　　　　　　　　4 000

3. 期间费用核算的流程图

以上期间费用核算的流程图如图 5-27 所示。

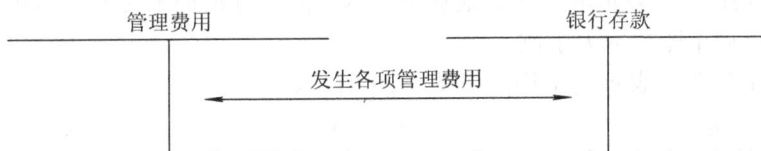

管理费用		银行存款
	发生各项管理费用	

图 5-27 期间费用核算的流程图

第四节 销售过程业务核算

销售过程是企业生产经营活动的最后一个环节。在市场经济中，企业的产品只有被市场认可，能够实现销售，取得销售收入，获取货币资金，才能补偿产品生产的全部耗费，得以保障企业再生产的进行，同时取得利润，增加企业积累资金。

按照配比原则，在销售产品时，还必不可少地会发生相应的支出，如运输、广告宣传、专设销售机构经营等费用，这些经常性费用计入当期损益，在取得的销售收入中得到补偿。

此外，企业在取得商品销售收入的同时，还要计算结转产品销售成本、按税法规定计算交纳各种销售税费。因此，销售过程的主要经济业务包括：出售产品，取得销售收入并办理结算，确定产品销售成本，计算流转税金，支付各项销售费用，最后确定产品销售的利润。

一、销售过程业务核算中设置的账户

为了核算和监督企业销售商品、产品和提供劳务所取得收入，以及因销售商品、产品而与购货单位之间发生的货款结算业务，应当设置以下账户。

1. "主营业务收入"账户

- 核算内容：核算和监督企业因销售产品、提供劳务而实现的收入。
- 账户类型：损益类账户。
- 账户结构：贷方登记企业销售产品、提供劳务取得的收入；借方登记发生销售退回和销售折让时应冲减的本期主营业务收入和期末应转入"本年利润"账户的数额；期末结转后本账户应无余额。

用简化的 T 形账户表示其结构，如图 5-28 所示。

借方	主营业务收入	贷方
发生销售退回和销售折让时应冲减的本期主营业务收入和期末应转入"本年利润"账户的数额		企业销售产品、提供劳务取得的收入

图 5-28　主营业务收入增减变化图

2. "其他业务收入"账户

- 核算内容：核算和监督企业主营业务以外的其他业务活动所取得的收入。
- 账户类型：损益类账户。
- 账户结构：贷方登记取得的其他业务收入；借方登记期末转入"本年利润"账户的数额；期末结转后本账户应无余额。

用简化的 T 形账户表示其结构，如图 5-29 所示。

借方	其他业务收入	贷方
期末转入"本年利润"账户的数额		取得的其他业务收入

图 5-29　其他业务收入增减变化图

3. "主营业务成本"账户

- 核算内容：核算和监督企业已销售产品、提供劳务的实际成本。
- 账户类型：损益类账户。
- 账户结构：借方登记已销售产品、提供劳务的实际成本；贷方登记发生销售退回应冲减的本期主营业务成本和期末转入"本年利润"账户的数额；期末结转后本账户应无余额。

用简化的 T 形账户表示其结构，如图 5-30 所示。

借方	主营业务成本	贷方
已销售产品、提供劳务的实际成本	发生销售退回应冲减的本期主营业务成本和期末转入"本年利润"账户的数额	

图 5-30 主营业务成本增减变化图

4. "其他业务成本"账户

· 核算内容：核算和监督企业主营业务以外的其他业务活动所发生的实际成本。

· 账户类型：损益类账户。

· 账户结构：借方登记企业发生的其他业务成本数额；贷方登记期末转入"本年利润"账户的数额；期末结转后本账户应无余额。

用简化的 T 形账户表示其结构，如图 5-31 所示。

借方	其他业务成本	贷方
企业发生的其他业务成本数额	期末转入"本年利润"账户的数额	

图 5-31 其他业务成本增减变化图

5. "销售费用"账户

· 核算内容：核算和监督企业已销售产品、提供劳务过程中所发生的各项费用，如：保险费、包装费、运输费、装卸费、展览费、商品维修费、预计产品质量保证损失、广告费，以及企业专设销售机构的职工薪酬、业务费、折旧费等。

· 账户类型：损益类账户。

· 账户结构：借方登记发生的各项销售费用；贷方登记期末转入"本年利润"账户的数额；期末结转后本账户应无余额。

用简化的 T 形账户表示其结构，如图 5-32 所示。

借方	销售费用	贷方
发生的各项销售费用	期末转入"本年利润"账户的数额	

图 5-32 销售费用增减变化图

6. "税金及附加"账户

· 核算内容：核算和监督企业经营活动发生的各种税金及附加，包括消费税、城市维护建设税、教育费附加等。

· 账户类型：损益类账户。

· 账户结构：借方登记企业因销售商品或提供劳务应交纳的税金及附加；贷方登记期末转入"本年利润"账户的数额；期末结转后本账户应无余额。

用简化的 T 形账户表示其结构，如图 5-33 所示。

借方	税金及附加	贷方
因销售商品或提供劳务应交纳的税金及附加	期末转入"本年利润"账户的数额	

图 5-33 税金及附加增减变化图

7. "应收账款"账户

- 核算内容：核算和监督企业因销售商品、提供劳务而应向购货单位收取的款项。
- 账户类型：资产类账户。
- 账户结构：借方登记应向购货单位收取的款项；贷方登记已从购货单位收取的款项；期末余额一般在借方，表示企业应收而尚未收取的应收款项。

用简化的 T 形账户表示其结构，如图 5-34 所示。

借方	应收账款	贷方
期初余额：期初应收而尚未收取的应收款项		
因销售商品、提供劳务而应向购货单位收取的款项	从购货单位收取的款项	
期末余额：期末应收而尚未收取的应收款项		

图 5-34　应收账款增减变化图

8. "应收票据"账户

- 核算内容：核算企业收到的购买单位开出的商业汇票的结算情况。
- 账户类型：资产类账户。
- 账户结构：借方登记因销售商品、提供劳务等收到的购买单位开出的商业汇票，按应收票据的面值登记；贷方登记到期收回的商业汇票；期末余额一般在借方，表示企业持有的尚未到期的商业汇票应收款。

用简化的 T 形账户表示其结构，如图 5-35 所示。

借方	应收票据	贷方
期初余额：期初企业持有的尚未到期的商业汇票金额		
因销售商品、提供劳务等收到的购买单位开出的商业汇票	到期收回的商业汇票金额	
期末余额：期末企业持有的尚未到期的商业汇票金额		

图 5-35　应收票据增减变化图

二、销售过程业务核算举例

【例 5-25】 12 月 10 日，弘大公司赊销给光明公司销售 A 产品 40 件，每件售价 3 000 元，增值税专用发票上注明货款 120 000 元，增值税为 15 600 元。其编制会计分录如下：

借：应收账款　　　　　　　　　　　　　　　135 600
　　贷：主营业务收入　　　　　　　　　　　　120 000
　　　　应交税费——应交增值税(销项税额)　　 15 600

【例 5-26】 假设 12 月 23 日，弘大公司收到货款。编制会计分录如下：

借：银行存款　　　　　　　　　　　　　　　135 600
　　贷：应收账款　　　　　　　　　　　　　　135 600

【例 5-27】 假设例 5-25 中，弘大公司收到光明公司开具的期限为 3 个月的商业承兑汇票一张，面值为 135 600 元。其编制会计分录如下：

借：应收票据　　　　　　　　　　　　　135 600
　　贷：主营业务收入　　　　　　　　　　120 000
　　　　应交税费——应交增值税(销项税额)　15 600

【例 5-28】　假设上例中商业承兑汇票到期，弘大公司收到货款。编制会计分录如下：
借：银行存款　　　　　　　　　　　　　135 600
　　贷：应收票据　　　　　　　　　　　　135 600

【例 5-29】　结转上述 40 件 A 产品的销售成本，单位成本为 500 元。其编制会计分录如下：
借：主营业务成本　　　　　　　　　　　20 000
　　贷：库存商品　　　　　　　　　　　　20 000

【例 5-30】　12 月 13 日，弘大公司出售一批甲材料，取得货款 2 000 元存入银行。其编制会计分录如下：
借：银行存款　　　　　　　　　　　　　2 000
　　贷：其他业务收入　　　　　　　　　　2 000

【例 5-31】　结转上述出售甲材料的成本 1 500 元。其编制会计分录如下：
借：其他业务成本　　　　　　　　　　　1 500
　　贷：原材料　　　　　　　　　　　　　1 500

【例 5-32】　12 月 15 日，以银行存款支付销售 A 产品应负担的运杂费 600 元。其编制会计分录如下：
借：销售费用——运杂费　　　　　　　　600
　　贷：银行存款　　　　　　　　　　　　600

【例 5-33】　12 月底，结转本月销售产品应负担的城市维护建设税 1 000 元。其编制会计分录如下：
借：税金及附加　　　　　　　　　　　　1 000
　　贷：应交税费——应交城市维护建设税　1 000

三、销售过程业务核算的流程图

以上销售业务核算的流程图如图 5-36 所示。

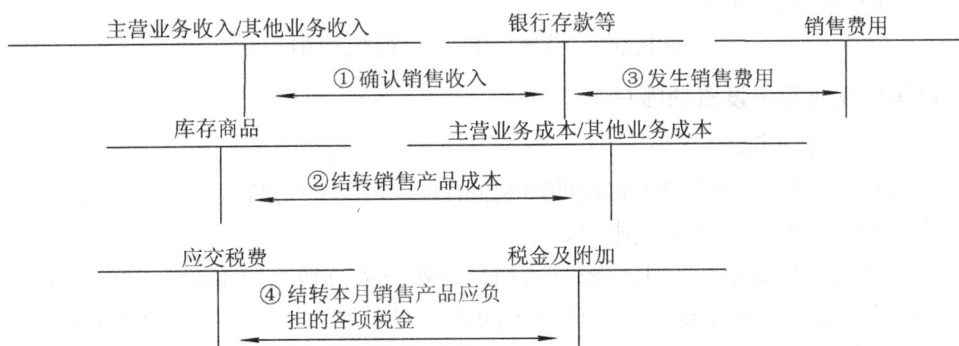

图 5-36　销售业务核算的流程图

第五节　利润形成及分配的业务核算

一、利润形成的业务核算

1. 利润的形成过程

利润是指企业在一定会计期间的经营成果，包括营业利润、利润总额和净利润。

1) 营业利润

营业利润是企业利润的主要来源，主要由主营业务利润和其他业务利润等构成。主营业务利润是指企业销售商品或提供劳务等日常活动所获得的利润。其他业务利润是指企业进行除产品以外的材料销售、固定资产出租、包装物出租、无形资产转让、提供非工业性劳务等取得的利润。

用公式计算营业利润，公式如下：

营业利润 = 营业收入 - 营业成本 - 税金及附加 - 管理费用 - 财务费用 -
销售费用 + 投资收益(或 - 投资损失)

2) 利润总额

利润总额是指营业利润加上营业外收入、减去营业外支出后的金额。营业外收入是指企业发生的与其日常生产经营活动没有直接关系的各项收入，主要包括非货币性交易收益、罚款收入等。营业外支出是指企业发生的与其日常生产经营活动没有直接关系的各项支出，主要包括固定资产盘亏支出、非常损失、罚款支出、债务重组损失、捐赠支出等。

用公式计算利润总额如下：

利润总额 = 营业利润 + 营业外收入 - 营业外支出

3) 净利润

净利润是指企业利润总额减去所得税费用后的余额，它是企业利润计算的最终结果，也是企业当期的财务成果。所得税，是指国家按照税法规定，对我国境内企业，就其生产经营所得和其他所得征收的一种税。

用公式计算净利润如下：

净利润 = 利润总额 - 所得税费用

2. 利润形成业务中设置的账户

1) "本年利润"账户

- 核算内容：核算企业当年实现的净利润(或发生的净亏损)。
- 账户类型：所有者权益类账户。
- 账户结构：贷方登记期末结账时从损益类账户借方转入的本期发生的各项收入数；借方登记从损益类账户贷方转入的本期发生的各项费用数，将借贷方收支相抵后，如贷方发生额大于借方发生额，两者之差为本期实现的净利润；反之，则为本期发生的净亏损。该账户在年度中间留有余额，表示从年初开始截至本期为止累计实现的净利润(或发生的净亏损)。年度终了,应将当年收入和支出相抵后结出的当年实现的净利润,转入"利润分配"账户,结转后该账户应无余额。

用简化的 T 形账户表示其结构,如图 5-37 所示(图中▲为本学期要求掌握的会计科目)。

借方	本年利润	贷方
登记期末结转的各项成本费用: ▲主营业务成本 ▲税金及附加 ▲其他业务成本 ▲销售费用 ▲管理费用 ▲财务费用 　资产减值损失 　公允价值变动损失 　投资损失 ▲营业外支出 ▲所得税费用		登记期末结转的各项收入: ▲主营业务收入 ▲其他业务收入 　公允价值变动损益 ▲投资收益 ▲营业外收入
期末余额:反映本年发生亏损的累计数		期末余额:反映本年实现净利润的累计数额

图 5-37　本年利润增减变化图

2)　"投资收益"账户

· 核算内容:核算确认的投资收益或者投资损失。

· 账户类型:损益类账户。

· 账户结构:贷方登记企业对外投资取得的收益;借方登记对外投资发生的损失;期末应将该账户余额转入"本年利润"账户,结转后该账户应无余额。

用简化的 T 形账户表示其结构,如图 5-38 所示。

借方	投资收益	贷方
发生投资损失的数额 期末结转投资收益的数额		发生投资收益的数额 期末结转投资损失的数额

图 5-38　投资收益增减变化图

3)　"营业外收入"账户

· 核算内容:核算企业营业外收入的取得及结转情况,营业外收入包括非货币性资产交易收益、罚款收入等。

· 账户类型:损益类账户。

· 账户结构:贷方登记企业确认的各项营业外收入;借方登记期末结转入本年利润的营业外收入,结转后该账户应无余额。

用简化的 T 形账户表示其结构,如图 5-39 所示。

借方	营业外收入	贷方
期末结转到"本年利润"账户的本年营业外收入数额		发生的各项营业外收入数额

图 5-39　营业外收入增减变化图

4)"营业外支出"账户

· 核算内容：核算企业营业外支出的取得及结转情况，营业外支出包括固定资产盘亏支出、非常损失、罚款支出、债务重组损失、捐赠支出等。

· 账户类型：损益类账户。

· 账户结构：借方登记企业发生的各项营业外支出；贷方登记期末结转入本年利润的营业外支出；结转后该账户应无余额。

用简化的 T 形账户表示其结构，如图 5-40 所示。

借方	营业外支出	贷方
发生的各项营业外支出数额	期末结转到"本年利润"账户的本期营业外支出数额	

图 5-40　营业外支出增减变化图

5)"所得税费用"账户

· 核算内容：核算确认应从当期利润总额中扣除的所得税费用。

· 账户类型：损益类账户。

· 账户结构：借方登记应计入本期损益的所得税费用；贷方登记期末结转入本年利润的所得税费用；结转后该账户应无余额。

用简化的 T 形账户表示其结构，如图 5-41 所示。

借方	所得税费用	贷方
本期发生的所得税费用	期末结转到"本年利润"账户的本期所得税数额	

图 5-41　所得税费用增减变化图

3. 利润形成业务核算举例

【例 5-34】 12 月 20 日，弘大公司接受捐赠收入 12 000 元，存入银行。其编制会计分录如下：

借：银行存款　　　　　　　　　　　　　　　　12 000

　　贷：营业外收入　　　　　　　　　　　　　　12 000

【例 5-35】12 月 26 日，弘大公司以库存现金支付罚款 200 元。其编制会计分录如下：

借：营业外支出　　　　　　　　　　　　　　　200

　　贷：库存现金　　　　　　　　　　　　　　　200

【例 5-36】 12 月 31 日，确认持有的债券利息收入 5 000 元。其编制会计分录如下：

借：应收利息　　　　　　　　　　　　　　　　5 000

　　贷：投资收益　　　　　　　　　　　　　　　5 000

【例 5-37】 期末将各损益类账户的金额结转记入"本年利润"账户。其编制会计分录如下：

① 借：主营业务收入　　　　　　　　　　　　120 000

其他业务收入	2 000
营业外收入	12 000
投资收益	5 000
贷：本年利润	139 000
② 借：本年利润	21 700
贷：主营业务成本	20 000
其他业务成本	1 500
营业外支出	200

根据上述账户对比，可计算出本期的利润总额为 117 300(139 000 − 21 700)元。

【例 5-38】 假设该企业的应纳税所得额与利润总额一致，结转本期应交所得税。假设所得税税率为 25%。

当期所得税的计算公式如下：

$$应交所得税 = 应纳税所得额 × 所得税税率$$

根据上述利润，计算本期应交所得税为 29 325(117 300 × 25%)元。

(1) 确认本期所得税费用，编制会计分录如下：

借：所得税费用	29 325
贷：应交税费——应交所得税	29 325

(2) 结转所得税费用，编制会计分录如下：

借：本年利润	29 325
贷：所得税费用	29 325

所得税费用结转后，企业本期实现的净利润为 87 975(117 300 − 29 325)元。

4．利润形成业务核算的流程图

以上利润形成业务核算的流程图如图 5-42 所示。

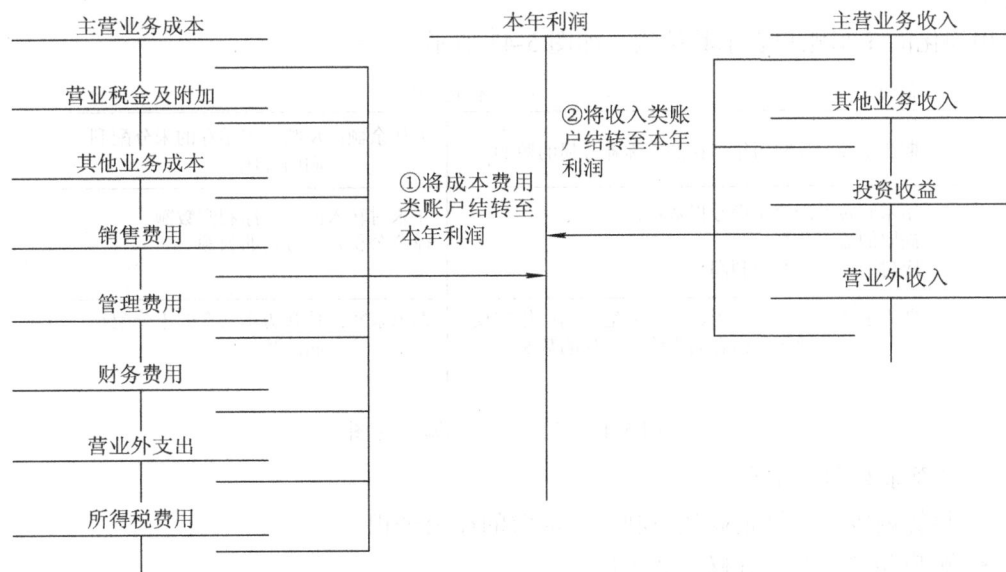

图 5-42 利润形成业务核算的流程图

二、利润分配的业务核算

1. 利润分配的有关规定

根据《公司法》的有关规定，企业当年实现的净利润，一般应当按照如下顺序进行分配。

(1) 提取法定公积金。

公司制企业的法定公积金按照税后利润的 10% 的比例提取。公司法定公积金累计金额为公司注册资本的 50% 以上时，可以不再提取法定公积金。

(2) 提取任意公积金。

公司从税后利润中提取法定公积金后，经股东会或者股东大会决议，还可以从税后利润中提取任意公积金。

(3) 向投资者分配利润或股利。

公司弥补亏损和提取公积金后所余税后利润。一般来讲，有限责任公司股东按照实缴的出资比例分配红利，股份有限公司按照股东持有的股份比例分配利润。

2. 利润分配业务中设置的账户

1) "利润分配"账户

- 核算内容，核算企业利润的分配(或亏损的弥补)和历年分配(或弥补)后的余额。
- 账户类型：所有者权益类账户。
- 账户结构：借方登记实际的利润分配数额或结转的当年度亏损额；贷方登记年度终了从"本年利润"账户借方转入的当年度实现的净利润或用盈余公积弥补亏损的数额；年末余额若在贷方，表示历年结存的未分配利润；年末余额若在借方，表示历年结存的未弥补亏损。

用简化的 T 形账户表示其结构，如图 5-43 所示。

借方	利润分配	贷方
期初余额：反映历年结存的未弥补亏损的数额		期初余额：反映历年结存的未分配利润的数额
年末时转入的全年净亏损数额； 提取的盈余公积； 应付的现金股利或利润		年末时转入的全年净利润数额； 盈余公积弥补亏损的数额
期末余额：年度中间为累计已分配利润；年末反映历年结存的未弥补亏损的数额		期末余额：反映历年结存的未分配利润的数额

图 5-43 利润分配增减变化图

2) "盈余公积"账户

- 核算内容：核算企业从净利润中提取的盈余公积。
- 账户类型：所有者权益类账户。
- 账户结构：贷方登记提取的盈余公积；借方登记盈余公积的支用数；期末余额在贷

方，表示企业结存的盈余公积。

用简化的 T 形账户表示其结构，如图 5-44 所示。

借方	盈余公积	贷方
	期初余额：期初结存的盈余公积	
盈余公积支用数： 用盈余公积弥补亏损 用盈余公积转增资本	提取的盈余公积	
	期末余额：期末结存的盈余公积	

图 5-44　盈余公积增减变化图

3)　"应付股利"账户

- 核算内容：核算企业分配的现金股利或利润。
- 账户类型：负债类账户。
- 账户结构：贷方登记企业应支付的现金股利或利润；借方登记实际支付的现金股利或利润；期末余额在贷方，表示应付未付的现金股利或利润。

用简化的 T 形账户表示其结构，如图 5-45 所示。

借方	应付股利	贷方
	期初余额：应付未付的现金股利或利润	
实际支付的现金股利或利润	应支付的现金股利或利润	
	期末余额：应付未付的现金股利或利润	

图 5-45　应付股利增减变化图

3. 利润分配业务核算举例

【例 5-39】　按净利润的 10%提取法定盈余公积 8 797.5(87 975 × 10%)元，按 5%提取任意盈余公积 4 398.75(87 975 × 5%)元。编制会计分录如下：

借：利润分配——提取法定盈余公积　　　　　　　　8 797.5
　　　　　　——提取任意盈余公积　　　　　　　　4 398.75
　　贷：盈余公积——提取法定盈余公积　　　　　　　　　8 797.5
　　　　　　　　——提取任意盈余公积　　　　　　　　　4 398.75

【例 5-40】　年末，根据董事会会议决议，宣布决定向投资者分配现金股利 20 000 元。编制会计分录如下：

借：利润分配——应付股利　　　　　　　　　　　20 000
　　贷：应付股利　　　　　　　　　　　　　　　　　20 000

【例 5-41】　将本年已分配利润转入"利润分配——未分配利润"明细账户。编制会计分录如下：

借：利润分配——未分配利润　　　　　　　　　　33 196.25
　　贷：利润分配——提取法定盈余公积　　　　　　　　　8 797.5

　　——提取任意盈余公积　　　　　　　　　　4 398.75
　　——应付股利　　　　　　　　　　　　　　20 000

4. 利润分配业务核算的流程图

以上利润分配业务核算的流程图如图 5-46 所示。

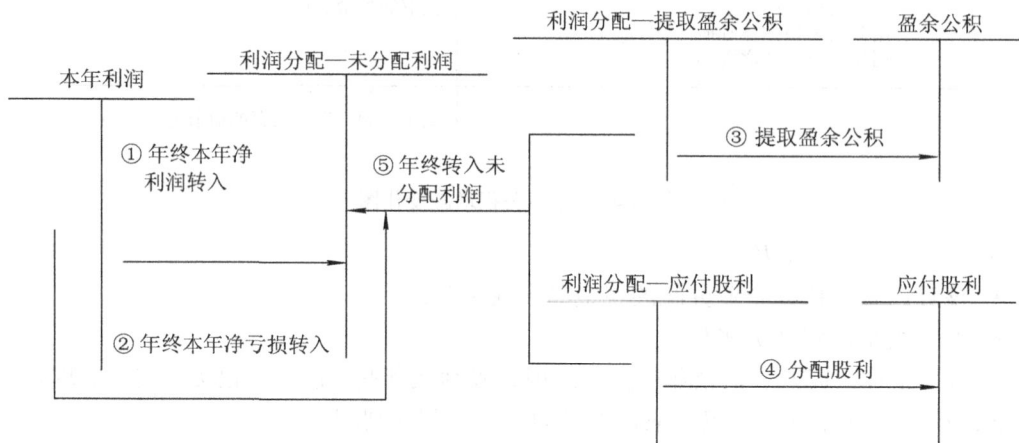

图 5-46　利润分配业务核算的流程图

课程实践

【课程实践一】

企业主要经济业务的核算

　　你作为黄河贸易有限公司的会计，每天要核算大量的经济业务。企业发生的经济业务各种各样，纷繁复杂，如购买原材料、报销员工差旅费、赊销产品、收回其他企业的欠款、接受投资方投入的资金、产品保管不善造成的损失的核算等等。

　　这些经济业务看似复杂，但并非没有规律可循，可以将它们归类处理。每一类业务都设置专门的账户来核算，并有一定的处理规则，所有的业务从筹资到采购、生产、销售、利润形成与分配构成一个循环。那么，具体要怎么归类，要设置哪些账户，按照怎样的规则来处理，是需要我们进一步探索和分类实践的。

【课程实践二】

　　一、目的

　　通过练习，掌握工业企业财务成果的核算方法。

　　二、资料

　　黄河公司采用年末一次结转损益的方法，该公司 2020 年末有关损益类科目的发生额如表 5-1 所示。

表 5-1　2020 年末有关损益科目的发生额

会计科目	借方/元	贷方/元
主营业务收入		455 000
其他业务收入		10 800
营业外收入		7 000
主营业务成本	320 000	
税金及附加	2 000	
其他业务成本	8 000	
销售费用	12 700	
管理费用	10 500	
财务费用	1 000	
营业外支出	7 600	

假定该企业无纳税调整项目，应纳税所得金额等于会计利润。该企业适用的所得税税率为 25%。

三、要求

(1) 将各损益类账户的金额转入"本年利润"账户。

(2) 根据本期利润总额的 25% 税率，计算应交所得税。

(3) 将所得税转入"本年利润"账户。

(4) 按全年实现净利润的 10% 提取法定盈余公积、5% 法定提取公益金。

(5) 公司经研究决定，向投资者分配利润 10 000 元。

(6) 年末，将全年实现的净利润转入"利润分配——未分配利润"科目。

【课程实践三】

一、目的

通过实践，综合掌握工业企业采购业务、生产业务、销售业务以及财务成果的核算方法。

二、资料

黄河公司 2020 年 12 月发生下列经济业务：

(1) 企业收到国家投资 100 000 元，已存入银行，同时收到某公司投资转入新设备一台，双方确认其价值为 400 000 元。

(2) 购入原材料一批，买价 30 000 元，收到增值税专用发票，增值税率为 13%。该批材料运费 500 元，货款及运费均用银行存款支付。上述材料已运达企业，验收入库。

(3) 仓库发出材料一批，计 62 450 元。其中，生产 A 产品耗用 30 000 元；生产 B 产品耗用 25 000 元；车间一般耗用 7 000 元；企业管理部门耗用 450 元。

(4) 按下列用途和数额分配本月份职工工资如下：

生产 A 产品工人工资　　　　　　　　　600 000 元

生产 B 产品工人工资　　　　　　　　　300 000 元

车间技管人员工资   90 000 元

企业管理人员工资   110 000 元

(5) 按上述各类人员工资总额的 10%计提职工养老金。

(6) 职工王洪出差归来，报销差旅费 750 元，原借差旅费为 900 元，其余部分交回现金。

(7) 按规定的折旧率计提本月固定资产折旧额 3 800 元。其中，车间计提折旧额 2 600 元；企业管理部门计提折旧额 1 200 元。

(8) 从银行提现金 5 000 元。

(9) 向银行借入流动资金借款 60 000 元，存入银行。

(10) 以现金 600 元支付办公用品费。

(11) 将本月发生的制造费用 4 000 元转入 A 产品的生产成本。

(12) 本月生产的 A 产品已全部完工并验收入库，结转 A 产品的实际生产成本 75 000 元。

(13) 出售 A 产品 80 件，每件售价 1 200 元，开出增值税专用发票，增值税率 17%，款项收到并存入银行。

(14) 按规定计算已售 A 产品的消费税 500 元。

(15) 以库存现金支付出售 A 产品的运杂费 720 元。

(16) 结转已售 A 产品的实际生产成本 3 500 元。

(17) 企业销售一批多余材料，账面成本为 700 元，出售价格为 1 000 元，增值税税率 17%。货款收到并存入银行。

(18) 按税后利润 85 000 元的 10%计提法定盈余公积、15%计提任意盈余公积，并向投资者分配利润 16 000 元。

(19) 用银行存款支付违约金 10 000 元。

(20) 企业在财产清查中盘亏设备一台，该设备原值 7 200 元，已提折旧 2 000 元。

(21) 经上级部门批准，上述盘亏固定资产作营业外支出处理。

(22) 期末，将表 5-2 中损益类科目的余额转入本年利润账户。

表 5-2   损益类科目的余额

收益类科目	期末余额/元	成本、费用、支出类科目	期末余额/元
主营业务收入	500 000	主营业务成本	250 000
其他业务收入	80 000	税金及附加	18 000
营业外收入	7 500	其他业务成本	55 000
		销售费用	20 000
		管理费用	61 000
		财务费用	12 500
		营业外支出	5 000

三、要求

根据上述经济业务，编制会计分录。

本 章 小 结

借贷记账法在企业主要经济业务的核算主要包括资金筹集阶段、供应阶段、生产阶段、销售阶段、利润形成和分配阶段的核算。每个过程的核算业务不尽相同，现总结如下所述。

资金筹集是企业生产经营的起点。企业筹集资金核算的主要内容是投入资本和借入资金。企业为了进行正常生产经营活动，必须拥有一定的经营资金。资金从外部进入企业的渠道是由投资者投入资本金和企业负债取得资金。不论资金通过何种渠道进入企业，必然使企业资产增加。因此，核算资金进入企业的经济业务时，应该在有关资产账户的借方登记，同时在权益类账户的贷方登记。

供应过程的经济业务主要是购置企业生产需要的固定资产，购入一定品种和数量的材料物资，以便保证生产经营的需要。供应过程主要是固定资产购置核算、材料物资的采购核算为主。固定资产应按取得时的实际成本(即原始价值)入账，实际成本是指为购建某项固定资产达到可使用状态前所发生的一切合理、必要的支出。包括买价、运杂费、包装费和安装费等。在会计核算中，如果固定资产购置后不需要安装即可使用，应将固定资产的成本计入"固定资产"账户的借方，如果固定资产购置后需要安装才可使用，应将固定资产的成本计入"在建工程"账户的借方。材料采购成本包括买价和采购费用两部分。在会计核算中，应将采购过程中实际支付的材料物资买价和各项采购费用记入"在途物资"账户的借方，以反映采购材料的成本；待完成全部采购手续后，再转入"原材料"账户的借方。

生产过程是费用发生的过程，核算的主要业务是生产费用的归集和分配，并在此基础上计算产品生产成本。产品成本是由直接费用和间接费用构成的。生产过程核算的主要账户是"生产成本"。企业应把为了生产产品而发生的各种劳动耗费记入"生产成本"账户的借方；车间发生的费用则先在"制造费用"账户的借方进行归集，期末再转入"生产成本"账户的借方。产品完工后，应将产品的制造成本从"生产成本"账户转入"库存商品"账户中。

销售过程是销售收入实现过程，也是计算销售税金、结转已销产品成本的过程。销售过程核算的主要账户是"主营业务收入""主营业务成本""销售费用""税金及附加"等。企业取得的销售收入，应按款项结算方式不同而记入不同资产类账户的借方，并同时记入"主营业务收入"的贷方；发生的销售费用应记入"销售费用"的借方；期末计算出的已售产品的成本后，应将其从"库存商品"转入"主营业务成本"；计算出应负担的销售税金后，记入"营业税金及附加"的借方，并同时记入"应交税费"的贷方。最后，将"主营业务收入""主营业务成本""销售费用""营业税金及附加"等损益类账户的发生额全部转入"本年利润"的贷方或借方，以确定销售盈亏。

企业生产经营活动的最终财务成果是利润，利润核算主要业务有利润形成的核算及利润分配的核算。利润形成和分配核算的主要账户是"本年利润"和"利润分配"。期末，将损益类各账户的发生额或余额分别转入"本年利润"的借方或贷方后，"本年利润"若有贷方余额即为利润，若为借方余额则为亏损。如果企业有利润，应按规定计算交纳所得税，税后利润便可用于分配。企业应将以分配的利润记入"利润分配"及其明细账户的借方；年终，将利润总额从"本年利润"转入"利润分配"下的"未分配利润"，同时将"利润分配"下的其他明细账户的余额转入该明细账户。转账之后，"本年利润"账户应无余额。"利润分配"除"未分配利润"明细账户外，其他各明细账户均无余额。

习 题 五

一、单项选择题

1. 企业为筹集生产经营所需资金而发生的费用，应计入(　　)。

A. 管理费用 　　　　　　　　　　B. 制造费用

C. 财务费用 　　　　　　　　　　D. 销售费用

2. 投资人实际缴付资本时，若其出资额超出其在注册资本中应占的份额，其超出部分应计入(　　)。

A. 实收资本 　　　　　　　　　　B. 资本公积

C. 盈余公积 　　　　　　　　　　D. 营业外收入

3. 材料采购途中发生的合理损耗，正确的处理方法是(　　)。

A. 计入采购成本 　　　　　　　　B. 计入管理费用

C. 由供应单位赔偿 　　　　　　　D. 由保险公司赔偿

4. 不单独设置"预付账款"账户的企业，对其预付给供货单位的货款，应当记入(　　)。

A. "应收账款"账户的贷方 　　　　B. "应付账款"账户的借方

C. "应付账款"账户的贷方 　　　　D. "其他应收款"账户的借方

5. "原材料"账户借方余额表示(　　)。

A. 库存材料的实际成本 　　　　　B. 外购材料的采购费用

C. 外购材料的买价 　　　　　　　D. 尚未入库材料的实际成本

6. "生产成本"账户期末借方余额表示(　　)。

A. 入库产品的生产成本 　　　　　B. 生产费用合计

C. 完工产品的生产成本 　　　　　D. 在产品的生产成本

7. "生产成本"账户的贷方登记(　　)。

A. 入库产品的生产成本 　　　　　B. 生产费用合计

C. 结转销售产品的生产成本 　　　D. 在产品的生产成本

8. 下列账户中，期末结账后可能有余额的是(　　)。

A. 税金及附加 　　　　　　　　　B. 管理费用

C. 制造费用 　　　　　　　　　　D. 生产成本

9. 下列账户中，应按单位或个人设置明细账核算的是(　　)。

A. 库存商品 　　　　　　　　　　B. 应收账款

C. 主营业务收入 　　　　　　　　D. 应交税费

10. 固定资产因磨损而减少的价值应计入(　　)账户的贷方。

A. 累计折旧 　　　　　　　　　　B. 固定资产

C．制造费用　　　　　　　　　　　D．管理费用

11．固定资产账户的借方余额，反映的是固定资产的(　　)。

A．净值　　　　　　　　　　　　　B．原始价值

C．账面价值　　　　　　　　　　　D．买价

12．下列各项目中，企业应该用产品或劳务抵偿的债务是(　　)。

A．预付账款　　　　　　　　　　　B．预收账款

C．应收账款　　　　　　　　　　　D．应付账款

13．下列账户中，期末转账后应无余额的是(　　)。

A．应交税费　　　　　　　　　　　B．利润分配

C．应付职工薪酬　　　　　　　　　D．本年利润

14．下列项目中，不属于营业利润组成内容的是(　　)。

A．税金及附加　　　　　　　　　　B．管理费用

C．营业外支出　　　　　　　　　　D．财务费用

15．下列项目中，属于所有者权益的是(　　)。

A．营业外收入　　　　　　　　　　B．应付账款

C．投资收益　　　　　　　　　　　D．实收资本

16．当本单位职工因公出差借款时，会计分录应借记的账户是(　　)。

A．应收账款　　　　　　　　　　　B．其他应收款

C．其他应付款　　　　　　　　　　D．预付账款

17．下列项目中，不属于期间费用的是(　　)。

A．管理费用　　　　　　　　　　　B．财务费用

C．制造费用　　　　　　　　　　　D．销售费用

18．下列项目中，属于"营业外收入"的是(　　)。

A．销售多余材料的收入　　　　　　B．出租固定资产的租金收入

C．接受外单位的捐赠　　　　　　　D．投资者投入资金

19．"税金及附加"账户属于(　　)。

A．负债类账户　　　　　　　　　　B．成本类账户

C．费用类账户　　　　　　　　　　D．资产类账户

20．法定盈余公积应按照(　　)计提。

A．税后净利润的50%　　　　　　　B．税前利润总额的10%

C．税后净利润的10%　　　　　　　D．企业根据需要自行确定

21．"所得税费用"账户的余额，期末应转入(　　)。

A．"本年利润"账户的贷方　　　　　B．"本年利润"账户的借方

C．"利润分配"账户的贷方　　　　　D．"应交税费"账户的借方

22．工业企业的下列各项收入中，不属于营业收入的是(　　)。

A．转让土地使用权的收入　　　　　B．出售设备的价款收入

C．出租设备的租金收入　　　　　　D．出租包装物的租金收入

23．如果企业没有专设"预收账款"科目，对其预收的销货款，应(　　)。

A．贷记"应付账款"科目　　　　　　B．贷记"应收账款"科目

C. 借记"应收账款"科目   D. 借记"应付账款"科目

24. 工业企业取得的下列收入中，应通过"其他业务收入"科目核算的是( )。

A. 出售库存商品收入   B. 出售原材料收入

C. 收到的利息收入   D. 出售固定资产收入

25. "利润分配"账户年终结转后，如果是贷方余额，则表示( )。

A. 实现的净利润   B. 未分配利润

C. 已经分配的利润   D. 未弥补的亏损

二、多项选择题

1. 企业筹集资金的渠道，包括( )。

A. 发行股票   B. 发行债券

C. 接受他人的赞助款   D. 向银行借款

2. 购置固定资产的入账价值包括( )。

A. 买价   B. 增值税进项税额

C. 运输费、装卸费   D. 安装费

3. 期末，企业计提的短期借款利息应使用的账户有( )。

A. 财务费用   B. 管理费用

C. 制造费用   D. 应付利息

4. 期末如果不计提短期借款利息，会使得( )。

A. 利润虚增   B. 负债少计

C. 资产多计   D. 利润减少

5. 下列各项目中，计入产品生产成本的有( )。

A. 财务费用   B. 直接材料费

C. 制造费用   D. 直接人工费

6. 企业计提生产车间使用固定资产的折旧费时，应使用的账户有( )。

A. 累计折旧   B. 生产成本

C. 制造费用   D. 管理费用

7. 下列各项费用中，属于直接费用的有( )。

A. 生产某产品耗用的原材料

B. 生产某产品生产工人的薪酬

C. 生产车间耗用的水电费

D. 生产各种产品使用的机器设备等固定资产折旧费

8. 在"原材料"账户的借方核算的材料采购费用包括( )。

A. 运输费、装卸费   B. 市内材料运费

C. 采购人员差旅费   D. 运输途中仓储费

9. 外购材料的入账价值一般包括( )。

A. 材料买价   B. 采购费用

C. 增值税进项税额   D. 代垫运费

10. 下列账户中，期末结账后应无余额的有( )。

A．应交税费　　　　　　　　　　　　B．主营业务成本

C．所得税费用　　　　　　　　　　　D．营业外支出

11．下列各项目中，属于期间费用的有(　　)。

A．财务费用　　　　　　　　　　　　B．管理费用

C．制造费用　　　　　　　　　　　　D．销售费用

12．企业从税后净利润中提取的盈余公积，其用途有(　　)。

A．弥补亏损　　　　　　　　　　　　B．转增资本(或股本)

C．用于职工奖励　　　　　　　　　　D．用于职工集体福利

13．下列各项目中，构成企业留存收益的有(　　)。

A．法定盈余公积　　　　　　　　　　B．任意盈余公积

C．未分配利润　　　　　　　　　　　D．资本公积

14．下列账户中，能与"主营业务收入"有对应关系的账户有(　　)。

A．税金及附加　　　　　　　　　　　B．银行存款

C．本年利润　　　　　　　　　　　　D．应收账款

15．下列项目中，应收账款的入账价值包括(　　)。

A．卖价　　　　　　　　　　　　　　B．增值税销项税额

C．代垫运费　　　　　　　　　　　　D．增值税进项税额

16．确认主营业务收入实现的条件有(　　)。

A．企业已将商品所有权上的主要风险和报酬转移给购货方

B．企业既没有保留通常与所有权相联系的继续管理权，也没有对已售出的商品实施
　　控制

C．收入的金额能够可靠地计量

D．相关的经济利益很可能流入企业

17．下列各项中，影响企业营业利润的有(　　)。

A．销售产品取得收入　　　　　　　　B．应交的所得税费用

C．支付的印花税　　　　　　　　　　D．支付合同违约金

18．下列项目中，属于"营业外支出"的有(　　)。

A．罚没支出　　　　　　　　　　　　B．结转出售多余材料的成本

C．固定资产的盘亏损失　　　　　　　D．因自然灾害造成的原材料毁损

19．下列项目中，属于"其他业务收入"的有(　　)。

A．出租固定资产租金收入　　　　　　B．转让无形资产使用权收入

C．接受外单位捐赠收入　　　　　　　D．工业企业销售产品的收入

20．下列费用项目中，应计入产品销售费用的有(　　)。

A．广告费　　　　　　　　　　　　　B．业务招待费

C．代垫销售产品运费　　　　　　　　D．展览费

21．企业预付的材料价款，可以计入(　　)。

A．"应收账款"账户的贷方　　　　　　B．"应付账款"账户的借方

C．"应付账款"账户的贷方　　　　　　D．"预付账款"账户的借方

22．下列费用中，属于生产过程发生的费用有(　　)。

A．车间机器设备的折旧费　　　　　　B．支付产品的广告费

C．支付材料采购费　　　　　　　　　D．生产产品工人的薪酬

23．下列税金中，通过"税金及附加"账户核算的有(　　)。

A．印花税　　　　　　　　　　　　　B．增值税

C．城市维护建设税　　　　　　　　　D．消费税

24．下列项目中，组成企业营业利润的有(　　)。

A．主营业务收入　　　　　　　　　　B．财务费用

C．其他业务收入　　　　　　　　　　D．所得税费用

25．下列项目中，属于"利润分配"账户的明细账户有(　　)。

A．应交所得税　　　　　　　　　　　B．未分配利润

C．应付股利　　　　　　　　　　　　D．提取盈余公积

三、判断题

1．企业所有者投入的资本金，一般情况下不得抽回。　　　　　　　　　　(　　)

2．企业筹集资金的业务包括接受外单位或个人捐赠的资产。　　　　　　(　　)

3．"短期借款"账户不核算发生的利息与支付的利息。　　　　　　　　　(　　)

4．期末，企业计提的短期借款利息应计入管理费用。　　　　　　　　　(　　)

5．当期发生的管理费用，会直接影响当期生产产品成本的高低和当期利润总额的大小。

(　　)

6．已经支付货款，但尚未验收入库的在途材料，也属于存货的范畴。　(　　)

7．材料采购途中发生的合理损耗，应计入营业外支出。　　　　　　　　(　　)

8．所有者投入的资本金，可以是货币性资产，也可以是非货币性资产。(　　)

9．管理费用、销售费用、财务费用和制造费用都属于损益类账户　　　　(　　)

10．企业购买材料发生的采购人员差旅费不计入材料采购成本。　　　　(　　)

11．当资本公积转增资本后，企业的所有者权益总额不变。　　　　　　(　　)

12．主营业务成本是指已经售出产品的生产成本。　　　　　　　　　　(　　)

13．借贷记账法下账户的基本结构是：账户的左边固定为借方，右边固定为贷方。(　　)

14．生产产品使用的机器设备的折旧费，应作为直接费计入"生产成本"账户。(　　)

15．投资人投入的资本金，会增加企业的收入，因此导致所有者权益增加。　(　　)

16．企业在生产经营过程中实现的收入和发生的费用，最终会增加或减少所有者权益。

(　　)

17．销售费用与制造费用的区别在于，前者一定影响当期损益，而后者不一定影响当期损益。　　　　　　　　　　　　　　　　　　　　　　　　　　　　　(　　)

18．企业从税后净利润中提取的法定盈余公积和任意盈余公积，其用途是一样的。

(　　)

19．营业外支出是指企业发生的与其日常活动无直接关系的各项损失、支出。(　　)

20．企业应交所得税的计算，应根据企业实现的利润总额和规定的所得税税率。

(　　)

四、简答题

1．企业的经营成果包括哪些内容？

2．企业的利润总额、净利润是如何形成的？账务处理如何？

3．企业对净利润如何进行分配？账务处理如何？

五、案例分析

弘大公司 2020 年 5 月份发生的经济业务如下，请编制相应的会计分录。

(1) 向银行借入为期三个月的借款 450 000 元，存入银行。

(2) 向某工厂购进甲材料 400 吨，单价 100 元；乙材料 300 吨，单价 200 元。增值税专用发票列明货款共计 100 000 元，进项税额 13 000 元。货款及税款均以银行存款支付，材料尚未到达。

(3) 本月共发出甲材料 90 000 元。其中，生产 A 产品用 45 000 元；B 产品用 37 000 元；车间一般耗用 5 000 元；企业管理部门耗用 3 000 元。

(4) 计提本月固定资产折旧 15 000 元。其中，车间用固定资产的折旧 9 000 元；管理部门用固定资产的折旧 6 000 元。

(5) 销售 A 产品 100 件，每件售价 400 元，货款 40 000 元和增值税 6 800 元，款项均收存银行。

(6) 本月生产的 A 产品全部完工，并已验收入库，按其实际成本 129 000 结转。

六、业务题

1．业务题一

【目的】　通过练习，掌握筹资活动的业务核算。

【资料】　弘大公司 2020 年 1 月份发生下列经济业务；

(1) 弘大公司收到国家投入的资本 2 000 000 元，款项已存入银行。

(2) 弘大公司收到 A 公司投入资金 200 000 元存入银行。其中，属于实收资本的金额为 152 000 元；资本溢价为 48 000 元。

(3) 弘大公司收到 B 企业投入新设备一台，双方协议约定的价值(也是该设备的公允价值)400 000 元。该设备已办妥了产权交接手续。

(4) 弘大公司向某工商银行借入短期借款 100 000 元，存入银行。

(5) 弘大公司以银行存款归还期短期借款本金 50 000 元，利息 2 000 元。

(6) 弘大公司收到乙企业作为资本投入的原材料一批，双方协议约定价值为 300 000 元。

(7) 弘大公司收到丙企业作为资本投入的专利权一项，双方协议约定价值为 150 000 元。

【要求】　根据上述经济业务，做出会计分录。

2．业务题二

【目的】　通过练习，掌握短期借款本金及期末计提利息的核算。

【资料】　弘大公司于 2020 年 1 月 1 日向银行借入 100 000 元，期限为 3 个月，年利率为 6%，该借款到期一次还本付息，利息分月预提。

(1) 1 月 1 日借入款项。

(2) 1 月末预提当月利息。

(3) 2 月末预提当月利息。

(4) 3 月 31 日偿还借款本金并支付利息。

【要求】 按照上述时间顺序，做出会计分录。

3．业务题三

【目的】 通过练习，掌握材料采购业务的核算。

【资料】 弘大公司 2020 年 1 月份发生下列材料采购业务：

(1) 公司购入 A 材料一批，货款 50 000 元，增值税 6 500 元，发票账单已收到，并支付材料运费 300 元，全部款项以银行存款支付，材料已验收入库。

(2) 公司购入 C 材料一批，货款 10 000 元，增值税 1 300 元，发票账单已收到，材料已验收入库，货款尚未支付。

(3) 公司购入 B 材料一批，货款 20 000 元，增值税 2 600 元，发票账单已收到，全部款项已从银行存款户支付，并以现金支付 B 材料运费 100 元。但期末结账时，材料尚未到达。

(4) 公司以银行存款 11 300 元支付前欠购入 C 材料的货款。

(5) 公司购入甲材料 2 000 公斤，每公斤 4 元；乙材料 1 500 公斤，每公斤 2 元。以上材料价款共计 11 000 元，增值税税率 13%。以现金支付甲、乙两种材料的运费共计 700 元(材料运费按照甲、乙两种材料重量比例分配)。材料已验收入库，货款以银行存款付讫。

(6) 公司向利民工厂购入丙材料 10 公斤，每公斤 1 000 元，增值税率 13%，发生运费 300 元。货款及增值税未付，运费以现金支付。材料已入库。

【要求】 根据上述经济业务，做出会计分录。

4．业务题四

【目的】 通过练习，掌握工业企业生产过程中发生的直接材料费、直接人工费的核算。

【资料】 弘大公司生产 A、B、D 三种产品，7 月份为生产三种产品发生下列直接费用：

(1) 生产 A 产品领用甲材料 2 000 元；生产 B 产品领用甲材料 5 000 元。

(2) 生产 D 产品领用下列材料：

甲材料 4000 公斤 单价 3 元

乙材料 5000 公斤 单价 1.2 元

丙材料 1000 公斤 单价 2 元

(3) 生产 A 产品工人工资 200 000 元；生产 B 产品工人工资 150 000 元；生产 D 产品工人工资 35 000 元。

(4) 按上述生产工人工资的 5% 计提住房公积金。

【要求】 根据上述经济业务，做出会计分录。

5．业务题五

【目的】 通过练习，掌握工业企业生产过程中发生的各项间接费用的核算。

【资料】 弘大公司生产 A、B、D 三种产品，7 月份为生产三种产品发生下列间接费用：

(1) 生产车间领用丙材料 30 000 元。

(2) 本月车间技术人员、管理人员工资 50 000 元，计入成本费用账户。

(3) 按工资总额的 10% 提取车间技术人员、管理人员养老保险金。

(4) 以现金 1 300 元支付车间办公费。

(5) 以银行存款 600 元支付车间耗用的水电费。

(6) 计提本月车间用固定资产折旧 3 100 元。

(7) 期末，将本月发生的制造费用，按照生产产品工时比例分配计入 A、B、D 三种产品的生产成本中。其中，A 产品生产工时为 300 工时，B 产品的生产工时为 200 工时，D 产品生产工时为 400 工时。

【要求】　根据上述经济业务，做出会计分录。

6. 业务题六

【目的】　通过练习，掌握工业企业产品销售业务的核算。

【资料】　弘大公司 8 月发生下列产品销售业务：

(1) 销售 A 产品一批，增值税发票注明货款 2 000 元，增值税 260 元，款项尚未收到。根据合同规定，产品运费由购货方承担，弘大公司以现金代垫运费 300 元。销售该批产品的生产成本为 1 560 元。该销售符合收入确认条件。

(2) 销售一批 B 产品，增值税专用发票注明售价 10 000 元，增值税 1 300 元，货款收到，存入银行。根据合同规定，产品运费由销货方承担，弘大公司以现金支付该批产品运费 150 元。该批产品的生产成本为 6 500 元。该销售符合收入确认条件。

(3) 销售一批 D 产品，增值税专用发票注明售价 50 000 元，增值税 6 500 元，货款尚未收到。该批产品的成本为 40 000 元。该销售符合收入确认条件。

(4) 销售 A 产品售价 50 000 元，增值税额为 6 500 元。按合同规定弘大公司已先预收了 30 000 元货款，剩余款项于交货后付清。弘大公司已经发出货物，并于 7 天后收到余款。

【要求】　根据上述经济业务，编制会计分录。

7. 业务题七

【目的】　通过练习，掌握期间费用的核算方法。

【资料】　弘大公司 12 月份发生下列经济业务：

(1) 企业人力资源部门的人员赵明外出开会，预借差旅费为 5 000 元，公司以现金支付。

(2) 以银行存款支付办公用品费 12 000 元。

(3) 按规定计提本月企业行政管理部门的固定资产折旧费 30 000 元。

(4) 以现金支付招待客户的费用 1 800 元。

(5) 分配本月的职工薪酬，其中，应付企业行政管理部门职工的工资 200 000 元，应付专设销售机构销售人员的工资 40 000 元。

(6) 本月以银行存款支付产品的广告费 60 000 元。

(7) 按规定计提本月负担的短期借款利息 5 000 元。

(8) 职工赵明出差归来，报销差旅费 3 500 元，多余的现金 1 500 元已交回财务部门。

【要求】　根据上述经济业务，编制会计分录。

8. 业务题八

【目的】　通过练习，掌握工业企业其他业务收支与营业外收支业务的核算。

【资料】　弘大公司发生下列经济业务：

(1) 公司将闲置不用的房屋出租，每月收取租金 3 000 元。该房屋每月计提折旧 1 500 元，收取的租金已存入银行。

(2) 公司销售多余材料一批，材料售价 5 000 元，增值税率 13%，该批材料的实际成本为 3 500 元，款项尚未收到。

(3) 公司收到一笔供货方交来的违约金罚款收入 3 000 元，已存入开户银行。

(4) 公司以现金 250 000 元捐赠给某福利院。

【要求】 根据上述经济业务，编制会计分录。

9．业务题九

【目的】 通过练习，掌握各种利润指标的计算方法。

【资料】 弘大公司适用的所得税税率为 25%。假定该企业无纳税调整项目，会计利润等于应纳税所得额。2020 年 12 月 31 日，有关损益类科目的余额如表 5-3 所示。

表 5-3 损益类科目的余额 元

科目名称	借方余额/元	贷方余额/元
主营业务收入		370 000
其他业务收入		7 000
营业外收入		10 000
主营业务成本	275 000	
其他业务成本	5 000	
税金及附加	6 000	
销售费用	1 500	
管理费用	14 000	
财务费用	800	
营业外支出	1 200	

【要求】 根据表 5-3 中损益类科目的余额，计算下列项目，并列出计算过程。

(1) 营业利润 ＝

(2) 利润总额 ＝

(3) 净利润 ＝

习题五参考答案

第六章 会计凭证

【知识目标】

本章介绍了会计核算的基本方法——填制和审核会计凭证，目的是让同学们明确会计账户与复试记账法必须借助于会计凭证才能够体现其作用，掌握填制和审核会计凭证的基本技能。

【能力目标】

熟悉会计凭证的概念和种类，掌握填制和审核会计凭证的基本内容，熟练掌握原始凭证和记账凭证的填写规范、要求与审核方法，了解会计凭证传递和保管的内容。

【案例导读】

弘大公司会计(兼出纳)邵某贪污公款1.4万余元。其中，有邵某利用赵某、邹某和陈某三个人的名字先后借款7 000元列为应收款下账；之后，邵某又利用李某收购鲜鱼冲转应收款的机会，在2020年2月9日，对李某应收购鱼款合计280 574元内转销了277 774元，少冲转2 800元；另外，邵某又将一张4 200元清算预收款的退款收据冒充购鱼发货票，在虚增了"库存商品"的同时，将这4 200元连同少冲转李某的2 800元一起用赵某、邹某和陈某三个人名义冲销了。结果，邵某将这7 000元据为已有。邵某贪污事实成立，被判处4年有期徒刑。

在司法会计鉴定检验过程中，检验人员针对有关的几个问题讯问了被告人，笔录如下：

问：你叫什么名字？

答：邵某。

问：你在弘大公司担任什么职务？

答：记账、会计。

问：弘大公司的出纳员由谁担任？

答：张某。

问：实际出纳员是谁？

答：名义是张某，实际上是我干的。

问：现金在谁那儿保管？

答：现金在我那儿保管。出纳员的印章都是张某的，印章都提前盖在记账凭证上(空白记账凭证)。

要求：学完本章内容后，分组讨论该案例中存在的问题，及如何建立健全会计制度，防范此类问题的发生。

第一节　会计凭证概述

一、会计凭证的概念

会计凭证是会计记录经济业务、明确经济责任的一种书面证明，也是登记账簿的重要依据。会计管理工作要求会计核算必须提供真实的会计资料，强调所记录的经济业务必须有据可依。因此，任何企业、事业和行政单位，每当发生一笔经济业务时，都必须由执行或经办该经济业务的业务人员取得或填制会计凭证，并在凭证上签名或盖章，以确定凭证上所记载内容的责任。比如，当购买商品、材料时要由销售方开出发票；支出款项时要由销售方开出收据；接收商品、材料入库时要附有收货单；发出货品时要有发货单；材料出库时要有领料单等。这些发票、收据、收货单、发货单、领料单等都是会计凭证。

所有会计凭证都必须如实填制，并且需要经过会计部门的审核，只有审核后确定无误的会计凭证才能作为经济业务发生的证明，以此作为登记账簿的凭据。

二、会计凭证的作用

会计凭证的填制和审核是会计核算的重要方法之一，也是会计核算内容的基础。会计凭证的填制和审核在经济活动中具有重要作用。

1. 为会计核算提供原始依据

一切已经发生的经济业务都必须有会计凭证作为依据，这样才能如实地反映经济业务的情况。会计凭证上记载了和经济业务发生有关的必要事项，为会计核算提供了原始凭据，保证了会计核算的客观性与真实性，使会计信息的质量得到了可靠保障。

2. 发挥会计监督作用

发生的经济业务的合法性、合理性，以及是否客观真实，在记账前都会经过财会部门审核。审核会计凭证是发挥会计监督作用的重要前提。对每笔经济业务是否符合有关政策、法令、制度、计划和预算的规定进行检查，可杜绝铺张浪费和违纪行为，从而促使各单位和经办人树立遵纪守法的观念，促进各单位建立健全会计规章制度，确保财产安全完整。

3. 加强岗位责任制

在每一笔经济业务发生或完成时都必须要填制和取得会计凭证，并且由相关单位和人员在凭证上签名盖章，以促使经办人员严格按照规章制度办事。这样一旦出现经济问题，便于分清责任，及时采取措施，有利于岗位责任制的落实。

三、会计凭证的种类

纷繁复杂的经济业务决定了会计凭证的形制是多种多样的。为了正确地利用和填制会计凭证，必须对会计凭证进行区别。会计凭证按照编制的程序和用途不同，分为原始凭证和记账凭证。

1. 原始凭证

原始凭证是经济业务发生或完成时由经办人员取得或填制的，记录或证明经济业务发生以及完成情况并明确有关经济责任的一种原始凭据。任何经济业务的发生都必须填制和取得原始凭证，原始凭证是会计核算的根本依据。

2. 记账凭证

记账凭证是会计机构依据审核无误的原始凭证进行归类和总结、记载经济业务的简要内容、确定会计分录的会计凭证。记账凭证是登记会计账簿的直接依据。

第二节　原　始　凭　证

一、原始凭证的基本内容

原始凭证是当经济业务发生时由相关人员取得或填制的，用来记录或证明经济业务发生或完成情况并确定有关责任人责任的一种原始凭据。原始凭证是证明经济业务发生的原始依据，具有较强的法律效力，是根本的会计凭证之一。

企业发生的经济业务非常复杂，而反映这些经济业务的原始凭证也是形式各异。虽然原始凭证反映的经济业务的内容不同，但无论哪一种原始凭证，都必须记录全面有关经济业务的执行和完成情况，同时明确有关经办人员和经办单位的经济责任。因此，尽管各种原始凭证的名称和格式不同，但它们应该具备一些共同的基本内容。这些基本内容就是每一张原始凭证所应该具备的要素。原始凭证必须具备以下基本内容：

(1) 原始凭证的名称。

(2) 填制原始凭证的日期和凭证编号。

(3) 接受凭证的单位名称。

(4) 经济业务内容，如品名、数量、单价、金额大小写。

(5) 填制原始凭证的单位名称和填制人姓名。

(6) 经办人员的签名或盖章。

原始凭证不仅仅要满足会计工作的需要，还需要满足其他管理工作的需要。因此，在有些特定凭证上，除具备上述内容外，还必须具备其他项目，比如与业务有关的经济合同、结算方式、费用预算等，以更加完整、清晰地反映经济业务。

而在实际经济活动中，各单位在确定会计核算和管理的需要时，可自行设计印制适合本单位需要的各种原始凭证。但当在一个地区范围内经常发生大量同类经济业务时，则应由主管部门统一设计印制原始凭证，如银行统一印制的银行汇票、转账支票和现金支票等，由铁路部门统一印制的火车票，由税务部门统一印制的有税务登记的发票，由财政部门统一印制的收款收据等。这样可以使原始凭证的内容、格式统一，便于加强监督管理。

【知识拓展 6-1】

暂估入账要原始凭证吗

根据企业会计制度的规定，对于已验收入库但发票尚未收到的购进商品，企业应当在月末合理估计入库成本(如合同协议价格、当月或者近期同类商品的购进成本、当月或者近期类似商品的购进成本、同类商品同流通环节当期市场价格、售价×预计或平均成本率等)，暂估入账。

要不要月底暂估，下月初再冲回呢?《企业会计制度》的规定是月底暂估，月初再冲回。之所以规定要冲回，是因为这时债权尚未成立，所以不能确认应付。但若企业客户很多或发票长期未到，则每月都要估入和冲销一次，太烦琐，工作量也大。

推荐在发票未到的当月月底暂估，在发票到达的当月月底再冲回，不必以后每月月初冲回，月底再暂估，这样可减少一些工作量。但使用这种方法时财务人员应再设一套备查账，对估入的金额、户名等逐笔登记，以便发票到达时逐笔查找，找到后划销，防止漏户、错户。

二、原始凭证的种类

由于纷繁复杂的经济业务产生的原始凭证品种繁多，因此为了更好地区别和利用原始凭证，必须按照一定标准对原始凭证进行分类。原始凭证按照不同的分类标准，可分以下几种。

(一) 原始凭证按其来源不同分类

原始凭证按来源不同，可以分为外来原始凭证和自制原始凭证两种。

(1) 外来原始凭证是在经济业务活动发生或完成时，从其他单位或个人直接取得的原始凭证。例如，增值税专用发票、非增值税及小规模纳税人的发票、铁路运输部门的火车票、由银行转来的结算凭证和对外支付款项时取得的收据等都是外来原始凭证。其格式如图 6-1 所示。

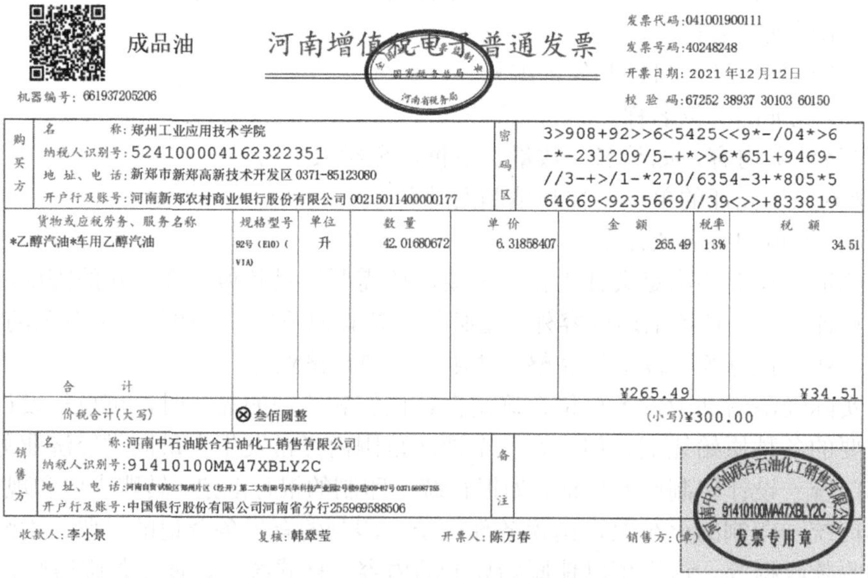

图 6-1 外来原始凭证

(2) 自制原始凭证是指本单位内部具体经办业务的部门和人员，在执行或完成某项经济业务时所填制的原始凭证，如收料单、领料单、销货发票、产品入库单、工资结算表等。产品入库单的格式如图 6-2 所示。

产品入库单

凭证编号：

交库单位：　　　　　　　　　　　　年　月　日　　　　　　　　收料仓库：

产品编号	产品名称	规格	计量单位	交付数量	检验结果		实收数量	单价	金额
					合格	不合格			
备注							合计		

图 6-2　产品入库单

(二) 原始凭证按其填制方法不同分类

原始凭证按照填制方法的不同可以分为一次凭证、累计凭证和汇总凭证三种。

(1) 一次凭证是指一次填制完成的原始凭证，反映了一笔经济业务或同时反映若干同类经济业务的内容。外来原始凭证绝大多数为一次凭证，而自制原始凭证也以一次凭证居多。日常的原始凭证多属此类，如现金收据、发货票、收料单等。一次凭证能够清晰地反映经济业务活动情况，使用方便灵活，但数量较多。

(2) 累计凭证是指在一张凭证上连续登记一定时期内不断重复发生的若干同种类经济业务，直到期末才能填制完毕的原始凭证。累计凭证可以连续登记相同性质的经济业务，并随时计算出累计数及结余数，期末按实际发生额记账，如费用限额卡、限额领料单等。限额领料单的格式如图 6-3 所示。

填写领料单

限额领料单

领料部门：＿＿＿＿＿　　　　　　　凭证编号：＿＿＿＿＿

产品名称、号码：＿＿＿＿　　　　　计划产量：＿＿＿＿　　　年　月　日

单位消耗定额：＿＿＿＿＿　　　　　编号：＿＿＿＿＿

材料编号	材料名称	规格	计量单位	计划单位	领料限额	全月实用	
						数量	金额
领料日期	请领数量	实发数量	领料人签章	发料人签章		限额结余	
合计							

供应部门负责人：　　　　　　生产部门负责人：　　　　　　仓库管理员：

图 6-3　限额领料单

(3) 汇总凭证也称为原始凭证汇总表，是根据许多同类经济业务的原始凭证或会计核算资料定期加以汇总而重新编制的原始凭证，如发出材料汇总表、差旅费报销单等。汇总凭证既可以提供经营管理所需要的总量指标，又可简化手续。发出材料汇总表的格式如图6-4 所示。

发出材料汇总表

年　　月　　日

会计科目		领料部门	原材料	燃料	合计
生产成本	基本生产车间	一车间			
		二车间			
		小计			
	辅助生产车间	供电车间			
		供气车间			
		小计			
制造费用		一车间			
		二车间			
		小计			
管理费用		行政部门			
合计					

财会负责人：　　　　　　复核：　　　　　　　制表：

图 6-4　发料汇总表

(三) 原始凭证按用途不同分类

原始凭证按其用途不同可以分为通知凭证、执行凭证和计算凭证三种。

(1) 通知凭证是指要求、指示或命令企业进行某项经济业务的原始凭证，如罚款通知书、付款通知单等。

(2) 执行凭证是用来证明某项经济业务发生或已经完成的原始凭证，如销货发票、材料验收单、领料单等。

(3) 计算凭证是指根据原始凭证和有关会计核算资料而编制的原始凭证。计算凭证一般是为了便于以后记账和了解各项数据来源和产生的情况而编制的，如制造费用分配表、产品成本计算单、工资结算表等。

(四) 原始凭证按其格式不同分类

原始凭证有两种不同的格式，分为通用凭证和专用凭证两种。

(1) 通用凭证是指全国或某一地区、某一部门统一格式的原始凭证，如银行统一印制的结算凭证、税务部门统一印制的发票等。

（2）专用凭证是指一些单位具有特定内容、格式和专门用途的原始凭证，如高速公路通过费收据、养路费缴款单等。

以上是按不同的标志对原始凭证进行的分类。它们之间是相互依存、密切联系的。有些原始凭证按照不同的分类标准分别属于不同的种类。例如，现金收据对出具收据的单位来说是自制原始凭证，而对接收收据的单位来说则是外来原始凭证；同时，它既是一次凭证，又是执行凭证，也是专用凭证。外来的凭证大多为一次凭证，计算凭证、累计凭证大多为自制原始凭证。

根据上述原始凭证的分类进行归纳，如图 6-5 所示。

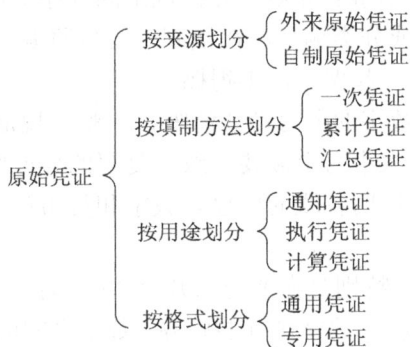

原始凭证
- 按来源划分
  - 外来原始凭证
  - 自制原始凭证
- 按填制方法划分
  - 一次凭证
  - 累计凭证
  - 汇总凭证
- 按用途划分
  - 通知凭证
  - 执行凭证
  - 计算凭证
- 按格式划分
  - 通用凭证
  - 专用凭证

图 6-5　原始凭证的分类　　　　　　　　银行票据式样

三、原始凭证的填制

填制原始凭证，要由填制人员将各项原始凭证要素按规定方法填写齐全，办妥签章手续，明确经济责任。

由于各种凭证的内容与格式差别极大，因此不同原始凭证的具体填制方法不同。自制原始凭证的填制通常有三种形式：

（1）根据经济业务的执行和完成的实际情况直接填列，如根据实际领用的材料品名和数量填制领料单等。

（2）根据账簿记录对某项经济业务进行加工整理填列，如月末计算产品成本时，先要根据"制造费用"账户本月借方发生额填制"制造费用分配表"，将本月发生的制造费用按照一定的分配标准分配到有关产品成本中，然后计算出某种产品的生产成本。

（3）根据若干张同类业务的原始凭证定期汇总填列，如发出材料汇总表。

外来原始凭证是由其他单位或个人填制的。它同自制原始凭证一样，也要具备能证明经济业务完成情况和明确经济责任所必务的内容。

原始凭证是经济业务发生的证明文件，是进行会计核算的依据，必须如实填制。为了保证原始凭证能清晰地反映各项经济业务的真实情况，原始凭证的填制必须符合以下要求：

（1）记录要真实。原始凭证上填制的日期、经济业务内容和数字必须是经济业务发生或完成的实际情况，不得弄虚作假，不得以约数或估计数记录，不得涂改、挖补。

(2) 内容要完整。原始凭证中必要记录的项目要逐项填写，不可缺漏；名称需要写全，不要简化；品名和用途要填写明确，不能含糊不清；有关部门和人员的签名和盖章必须齐全。

(3) 手续要完备。单位自行填制的原始凭证必须由经办业务的部门和人员签名盖章；对外开出的凭证必须加盖本单位的公章或财务专用章；从外部取得的原始凭证必须有填制单位公章或财务专用章。总之，取得的原始凭证必须符合手续完备的要求，以明确经济责任，确保凭证的合法性、真实性。

(4) 填制要按时。所有业务的有关部门和人员，在经济业务实际发生或完成时，必须及时填写原始凭证，做到不拖延，不积压，不事后补填，并按规定的程序审核。

(5) 编号要连续。原始凭证要顺序连续或分类编号，在填制时要按照编号的顺序使用。跳号的凭证要加盖"作废"戳记，连同存根一起保管，不得撕毁。

(6) 书写要规范。原始凭证中的文字、数字的书写都要清晰、工整、规范，做到字迹端正，易于辨认，不潦草，不乱，不造字，大小写金额要一致。复写的凭证要不串行，不串格，不模糊；一式几联的原始凭证，应当注明各联的用途。数字和货币符号的书写要符合下列要求：

① 数字要一个一个地写，不得连笔写。特别是在要连写几个"0"时，也一定要一个一个地写，不能将几个"0"连在一起一笔写完。数字排列要整齐，数字之间的间隔要均匀，不宜过大。此外，阿拉伯数字的书写还应有高度的标准，一般要求数字的高度占凭证横格的 1/2 为宜。书写时还要注意紧靠横格底线，使上方有一定的空位，以便需要进行更正时可以再次书写。

② 阿拉伯数字前面应该书写货币币种或者货币名称简写和币种符号。币种符号与阿拉伯数字之间不得留有空白。凡阿拉伯数字前写有货币币种符号的，数字后面不再写货币单位。所有以元为单位(其他货币种类为货币基本单位，下同)的阿拉伯数字，除表示单价等情况外，一律填写到角分；无角分的，角位和分位写"00"或者符号"——"；有角无分的，分位应当写"0"，不得用符号"——"代替。在发货票等必须填写大写金额数字的原始凭证上，如果大写金额数字前未印货币名称，则应当加填货币名称，然后在其后紧接着填写大写金额数字，货币名称和金额数字之间不得留有空白。

支票的填写

③ 填写金额如零、壹、贰、叁、肆、伍、陆、柒、捌、玖、拾、佰、仟、万、亿等，应一律用正楷或行书体填写，不得用〇、一、二、三、四、五、六、七、八、九、十等简化字代替，不得任意自造简化字。大写金额数字到元或角为止的，在"元"或"角"之后应当写"整"或"正"字。阿拉伯金额数字之间有"0"时，汉字大写金额应写"零"字；阿拉伯金额数字中间连续有几个"0"时，大写金额中可以只有一个"零"；阿拉伯金额数字元位为"0"或者数字中间连续有几个"0"，元位也是"0"，但角位不是"0"时，汉字金额可以只写一个"零"字，也可以不写"零"字。

正确填制票据和
结算凭证的基本规定

【**知识拓展** 6-2】

(1) 从外单位取得的原始凭证可以没有公章吗?

《会计基础工作规范》(以下简称《规范》)明确指出:"从外单位取得的原始凭证,必须盖有填制单位的公章"。而实际操作过程中,也存在一些特殊现象,出于习惯或使用单位认为不易伪造的原始凭证,则不加盖公章。例如,飞机票、船票、火车票和汽车票等一般都没有公章。

(2) 原始凭证分割单如何使用?

一张原始凭证所列的支出需要由两个以上单位共同负担时,应当由保存该原始凭证的单位给其他应负担单位开原始凭证分割单。收到原始凭证分割单的单位以分割单作为记账凭证的附件。

(3) 什么样的记账凭证可以不附原始凭证?

根据《规范》要求,所有记账凭证都必须附原始凭证,只有两种情况例外:一是结账的记账凭证;二是更正错误的原始凭证。

(4) 复印的原始凭证可以作为记账凭证的依据吗?

根据规定,复印的原始凭证不得作为记账凭证的依据。原始凭证丢失的应按《规范》的具体规定办理。

(5) 记账凭证装订的厚度如何把握?

《规范》中对记账凭证的装订厚度没有作具体的规定,一般以 3 厘米为宜。

四、原始凭证的审核

为了确保各项经济业务的真实客观,财务部门需要对取得的原始凭证进行严格审核和核对,以保证核算资料的真实、合法、完整。只有确定审查无误的凭证,才能作为编制记账凭证和登记账簿的依据。原始凭证的审核是会计监督工作的一个重要环节,一般应从以下两方面进行:

(1) 审查原始凭证所反映经济业务的合理性、合法性和真实性。这种审查以有关政策、法规、制度和合同等为依据,审查凭证上记录的经济业务是否符合有关规定,有无贪污盗窃、虚报冒领、伪造凭证等违法乱纪现象,有无僵化浪费、违反计划和标准的要求等。对于不合理、不合法及不真实的原始凭证,会计人员应拒绝受理。如果发现伪造或涂改凭证、弄虚作假、虚报冒领等不法行为,除拒绝办理外,还应立即报告有关部门,要求严肃处理。

(2) 审查原始凭证填制的审核是否符合规定的要求。首先,审查所用的凭证格式是否符合规定,凭证的要素是否齐全,是否有经办单位和经办人员签章;其次,审查凭证上的数字是否完整,大、小写是否一致;最后,审查凭证上数字和文字是否有涂改、污损等不符合规定之处。如果在审查时发现凭证不符合上述要求,那么凭证本身就失去了作为记账依据的资格,会计部门应把那些不符合规定的凭证退还给原编制凭证的单位或个人,同时要求其重新补办凭证手续。

原始凭证的审核是一项非常细致而且严肃的工作。要做好原始凭证的审核,充分发挥会计监督的作用,会计人员需要做到精通会计业务,熟悉有关的政策、法令和各项财务规章制度，对本单位的生产经营活动有深入的了解。同时，还要求会计人员具有维护国家法令、制度和本单位财务管理制度的高度责任感，敢于坚持原则，才能在审核原始凭证时严守标准，及时发现问题。

在经过审核后，对于符合要求的原始凭证，应及时编制记账凭证并登记账簿；对于手续不完备、内容记载不全或数字计算不正确的原始凭证，应退回有关经办部门或办事人员补办手续或更正；对于伪造、涂改或经济业务不合法的凭证，应拒绝受理，并向本单位领导汇报，提出拒绝接受的意见；对于弄虚作假、营私舞弊、伪造涂改凭证等违法乱纪行为，必须及时揭露并严肃处理。

第三节 记账凭证

一、记账凭证的基本内容

记账凭证是会计人员根据审核后的原始凭证进行归类、整理，并确定会计分录而编制的会计凭证，是登记账簿的直接依据。由于原始凭证只表明经济业务的内容，而且种类繁多，数量庞大，格式不一，因而不能直接记账。为了做到分类反映经济业务的内容，必须按会计核算方法的要求，将其归类、整理、编制记账凭证，标明经济业务应记入的账户名称及应借应贷的金额，作为记账的直接依据。所以，记账凭证必须具备以下内容：

(1) 记账凭证的名称。
(2) 填制凭证的日期、凭证编号。
(3) 经济业务的内容摘要。
(4) 经济业务应记入账户的名称、记账方向和金额。
(5) 所附原始凭证的张数和其他附件资料。
(6) 会计主管、记账、复核、出纳、制单等有关人员的签名或盖章。

记账凭证和原始凭证同属于会计凭证，但二者存在以下不同：
(1) 原始凭证由经办人员填制，记账凭证一律由会计人员填制。
(2) 原始凭证根据发生或完成的经济业务填制；记账凭证根据审核后的原始凭证填制。
(3) 原始凭证仅用以记录、证明经济业务已经发生或完成；记账凭证要依据会计科目对已经发生或完成的经济业务进行归类、整理。
(4) 原始凭证是填制记账凭证的依据；记账凭证是登记账簿的直接依据。

二、记账凭证的种类

由于会计凭证记录和反映的经济业务多种多样，因此记账凭证也是多种多样的。记账凭证按不同的用处，可以分为不同的种类。

(一) 记账凭证按其用途不同分类

记账凭证按其用途不同可以分为专用记账凭证和通用记账凭证两类。

专用记账凭证按其反映的经济内容不同，可分为收款凭证、付款凭证、转账凭证三种。

(1) 收款凭证是指专门用于记录现金和银行存款收款业务的会计凭证。收款凭证是出纳人员收讫款项的依据，也是登记总账、现金日记账和银行存款日记账以及有关明细账的依据，一般按现金和银行存款分别编制。收款凭证的格式如图6-6所示。

填写收款凭证

收款凭证

借方科目：银行存款　　　　　　　2021 年 11 月 20 日　　　　　　　编号：银收字第 8 号

摘要	贷方总账科目	明细科目	记账符号	金额									
				千	百	十	万	千	百	十	元	角	分
收到胜利公司上月购货款	应收账款	胜利公司	√			2	3	4	0	0	0	0	0
合计（人民币大写）人民币壹万壹仟柒佰元整					¥	2	3	4	0	0	0	0	0

会计主管：　　　记账：　　　出纳：　　　审核：　　　制单：李三

附单据 2 张

图 6-6　收款凭证

(2) 付款凭证是指专门用于记录现金和银行存款付款业务的会计凭证。付款凭证是出纳人员支付款项的依据，也是登记总账、现金日记账和银行存款日记账以及有关明细账的依据，一般按现金和银行存款分别编制。付款凭证的格式如图6-7所示。

付款凭证

贷方科目：库存现金　　　　　　　2021 年 11 月 25 日　　　　　　　编号：现付字第 8 号

摘要	借方总账科目	明细科目	记账符号	金额									
				千	百	十	万	千	百	十	元	角	分
偿还购料款	应付账款	红河公司	√					3	5	1	0	0	0
合计(人民币大写)人民币叁仟伍佰元整							¥	3	5	1	0	0	0

会计主管：　　　记账：　　　出纳：　　　审核：　　　制单：李三

附单据 2 张

图 6-7　付款凭证

(3) 转账凭证是指专门用于记录不涉及现金和银行存款收付款业务的会计凭证。它是登记总账和有关明细账的依据。转账凭证的格式如图 6-8 所示。

转 账 凭 证

2015 年 5 月 18 日   编号：转字第 8 号

摘要	借方科目			贷方科目			金额									
	总账科目	明细科目	√	总账科目	明细科目	√	亿	千	百	十	万	千	百	十	元	角	分
生产领用材料	生产成本	B 产品		原材料	甲材料						8	0	0	0	0	0	0
合计（人民币大写）人民币壹万伍仟元整										¥	8	0	0	0	0	0	0
会计主管： 记账： 审核： 制单：高丽																	

附单据 2 张

图 6-8 转账凭证

收款凭证、付款凭证和转账凭证分别用以记录现金、银行存款收款业务、付款业务和转账业务(与现金、银行存款收支无关的业务)，为了便于识别，一般将各种凭证印制成不同的颜色。在会计实务中，对于现金和银行存款之间的收付款业务，为了避免记账重复，一般只编制付款凭证，不编制收款凭证。

(4) 通用记账凭证是不论收付款业务还是转账业务，均编制一种格式的记账凭证。在经济业务比较简单的单位，使用通用记账凭证，顺序连续编号，记录所发生的各种经济业务，可以简化会计凭证的设计和选择。通用记账凭证的格式见图 6-9。

记 账 凭 证

2015 年 12 月 5 日   字第 5 号

摘 要	总账科目	明细科目	记账	借方金额									记账	贷方金额								
				千	百	十	万	千	百	十	元	角	分		千	百	十	万	千	百	十	元	角	分
采购电脑20台	在途物资	台式电脑整机(CX01)	√			6	0	2	0	0	0	0											
计算进项税额	应交税费	应交增值税（进项税额）	√			1	0	2	2	2	0	0											
采购电脑20台	银行存款												√			7	0	4	2	2	0	0
合计				¥	7	0	4	2	2	0	0				¥	7	0	4	2	2	0	0
会计主管：王山 记账：张玉 出纳：李勤 审核：王山 制单：张玉																						

附件 5 张

图 6-9 通用记账凭证

（二）记账凭证按其填制方式不同分类

记账凭证按其填制方式不同可分为单式记账凭证和复式记账凭证两种。

(1) 单式记账凭证是在每张凭证上只填列经济业务事项所涉及的一个会计科目及其金额的记账凭证。填列借方科目的称为借项记账凭证，填列贷方科目的称为贷项记账凭证。一项经济业务涉及几个科目，就分别填制几张凭证，并采用一定的编号方法将它们联系起来。

记账凭证的填制

单式凭证的优点是内容单一，便于记账工作的分工，也便于按科目汇总，并可加速凭证的传递。其缺点是凭证张数多，内容分散，在一张凭证上不能完整地反映一笔经济业务的全貌，不便于检验会计分录的正确性，故需加强凭证的复核、装订和保管工作。

单式记账凭证的一般格式如图 6-10 和图 6-11 所示。

借项记账凭证

对应科目　　　　　　　　　　　　年　月　日　　　　　　　　记字第　　号

摘要	总账科目	明细科目	金额	账页
合计				

会计主管　　　　　记账　　　　出纳　　　　　审核　　　　　制单

图 6-10　单式借项记账凭证

贷项记账凭证

对应科目　　　　　　　　　　　　年　月　日　　　　　　　　记字第　　号

摘要	总账科目	明细科目	金额	账页
合计				

会计主管　　　　　记账　　　　出纳　　　　　审核　　　　　制单

图 6-11　单式贷项记账凭证

(2) 复式记账凭证是指将每一笔经济业务事项所涉及的全部会计科目及其发生额均在同一张凭证中反映的一种记账凭证，即一张记账凭证上登记一项经济业务所涉及的两个或者两个以上的会计科目，既有"借方"，又有"贷方"。复式记账凭证优点是可以集中反映账户的对应关系，有利于了解经济业务的全貌；同时还可以减少凭证的数量，减轻编制记账凭证的工作量，便于检验会计分录的正确性。其缺点是不便于汇总计算每一会计科目的发生额和进行分工记账。在实际工作中，普遍使用的是复式记账凭证。上述介绍的收款凭证、付款凭证和转账凭证都是复式记账凭证。

(三) 记账凭证按汇总方法不同分类

记账凭证按汇总方法不同可分为分类汇总凭证和全部汇总凭证两种。

(1) 分类汇总凭证是指定期按现金、银行存款及转账业务进行分类汇总，也可以按科目进行汇总。若可以将一定时期的收款凭证、付款凭证、转账凭证分别汇总，则编制汇总收款凭证、汇总付款凭证、汇总转账凭证。

(2) 全部汇总凭证是指将单位一定时期内编制的会计分录，全部汇总在一张记账凭证上，即将一定时期的所有记账凭证按相同会计科目的借方和贷方分别汇总，编制记账凭证汇总表(或称科目汇总表)。汇总凭证是将许多同类记账凭证逐日或定期(3 天、5 天、10 天等)加以汇总后编制的记账凭证，有利于简化总分类账的登记工作。

记账凭证的分类如图 6-12 所示。

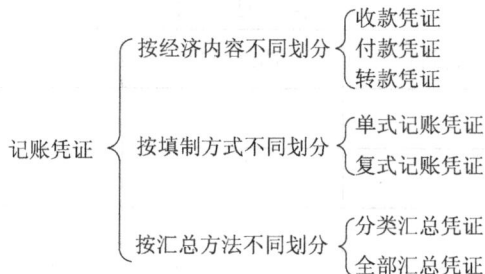

图 6-12 记账凭证的分类

三、记账凭证的填制

(一) 记账凭证的填制要求

填制记账凭证是一项重要的会计工作。为了便于登记账簿，保证账簿记录的正确性，填制记账凭证应符合以下要求：

1. 依据真实

除结账和更正错误外，记账凭证应根据审核无误的原始凭证及有关资料填制，记账凭证必须附有原始凭证，并如实填写所附原始凭证的张数。记账凭证所附原始凭证张数的计算一般应以原始凭证的自然张数为准。如果记账凭证中附有原始凭证汇总表，则应该把所附的原始凭证和原始凭证汇总表的张数一起记入附件的张数之内。但报销差旅费等零散票券，可以粘贴在一张纸上，作为一张原始凭证。一张原始凭证如果涉及几张记账凭证的，可以将原始凭证附在一张主要的记账凭证后面，在该主要记账凭证摘要栏注明"本凭证附件包括 XX 号记账凭证业务"字样，并在其他记账凭证上注明该主要记账凭证的编号或者附上该原始凭证的复印件，以便复核查阅。如果一张原始凭证所列的支出需要由两个以上的单位共同负担时，应当由保存该原始凭证的单位开给其他应负担单位原始凭证分割单。原始凭证分割必须具备原始凭证的基本内容，并可作为填制记账凭证的依据，计算在所附原始凭证张数之内。

2．内容完整

记账凭证应具备的内容都要具备，要按照记账凭证上所列项目逐一填写清楚，有关人员的签名或者盖章要齐全不可缺漏。如有以自制的原始凭证或者原始凭证汇总表代替记账凭证使用的，也必须具备记账凭证应有的内容。金额栏数字的填写必须规范、准确，与所附原始凭证的金额相符。金额登记方向、数字必须正确，角分位不留空格。

3．分类正确

填制记账凭证，要根据经济业务的内容，区别不同类型的原始凭证，正确应用会计科目和记账凭证。记账凭证可以根据每一张原始凭证填制，或者根据若干张同类原始凭证汇总填制，也可以根据原始凭证汇总表填制，但不得将不同内容或类别的原始凭证汇总填制在一张记账凭证上，且会计科目要保持正确的对应关系。一般情况下，现金或银行存款的收、付款业务，应使用收款凭证或付款凭证；不涉及现金和银行存款收付的业务，如将现金送存银行，或者从银行提取现金，应以付款业务为主，只填制付款凭证不填制收款凭证，以避免重复记账。在一笔经济业务中，如果既涉及现金或银行存款收、付，又涉及转账业务，则应分别填制收款或付款凭证和转账凭证。例如，单位职工出差归来报销差旅费并交回剩余现金时，就应根据有关原始凭证按实际报销的金额填制一张转账凭证，同时按收回的现金数额填制一张收款凭证。各种记账凭证的使用格式应相对稳定，特别是在同一会计年度内，不宜随意更换，以免引起编号、装订、保管方面的不便与混乱。

4．日期正确

记账凭证的填制日期一般应填制记账凭证当天的日期，不能提前或拖后。按权责发生制原则计算收益、分配费用、结转成本利润等调整分录和结账分录的记账凭证，虽然需要到下月才能填制，但为了便于在当月的账内进行登记，仍应填写当月月末的日期。

5．连续编号

为了分清会计事项处理的先后顺序，以便记账凭证与会计账簿之间的核对，确保记账凭证完整无缺，在填制记账凭证时，应当对记账凭证连续编号。记账凭证编号的方法有多种：一种是将全部记账凭证作为一类统一编号；另一种是分别按现金和银行存款收入业务、现金和银行付出业务、转账业务三类进行编号。这样，记账凭证的编号应分为收字第×号、付字第×号、转字第×号。还有一种是分别按现金收入、现金支出、银行存款收入、银行存款支出和转账业务五类进行编号。这种情况下，记账凭证的编号应分为现收字第×号、现付字第×号、银收字第×号、银付字第×号和转字第×号，或者将转账业务按照具体内容再分成几类编号。各单位应当根据本单位业务繁简程度、会计人员多寡和分工情况来选择便于记账、查账、内部稽核、简单严密的编号方法。无论采用哪一种编号方法，都应该按月顺序编号，即每月都从一号编起，按自然数 1、2、3……顺序编至月末，不得跳号、重号。一笔经济业务需要填制两张或两张以上记账凭证的，可以采用分数编号法进行编号。例如，有一笔经济业务需要填制三张记账凭证，凭证顺序号为 6，就可以编成 6 1/3、6 2/3、6 3/3，前面的数表示凭证顺序，后面分数的分母表示该号凭证共有三张，分子分别表示三张凭证中的第一张、第二张、第三张。

6．简明扼要

记账凭证的摘要栏是填写经济业务简要说明的。摘要应与原始凭证内容一致，能正确反映经济业务的主要内容，既要防止简而不明，又要防止过于繁琐。应能使阅读者通过摘要就能了解该项经济业务的性质、特征，判断出会计分录的正确与否，一般不需要再去翻阅原始凭证或询问有关人员。

7．分录正确

会计分录是记账凭证中重要的组成部分。在记账凭证中，要正确编制会计分录并保持借贷平衡，就必须根据国家统一会计制度的规定和经济业务的内容，正确使用会计科目，不得任意简化或改动；应填写会计科目的名称，或者同时填写会计科目的名称和会计科目编号，不应只填编号，不填会计名称；应填明总账科目和明细科目，以便于登记总账和明细分类账。会计科目的对应关系要填写清楚，应先借后贷，一般填制一借一贷，一借多贷或者多借一贷的会计分录。但如果某项经济业务本身就需要编制一个多借多贷的会计分录时，也可以填制多借多贷的会计分录，以集中反映该项经济业务的全过程。填入金额数字后，要在记账凭证的合计行计算填写合计金额。记账凭证中借、贷方的金额必须相等，合计数必须计算正确。

8．空行注销

填制记账凭证时，应逐行填写，不得跳行或留有空行。记账凭证填完经济业务后，如有空行，应当在金额栏自最后一笔金额数字下的空行至合计数上的空行处画斜线"/"或范围线"～"注销。

9．填错更改

填制记账凭证时如果发生错误，应当重新填制。已经登记入账的记账凭证在当年内发生错误的，如果是使用的会计科目或记账凭证方向有错误，可以用红字金额填制一张与原始凭证内容相同的记账凭证，在摘要栏注明"注销某月某日某号凭证"字样，同时再用蓝字重新填制一张正确的记账凭证，在摘要栏注明"更正某月某日某号凭证"字样；如果会计科目和记账方向都没有错误，只是金额错误，可以按正确数字和错误数字之间的差额，另编一张调整的记账凭证，调增金额用蓝数字，调减金额用红数字。发现以前年度的金额有错误时，应当用蓝字填制一张更正的记账凭证。

记账凭证中文字、数字和货币符号的书写要求与原始凭证相同。实行会计电算化的单位，其机制记账凭证应当符合对记账凭证的基本要求，打印出来的机制凭证上，要加盖制单人员、审核人员、记账人员和会计主管人员印章或者签字，以明确责任。

（二）记账凭证的填制方法

1. 单式记账凭证的填制

单式记账凭证就是在一张凭证上只填列一个会计科目。一项经济业务的会计分录涉及几个会计科目，就填几张记账凭证。为了保持会计科目间的对应关系，便于核对，在填制一个会计分录时编一个总号，再按凭证张数编几个分号，如第 4 笔经济业务涉及三个会计科目，则编号为 4 1/3、4 2/3、4 3/3。

单式记账凭证中，填列借方账户名称的称为借项记账凭证，填列贷方账户名称的称为贷项记账凭证。为了便于区别，两者常用不同的颜色印制。

2. 复式记账凭证的填制

复式记账凭证就是在一张记账凭证上记载一笔完整的经济业务所涉及的全部会计科目。为了清晰地反映经济业务的来龙去脉，不应将不同的经济业务合并填制。

1）收款凭证的填制

收款凭证是根据审核无误的现金和银行存款收款业务的原始凭证编制的。收款凭证左上角的"借方科目"，按收款的性质填写"现金"或者"银行存款"；日期填写的是编制本凭证的日期；右上角填写编制收款凭证顺序号；"摘要栏"简明扼要地填写经济业务的内容摘要；"贷方科目"栏内填写与收入"现金"或"银行存款"科目相对应的总账科目及所属明细科目；"金额"栏内填写实际收到的现金或银行存款的数额，各总账科目与所属明细科目的应贷金额，应分别填写在与总账科目或明细科目同一行的"总账科目"或"明细科目"金额栏内；"金额栏"的合计数只合计"总账科目"金额，表示借方科目"现金"或"银行存款"的金额；"记账栏"供记账人员在根据收款凭证登记有关账簿后作记号用，表示已经记账，防止经济业务的事项的重记或漏记；该凭证右边"附件　张"根据所附原始凭证的张数填写；凭证最下方有关人员签章处供有关人员在履行了责任后签名或签章，以明确经济责任。

2）付款凭证的填制

付款凭证是根据审核无误的现金和银行付款业务的原始凭证编制的。付款凭证的左上角"贷方科目"应填列"现金"或者"银行存款"，"借方科目"栏应填写与"现金"或"银行存款"科目相对应的总账科目及所属的明细科目。其余各部分的填制方法与收款凭证基本相同，不再述及。

3）转账凭证的填制

转账凭证是根据审核无误的不涉及现金和银行存款收付的转账业务的原始凭证编制的。转账凭证的"会计科目"栏应按照先借后贷的顺序分别填写应借应贷的总账科目及所属的明细科目；借方总账科目及所属明细科目的应记金额，应在与科目同一行的"借方金额"栏内相应栏次填写，贷方总账科目及所属明细科目的应记金额，应在与科目同一行的"贷方金额"栏内相应栏次填写；"合计"行只合计借方总账科目金额和贷方总账科目金额，借方总账科目金额合计数与贷方总账金额合计数应相等。

四、记账凭证的审核

记账凭证编制以后，必须由专人进行审核，借以监督经济业务的真实性、合法性和合理性，并检查记账凭证的编制是否符合要求。特别要审核最初证明经济业务实际发生、完成的原始凭证。因此，对记账凭证的审核是一项严肃细致、政策性很强的工作。只有做好这项工作才能正确地发挥会计反映和监督的作用。记账凭证审核的基本内容包括以下几项：

(1) 内容是否真实。审核记账凭证是否有原始凭证为依据，所附原始凭证的内容是否与记账凭证的内容一致，记账凭证汇总表的内容与其所依据的记账凭证的内容是否一致等。

(2) 项目是否齐全。审核记账凭证各项目的填写是否齐全，如日期、凭证编号、摘要、金额、所附原始凭证张数及有关人员签章等。

(3) 科目是否准确。审核记账凭证的应借、应贷科目是否正确，是否有明确的账户对应关系，所使用的会计科目是否符合国家统一的会计制度的规定等。

(4) 金额是否正确。审核记账凭证所记录的金额与原始凭证的有关金额是否一致、计算是否正确，记账凭证汇总表的金额与记账凭证的金额合计是否相符等。

(5) 书写是否规范。审核记账凭证中的记录是否文字工整、数字清晰，是否按规定进行更正等。在审核过程中，如果发现不符合要求的地方，应要求有关人员采取正确的方法进行更正。只有经过审核无误的记账凭证，才能作为登记账簿的依据。

第四节　会计凭证的传递与保管

一、会计凭证的传递

会计凭证的传递，是指从会计凭证取得或填制起至归档保管时止，在单位内部有关部门和人员之间按照规定的时间、程序进行处理的过程。各种会计凭证，他们所记载的经济业务不同，涉及的部门和人员不同，办理的业务手续也不同，因此，应当为各种会计凭证规定一个合理的传递程序，即一张会计凭证填制后应交到哪个部门，哪个岗位，由谁办理业务手续等，直到归档保管为止。

(一) 会计凭证传递的意义

正确组织会计凭证的传递，对于提高会计核算资料的及时性、正确组织经济活动、加强经济责任、实行会计监督，具有重要意义。

(1) 正确组织会计凭证的传递，有利于提高工作效率。

正确组织会计凭证的传递，能够及时、真实反映和监督各项经济业务的发生和完成情况，为经济管理提供可靠的经济信息。例如，材料运到企业后，仓库保管员应在规定的时间内将材料验收入库，填制"收料单"，注明实收数量等情况，并将"收料单"及时送到财会部门及其他有关部门。财会部门接到"收料单"，经审核无误，就应及时编制记账凭证和登记账簿；生产部门得到该批材料已验收入库凭证后，便可办理有关领料手续，用于产品生产等。如果仓库保管员未按时填写"收料单"或虽填写"收料单",但没有及时送到有关部门,就会给人以材料尚未入库的假象,影响企业生产正常进行。

(2) 正确组织会计凭证的传递,能更好地发挥会计监督作用。

正确组织会计凭证的传递,便于有关部门和个人分工协作,相互牵制,加强岗位责任制,更好地发挥会计监督作用。例如,从材料运到企业验收入库,需要多少时间,由谁填制"收料单",何时将"收料单"送到供应部门和财会部门;会计部门收到"收料单"后由谁进行审核,并同供应部门的发货票进行核对,由谁何时编制记账凭证和登记账簿,由谁负责整理保管凭证等。这样,就把材料收入业务验收入库到登记入账的全部工作,在本单位内部进行分工合作,共同完成。同时可以考核经办业务的有关部门和人员是否按规定的会计手续办理,从而加强经营管理,提高工作质量。

(二) 会计凭证传递的基本要求

各单位的经营业务性质是多种多样的,各种经营业务又有各自的特点,所以,办理各项经济业务的部门和人员以及办理凭证所需要的时间、传递程序也必然各不相同。这就要求每个单位都必须根据自己的业务特点和管理特点,由单位领导会同会计部门及有关部门共同设计制订出一套会计凭证的传递程序,使各个部门保证有序、及时地按规定的程序处理凭证传递。各单位在设计制定会计凭证传递时,应注意以下几个问题:

(1) 根据经济业务的特点、机构设置和人员分工情况,明确会计凭证的传递程序。由于企业生产经营业务的内容不同,企业管理的要求也不尽相同。在会计凭证的传递过程中,要根据具体情况,确定每一种凭证的传递程序和方法。合理制订会计凭证所经过的环节,规定每个环节负责传递的相关责任人员,规定会计凭证的联数以及每一联凭证的用途。做到既可使各有关部门和人员了解经济活动情况、及时办理手续,又可避免凭证经过不必要的环节,以提高工作效率。

(2) 规定会计凭证经过每个环节所需要的时间,以保证凭证传递的及时性。会计凭证的传递时间应考虑各部门和有关人员的工作内容和工作量在正常情况下完成的时间,明确规定各种凭证在各个环节上停留的最长时间,不能拖延和积压会计凭证,以免影响会计工作的正常程序。一切会计凭证的传递和处理,都应在报告期内完成,不允许跨期,否则将影响会计核算的准确性和及时性。

(3) 会计凭证在传递过程中的衔接手续,应该做到既完备、严密,又简单易行。凭证的收发、交接都应当按一定的手续制度办理,以保证会计凭证的安全和完整。会计凭证的传递程序、传递时间和衔接手续明确后,制定凭证传递程序,规定凭证传递路线、环节及在各个环节上的时间、处理内容及交接手续,使凭证传递工作有条不紊、迅速而有效进行。

二、会计凭证的保管

会计凭证的保管是指会计凭证记账后的整理、装订、归档和存查工作。会计凭证是记录经济业务、明确经济责任、具有法律效力的证明文件,又是登记账簿的依据,所以,它是重要的经济档案和历史资料。任何企业在完成经济业务手续和记账之后,必须按规定立卷归档,形成会计档案资料,妥善保管,以便日后随时查阅。

会计凭证整理保管的要求如下：

(1) 各种记账凭证，连同所附原始凭证和原始凭证汇总表，要分类按顺序编号，定期(一天、五天、十天或一个月)装订成册，并加具封面、封底，注明单位名称、凭证种类、所属年月和起讫日期、起止号码、凭证张数等。为防止任意拆装，应在装订处贴上封签，并由经办人员在封签处加盖骑缝章。

(2) 对一些性质相同、数量很多或各种随时需要查阅的原始凭证，可以单独装订保管，在封面上写明记账凭证的时间、编号、种类，同时在记账凭证上注明"附件另订"。

(3) 各种经济合同和重要的涉外文件等凭证，应另编目录，单独登记保管，并在有关原始凭证和记账凭证上注明。

(4) 其他单位因有特殊原因需要使用原始凭证时，经本单位领导批准，可以复制，但应在专门的登记簿上进行登记，并由提供人员和收取人员共同签章。

(5) 会计凭证装订成册后，应有专人负责分类保管，年终应登记归档。会计凭证的保管期限和销毁手续，应严格按照《会计档案管理办法》进行管理。

(6) 会计凭证在归档后，应按年月日顺序排列，以便查阅。对已归档凭证的查阅、调用和复制，都应得到批准，并办理一定的手续。会计凭证在保管中应防止霉烂破损和鼠咬虫蛀，以确保其安全和完整。

故意销毁会计凭证罪

课 程 实 践

【课程实践一】

掌握会计凭证

作为黄河贸易有限公司的会计，你收到了仓库管理人员和业务人员交来的名称不一、大小不一的许多单据。面对这么多单据，你该怎样区分呢？

销售人员李进销售 A 产品 500 件，单价 20 元，需要你开具增值税专用发票。那么你该怎样进行原始凭证的填制呢？业务员李方因出差需要借款，那么你应在借款单上怎样签章呢？

2020 年 9 月 23 日，黄河贸易有限公司在西安北林商店购买钢笔 50 支，单价 20 元，商店工作人员张三开具发票。作为会计人员，你收到北林商店开具的发票后该怎么做？是不是直接就能入账了？

【课程实践二】

会计常见经济业务的原始凭证

(1) 增值税专用发票如图 6-13 所示。

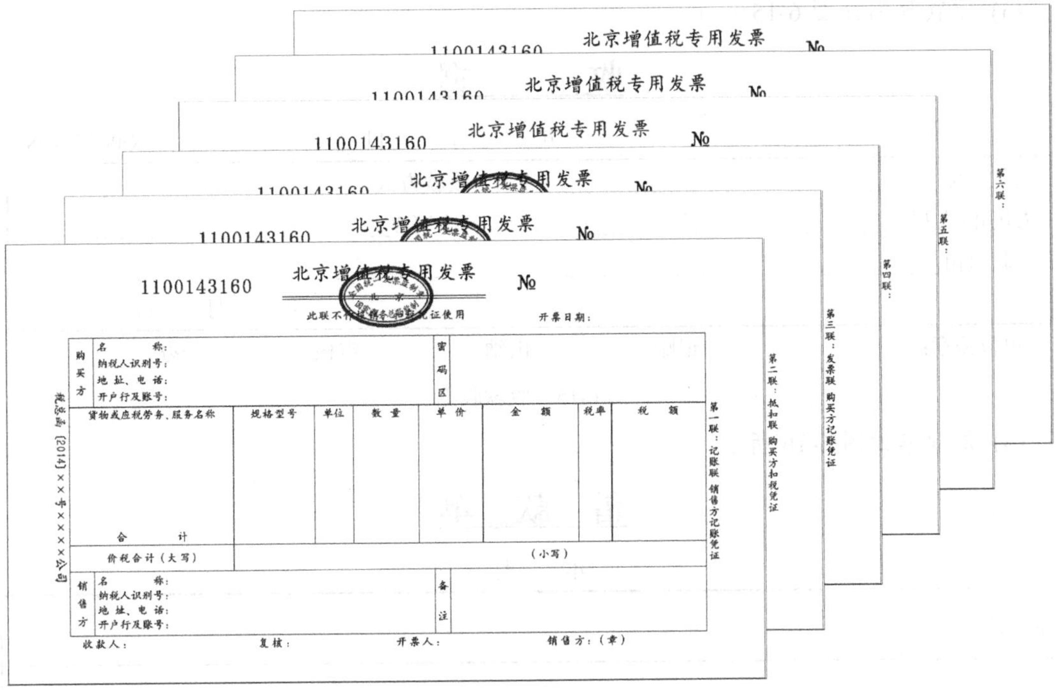
1100143160　北京增值税专用发票　№
此联不作报销、扣税凭证使用　开票日期：

购买方	名称： 纳税人识别号： 地址、电话： 开户行及账号：				密码区		
货物或应税劳务、服务名称	规格型号	单位	数量	单价	金额	税率	税额
合　计							
价税合计（大写）					（小写）		
销售方	名称： 纳税人识别号： 地址、电话： 开户行及账号：				备注		

收款人：　复核：　开票人：　销售方：（章）

税总函〔2014〕××号××××公司

图 6-13　增值税专用发票

(2) 增值税普通发票如图 6-14 所示。

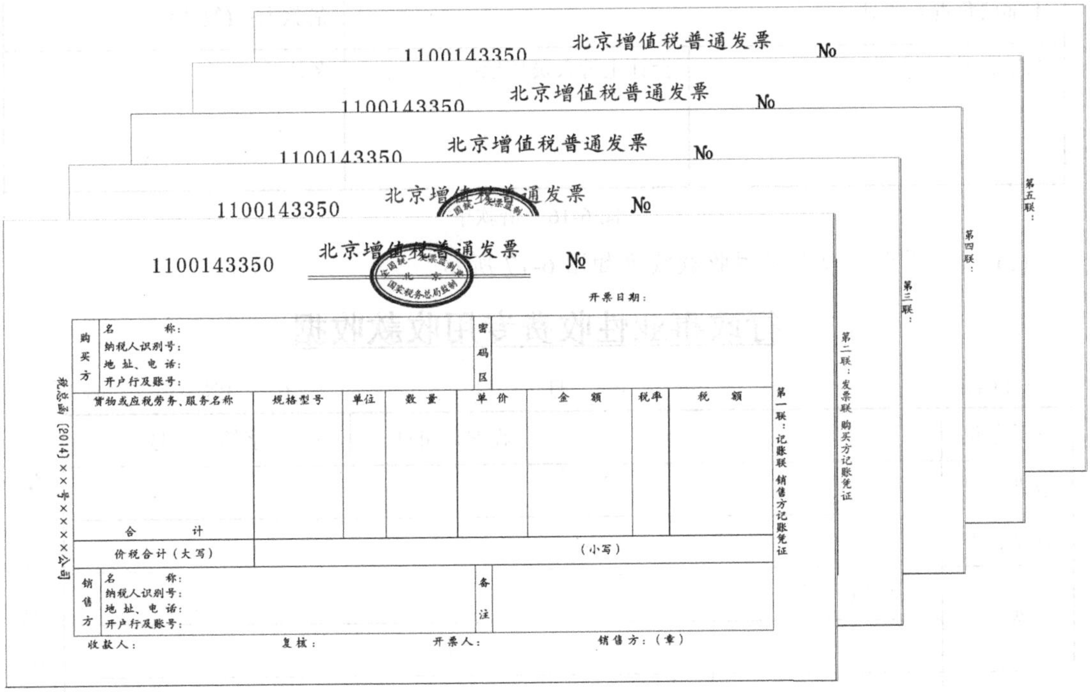
1100143350　北京增值税普通发票　№
开票日期：

购买方	名称： 纳税人识别号： 地址、电话： 开户行及账号：				密码区		
货物或应税劳务、服务名称	规格型号	单位	数量	单价	金额	税率	税额
合　计							
价税合计（大写）					（小写）		
销售方	名称： 纳税人识别号： 地址、电话： 开户行及账号：				备注		

收款人：　复核：　开票人：　销售方：（章）

税总函〔2014〕××号××××公司

图 6-14　增值税普通发票

(3) 收款收据如图 6-15 所示。

收　　据

年　　月　　日　　　　　　　№00293128

交款单位＿＿＿＿＿＿＿＿＿＿＿＿	收款方式＿＿＿＿＿＿＿＿＿＿	
人民币(大写)＿＿＿＿＿＿＿＿＿	(小写)¥＿＿＿＿＿＿＿＿	
收款事由＿＿＿＿＿＿＿＿＿＿＿＿		
	年　　月　　日	

单位盖章：　　　　　　记账　　　　出纳　　　　审核　　　　经办

图 6-15　收款收据

(4) 借款单如图 6-16 所示。

借　款　单

年　　月　　日

借款部门：	
借款理由：	
借款数额：(大写)　　　　　　　　　　　　¥＿＿＿＿＿	
本部门负责人意见：	借款人：(签章)
领导意见　　　　　会计主管人员核批：	备注：

图 6-16　借款单

(5) 行政事业性收费专用收款收据如图 6-17 所示。

行政事业性收费专用收款收据

签发日期：　　　　　　年　　月　　日　　　　　(　　)费字第　　号

交款单位		收费许可证	字第　　号	
收费项目				
计费标准				
收费金额	人民币(大写)			
	(小写)¥			
收款单位		收款人		交款人

第二联收据

图 6-17　行政事业性收费专用收款收据

(6) 差旅费报销单如图 6-18 所示。

差 旅 费 报 销 单

年 月 日   附单据 张

出差人:						事由:						
出 发 地			到 达 地			公 出 补 贴			车船飞机费	卧铺	住宿费	市内车费	其他	合 计
月	日	地点	月	日	地点	天数	标准	金额					

月	日	地点	月	日	地点	天数	标准	金额	车船飞机费	卧铺	住宿费	市内车费	其他	合 计
合 计														

报销总额	人民币(大写)		预借旅费		补领金额	
					归还金额	

会计主管:(签章)   复核:(签章)   出纳:(签章)   报销人:(签章)

图 6-18 差旅费报销单

(7) 收料单如图 6-19 所示。

收 料 单

供应单位: 年 月 日

发 票 号:_____   编号:20021

类别	材料名称	规格材质	单位	数量		实际成本			
				应收	实收	单价	发票价格	运杂费	合 计
备注:									

仓库主管:(签章)   材料会计:(签章)   收料员:(签章)   经办人:(签章)   制单:(签章)

图 6-19 收料单

(8) 领料单如图 6-20 所示。

领 料 单

领料部门: 年 月 日   用 途: 编号:0920023

材料类别	材料编号	名 称	规 格	计量单位	请领数量	实发数量	单位成本	金额
备注:							合计	

记账:(签章)   领料人:(签章)   发料人:(签章)   领料部门负责人:(签章)

图 6-20 领料单

(9) 限额领料单如图 6-21 所示。

限 额 领 料 单

领料车间：　　　　　　　　　　　　　　　　　　　　　　发料仓库：X 号库

用　　途：　　　　　　　　　　年　月　　　　　　　　　编　　号：900418

材料类别	材料编号	材料名称	规格	计量单位	单价	领用限额	实际领用	
							数量	金额

日期	请　领		实　发			限额结余	退　库	
	数量	负责人签章	数量	发料人	领料人		数量	退料单编号
累计实发金额								

供应部门负责人：(签章)　　　生产计划部门负责人：(签章)　　　仓库负责人：(签章)

图 6-21　限额领料单

(10) 发料凭证汇总表如图 6-22 所示。

发料凭证汇总表

凭证编号：XX

单位：　　　　　　　　　　年　月　日　　　　　　　　　附　　件：X 张

材料名称　＼　借方科目	生产成本	制造费用	管理费用	…	合　计
合　计					

会计主管：(签章)　　　记账：(签章)　　　审核：(签章)　　　填制：(签章)

图 6-22　发料凭证汇总表

(11) 产品入库单如图 6-23 所示。

产成品入库单

交库单位: 　　　　　　　　　　年　月　日　　　　　　　　　　编号：091214

产品名称	规格型号	计量单位	交付数量	入库数量	单位成本	金额	备注

检验：(签章)　　　　　　仓库验收：(签章)　　　　　　车间交件人：(签章)

图 6-23　产成品入库单

(12) 固定资产折旧计算汇总表如图 6-24 所示。

固定资产折旧计算汇总表

　　　　　　　　　　　　　　　　　年　　　月　　　　　　金额单位：

使用部门	固定资产类别	上月计提折旧额	上月增加的固定资产应计提折旧额	上月减少的固定资产应计提折旧额	本月应计提折旧额	备注

图 6-24　固定资产折旧计算汇总表

(13) 制造费用分配表如图 6-25 所示。

制造费用分配表

　　　　　　　　　　　　　年　月　日　　　　　　　　单位：元

成 本 计 算 对 象	分配标准	分配率	分配金额
合　　　计			

会计主管：　　　　　　　复核：　　　　　　　制表：

图 6-25　制造费用分配表

(14) 产品成本计算单如图 6-26 所示。

产品成本计算单

产品名称：　　　　　　　　　　　　年　　月　　日

完工产量：　　　　　　　　　　　　　　　　　　　　　　单位：元

成 本 项 目	直接材料	直接人工	制造费用		合　计
月初在产品成本					
本月生产费用					
合　　计					
完工产品成本					
月末在产品成本					

会计主管：　　　　　　　　复核：　　　　　　　　制表：

图 6-26　产品成本计算单

(15) 工资及福利费分配表如图 6-27 所示。

工资及福利费分配表

年　　月　　日　　　　　　单位：元

项　目 用　途	工资总额	计提福利费 (14%)	…	金额 合计
合　　计				

会计主管：　　　　　　　　复核：　　　　　　　　制表：

图 6-27　工资及福利费分配表

(16) 工资结算汇总表如图 6-28 所示。

工资结算汇总表

年　　月　　日　　　　　　单位：元

部门	岗位 工资	薪级 工资	职务 津贴	补贴	…	应发 工资	公积 金	失业 保险	…	实发 合计
合　计										

会计主管：　　　　　　　　复核：　　　　　　　　制表：

图 6-28　工资结算汇总表

(17) 城市维护建设税及教育费费加计算表如图 6-29 所示。

城市维护建设税及教育费附加计算表

年 月 日 单位：元

项 目	金 额
当期销售额	
销售产品销项税额	
进项税额	
应纳增值税额	
应纳消费税额	
应纳营业税额	
流转税额合计	
应纳城市维护建设税额(7%)	
应交教育费附加(3%)	

财会主管： 复核： 制表：

图 6-29 城市维护建设税及教育附加计算表

(18) 产品销售成本计算表如图 6-30 所示。

主营业务成本计算表

年 月 日 单位：元

产 品 名 称		X 产品	...	合计
本月销售产品	数量			
	单位成本			
	总 成 本			

财会主管： 复核： 制表：

图 6-30 主营业务成本计算表

(19) 预提借款利息计算表如图 6-31 所示。

预提借款利息计算表

年 月 日 单位：元

借款种类	借款额	年利率	本月应提利息	备 注
合 计				

会计主管： 复核： 制表：

图 6-31 预提借款利息计算数

(20) 损益类账户本月发生额汇总表如图 6-32 所示。

损益类账户本月发生额汇总表

年　　月　　日　　　　　　　　　　　　单位：元

项　目	金　额	项　目	金　额
主营业务收入		主营业务成本	
其他业务收入		税金及附加	
营业外收入		其他业务成本	
投资收益		销售费用	
……		管理费用	
		……	
合　计		合　计	

会计主管：　　　　　　复核：　　　　　　制表：

图 6-32　损益类账户本月发生额汇总表

(21) 应交所得税计算表如图 6-33 所示。

应交所得税计算表

年　　月　　日　　　　　　　　　　　　单位：元

项　　目		金　　额
利润总额		
调整项目		
本月应纳税所得额		
所得税率		
本月应交所得税		

会计主管：　　　　　　复核：　　　　　　制表：

图 6-33　应交所得税计算数

(22) 利润分配项目计算表如图 6-34 所示。

利润分配项目计算表

年　　月　　日　　　　　　　　　　　　单位：元

项　目	比　例	金　额	备　注
利润总额			
减：所得税			
本年净利润			
分配去向 提取盈余公积			
分配给投资者利润			
……			
未分配利润			

会计主管：　　　　　　复核：　　　　　　制表：

图 6-34　利润分配项目计算表

(23) 现金缴款单如图 6-35 所示。

中国建设银行 China Construction Bank　　现金交款单　　填单号：0145431318　No.00833142

币种：☑人民币 □______　　2020 年 03 月 03 日　流水号：1030021011583216030194252

单位填写	收款单位	中共平顶山市教育局机关总支部委员会	交款人	平顶山市三高封蕾
	账(卡)号	41001551616050200685	款项来源	市三高疫情期间捐款
	金额(大写)	玖仟零贰拾元整	亿 千 百 十 万 千 百 十 元 角 分	¥ 9 0 2 0 0 0

银行确认栏：
交易日期：20200303　币种：人民币元　组件流水号：4107228470NSPGYL4AL
收款单位：中共平顶山市教育局机关总支部委员会
账（卡）号：41001551616050200685　金额：¥9,020.00
交款人：平顶山市三高封蕾
款项来源：市三高疫情期间捐款

中国建设银行股份有限公司 平顶山湛南路支行 业务专用章 808097T00CDJ

现金回单（无银行打印记录及银行签章此单无效）

主管：　授权：　复核：　经办：62175036

第二联 客户

东港印制

图 6-35　现金缴款单

(24) 进账单如图 6-36 所示。

中国工商银行进账单　(回单或收账通知)

年　月　日　　　第　号

出票人	全　称		收款人	全　称	
	账　号			账　号	
	开户银行			开户银行	
人民币(大写)				百 十 万 千 百 十 元 角 分	
票据种类			开户银行盖章		
票据张数					
单位主管　会计　复核　记账					

图 6-36　进账单

(25) 税收缴款书如图 6-37 所示。

中华人民共和国
增值税税收缴款书

隶属关系：　　　　　　　　　　　　经济性质：

收入机关：　　　　填发日期：　　年　月　日　　　　国字第　　号

缴款单位	代码		预算科目	款	
	全称			项	
	开户银行			级次	
	账户		收款国库		

税款属时期：　　年　月　日款　　　　税款限缴时期：　　　年　月　日

品目名称	课税数量	计税金额或销售收入	税率或单位税额	实缴税额
增值税				
合计(小写)				
金额合计	人民币(大写)　零佰零拾叁万贰仟伍佰零拾零元零角零分			

缴款单位(人)(盖章) 经办人(章)	税务机关(盖章) 填票人(章)	上列款项已收妥并划转收款单位账户。 国库(银行)盖章 　　　　年　月　日	备注

图 6-37　税收缴款书

(26) 现金支票如图 6-38 所示。

XX 银行现金支票存根 支票号码： No. 33889890 科　目_____ 对方科目____ 出票日期 年　月　日 收款人： 金　额： 用　途： 单位主管　会计 复核　记账	本支票付款期限十天	**XX 银行现金支票**　　支票号码　No. 33889890

出票日期(大写)　　年　月　日　　　付款行名称：

收款人：　　　　　　　　　　　　出票人账号：

人民币(大写)	百	十	万	千	百	十	元	角	分

用途_____
上列款项请从
我账户内支付

科目(借)_____
对方科目(贷)_____
付讫日期　　年　月　日
出纳　　　复核　　　记账

出票人签章

贴对单号处　｜　出纳对号单

图 6-38　现金支票

(27) 银行汇票申请书如图 6-39 所示。

<u>XX 银行汇票申请书(存根)</u>　1

申请日期　年　月　日　　　　　　　第　号

申请人		收款人										
账　号 或住址		账　号 或住址										
用　途		代理 付款行										
汇票金额			千	百	十	万	千	百	元	角	分	
备　注		科　目…………………………										
		对方科目…………………………										
		财务主管　　　复核　　　经办										

图 6-39　银行汇票申请书

(28) 银行汇票如图 6-40 所示。

X X 银行

银 行 汇 票　　2

汇票号码

第　号

付款期限 壹 个 月

出票日期　　　年　　月　　日	代理付款行：　　　　　　行号：

(大写)

收款人：	账号：

出票金额(大写)人民币

实际结算金额(大写)人民币	百	十	万	千	百	十	元	角	分

申请人：＿＿＿＿＿＿　　　账号或住址：＿＿＿＿＿＿

出票行：＿＿＿＿　行号：＿＿＿

备注：＿＿＿＿＿＿

凭票付款

出票行签章

多余金额									科目(借)＿＿＿＿＿
百	十	万	千	百	十	元	角	分	对方科目(贷)＿＿＿＿＿
									兑付日期　年　月　日
									复核　　　　记账

图 6-40　银行汇票

(29) 银行汇票解讫通知如图 6-41 所示。

图 6-41　银行汇票解讫通知

(30) 商业承兑汇票如图 6-42 所示。

图 6-42　商业承兑汇票

(31) 银行承兑汇票如图 6-43 所示。

银行承兑汇票 2

出票日期		年 月 日		汇票号码 第 号		
(大写)						
出票人全称			收款人	全 称		
出票人账号				账 号		
付款行全称		行号		开户行		行号

出票金额	人民币 (大写)			千 百 万 千 百 十 元 角 分

汇票到期日		本汇票请予以承兑，到期日由本行付款	承兑协议编号	
本汇票请你行承兑，到期无条件付款		承兑行签章 承兑日期 年 月 日	科目(借) 对方科目(贷) 转账 年 月 日	
	出票人签章 年 月 日	备注:	复核 记账	

图 6-43 银行承兑汇票

(32) 银行信汇凭证如图 6-44 所示。

××银行信汇凭证(回单)

		委托日期 年 月 日		第 号		
汇款人	全 称		收款人	全 称		
	账号或住址			账号或住址		
	汇出地点	省 市 县	汇出行名称		汇入地点	省 市 县	汇入行名称
金额	人民币 (大写)			百 十 万 千 百 十 元 角 分		

汇款用途:	
单位主管 会计 复核 记账	汇出行盖章 年 月 日

图 6-44 银行信汇凭证

(33) 银行电汇凭证如图 6-45 所示。

××银行电汇凭证(回单)

委托日期　年　月　日　　　　第　号

汇款人	全称		收款人	全称												
	账号或住址			账号或住址												
	汇出地点	省　市　县　汇出行名称		汇入地点	省　市　县　汇入行名称											
金额	人民币(大写)					百	十	万	千	百	十	元	角	分

汇款用途：

| 汇出行盖章 |
| 年　月　日 |

单位主管　　会计　　复核　　记账

图 6-45　银行电汇凭证

(34) 托收承付结算凭证回单联如图 6-46 所示。

电　　　　托 收 承 付 凭证 (回单) **1**　托收号码：

委托日期　　年　月　日

付款人	全称		收款人	全称											
	账号或地址			账号											
	开户银行			开户银行		行号									
托收金额	人民币(大写)				千	百	十	万	千	百	十	元	角	分

| 附　　件 | 商品发运情况 | 合同名称号码 |
| 附寄单证张数或册数 | | |

| 备注： | 款项收妥日期　　　　年　月　日 | |
| | | 收款人开户银行盖章　　月　日 |

单位主管　　　　　　会计　　　　　复核　　　　　记账

图 6-46　托收承付结算凭证回单联

(35) 托收承付结算凭证收账通知联如图 6-47 所示。

托收号码：

| 电 | 托 收 承 付 凭证 (收账通知) | | 承付期限 | **4** |
| | 委托日期　年　月　日 | | 到期　年　月　日 | |

付款人	全　称		收款人	全　称										
	账号或地址			账　号										
	开户银行			开户银行				行　号						
托收金额	人民币(大写)				千	百	十	万	千	百	十	元	角	分

| 附　　件 | | 商品发运情况 | 合同名称号码 |
| 附寄单证张数或册数 | | | |

| 备注： | 本托收款项已由付款人开户行全额划回并收入你账户内。

收款人开户银行盖章　　月　日 | 科目 ------------------
对方科目 ------------------
转账　　　　　　年　月　日
单位主管　　　会计
复核　　　　　记账 |

付款人开户银行收到日期　　　年　月　日　　　支付日期　　　　年　月　日

图 6-47　托收承付结算凭证收账通知联

(36) 托收承付结算凭证支款通知联如图 6-48 所示。

托收号码：

| 电 | 托 收 承 付 凭证 (支款通知) **5** | | 承付期限 | |
| | 委托日期　年　月　日 | | 到期　年　月　日 | |

付款人	全　称		收款人	全　称										
	账号或地址			账　号										
	开户银行			开户银行				行　号						
托收金额	人民币(大写)				千	百	十	万	千	百	十	元	角	分

| 附　　件 | | 商品发运情况 | 合同名称号码 |
| 附寄单证张数或册数 | | | |

| 备注： | 付款人注意：
1. 根据结算方式规定，上列托收款项，在付款期限内未拒付时，即视同全部承付。如系全额支付即以此联代支款通知；如遇延时或部分支付时，再由银行另送延时或部分支付的支款通知。
2. 如需提前承付或多承付时，应另写书面通知送银行办理。
3. 如系全部或部分拒付，应在承付期限内另填拒绝承付理由书送银行办理。 |

单位主管　　会计　　复核　　记账　　付款人开户银行盖章　　　年　月　日

图 6-48　托收承付结算凭证支款通知联

(37) 托收承付(委托收款)拒付理由书回单或付款通知联如图 6-49 所示。

托收承付结算全部拒绝付款理由书(回 单 或) 1

委托收款 部分 付款通知

拒付日期　　　年　　月　　日　　　　　　　原托收号码:

付款人	全　称		收款人	全　称								
	账　号			账　号								
	开户银行	行号		开户银行								
托收金额		拒付金额			部分付款金额	十万	千	百	十	元	角	分
附寄单证	张	部分付款金额(大写)										
拒付理由:				付款人盖章								

图 6-49　托收承付(委托收款)拒付理由书回单或付款通知联

(38) 托收承付(委托收款)拒付理由书代通知或收账通知联如图 6-50 所示。

托收承付结算全部拒绝付款理由书(代通知或) 4

委托收款 部分 收账通知

拒付日期　　　年　　月　　日　　　　　　　原托收号码:

付款人	全　称		收款人	全　称								
	账　号			账　号								
	开户银行	行号		开户银行								
托收金额		拒付金额			部分付款金额	十万	千	百	十	元	角	分
附寄单证	张	部分付款金额(大写)										
拒付理由:				付款人盖章								

图 6-50　托收承付(委托收款)拒付理由书代通知或收账通知联

【课程实践三】

一、目的

学习编制记账凭证(会计分录)。

二、资料

黄河公司本期发生下列经济业务:

(1) 开出转账支票,购进原材料一批 500 元。

(2) 购进原材料一批,价值 4 000 元,已验收入库,开出转账支票付讫。

(3) 车间为生产产品领用原材料 2 500 元,厂部领用办公用品 300 元。

(4) 将现金 3 000 元送存银行。

(5) 采购员报销差旅费,交回剩余现金 200 元(预借 1 000 元)。

(6) 收到购买单位预付货款 10 000 元,存入银行。

(7) 结转本月完工入库产品生产成本 800 元。

(8) 用现金 200 元支付原材料支付费。

三、要求

根据上列经济业务编制记账凭证(会计分录),指出记账凭证的种类。

【课程实践四】

一、目的

学习编制收款凭证、付款凭证和转账凭证。

二、资料

黄河公司本期发生下列经济业务:

(1) 企业购进甲材料一批 40 000 元,进项税额 6 800 元,材料已验收入库,款项用银行存款支付。

(2) 周华出差借支差旅费 1 000 元,以现金支付。

(3) 销售产品一批,售价 30 000 元,销项税额 5 100 元,款项已收存银行。

(4) 用现金购进办公用品 150 元。其中,车间使用 50 元;厂部行政部门用 100 元。

(5) 周华出差返回,报销差旅费 870 元,余款交回现金。

(6) 发出甲材料 6 000 元。其中,生产 A 产品领用 2 000 元;B 产品领用 3 400 元;车间一般耗用 600 元。

(7) 收回华源工厂所欠账款 12 000 元,存入银行。

(8) 结转已售产品成本 26 000 元。

三、要求

(1) 根据上列经济业务分别编制收款凭证、付款凭证和转账凭证。

(2) 指出上述凭证中哪些一定要附原始凭证?

本 章 小 结

会计凭证是记账的依据，填制和审核会计凭证是会计的一项基本工作，也是会计核算的专门方法之一。

会计凭证按填制程序和用途不同可以分为原始凭证和记账凭证两大类。原始凭证按其来源不同可分为外来原始凭证和自制原始凭证；按照填制方法不同可分为一次凭证、累计凭证和汇总凭证。

记账凭证是确定会计分录，作为记账直接依据的一种会计凭证。

记账凭证按其编制方式不同可分为单式记账凭证和复式记账凭证。复式记账凭证按照使用的范围不同可分为通用记账凭证和专用记账凭证。专用记账凭证根据其业务性质分为收款凭证、付款凭证和转账凭证三种。原始凭证和记账凭证分别具有特定的基本内容和填制要求。

无论是原始凭证还是记账凭证，取得和填制以后，必须要经过审核。只有审核无误的会计凭证才是登记账簿的依据。

为了提高会计核算资料的及时性，加强经济管理责任，实习会计监督必须正确合理地组织会计凭证传递。而且会计凭证是单位重要的经济档案，应按规定妥善保管，不得随意拆装、出借和销毁。

习 题 六

一、单项选择题

1. 发料凭证汇总表属于会计凭证中的(　　)。

A. 一次凭证 　　　　　　　　　 B. 累计凭证

C. 记账编制凭证 　　　　　　　 D. 汇总原始凭证

2. 用转账支票支付前欠货款，应填制(　　)。

A. 转账凭证 　　　　　　　　　 B. 收款凭证

C. 付款凭证 　　　　　　　　　 D. 原始凭证

3. 下列不属于原始凭证审核的内容是(　　)。

A. 合法性 　　　　　　　　　　 B. 合规性

C. 公允性 　　　　　　　　　　 D. 合理性

4. 制造费用分配表属于(　　)。

A. 收款凭证 　　　　　　　　　 B. 付款凭证

C. 转账凭证 　　　　　　　　　 D. 自制原始凭证

5. 记账凭证中不可能有(　　)。

A. 接收单位的名称 　　　　　　 B. 记账凭证的编号

C. 记账凭证的日期 　　　　　　 D. 记账凭证的名称

6. 下列属于累计原始凭证的是(　　)。

A. 销货发票　　　　　　　　　　B. 材料验收单

C. 银行付款通知　　　　　　　　D. 限额领料单

7. 对于现金和银行存款之间相互划转的经济业务，通常只需编制(　　)。

A. 记账凭证　　　　　　　　　　B. 收款凭证

C. 付款凭证　　　　　　　　　　D. 转账凭证

8. 人民币 1 706.50 元的大写金额应该写成(　　)。

A. 人民币壹仟柒佰零陆元伍角

B. 人民币壹仟柒佰陆元伍角

C. 人民币壹仟柒佰陆元伍角整

D. 人民币壹仟柒佰零陆元伍角整

9. 记账凭证按其反映的经济业务内容的不同，可以分为(　　)。

A. 收款凭证、付款凭证、转账凭证

B. 专用记账凭证和通用记账凭证

C. 单式记账凭证和复式记账凭证

D. 借项记账凭证和贷项记账凭证

10. 下列项目中属于自制原始凭证的是(　　)。

A. 领料单　　　　　　　　　　　B. 购料发票

C. 增值税发票　　　　　　　　　D. 银行对账单

二、多项选择题

1. 记账凭证包括(　　)。

A. 转账凭证　　　　　　　　　　B. 收款凭证

C. 付款凭证　　　　　　　　　　D. 汇总凭证

2. 会计凭证可以用来(　　)。

A. 记录经济业务　　　　　　　　B. 明确经济责任

C. 登记账簿　　　　　　　　　　D. 编制报表

3. 下列记账凭证中，属于复式记账凭证的有(　　)。

A. 收款凭证　　　　　　　　　　B. 付款凭证

C. 转账凭证　　　　　　　　　　D. 通用记账凭证

4. 下列凭证属于原始凭证的有(　　)。

A. 转账凭证　　　　　　　　　　B. 生产任务书

C. 银行转来的收账通知　　　　　D. 领料单

5. "限额领料单"可分别属于(　　)。

A. 原始凭证　　　　　　　　　　B. 汇总原始凭证

C. 累计凭证　　　　　　　　　　D. 自制原始凭证

6. 记账凭证应该(　　)。

A. 由经办业务人员填制的　　　　B. 由会计人员填制的

C. 根据审核无误的原始凭证填制的　D. 是登记账簿的直接依据

7. 记账凭证编制的依据可以是( )。

A. 累计凭证 B. 一次凭证

C. 收、付款凭证 D. 汇总原始凭证

三、判断题

1. 如果原始凭证上的金额发生错误，则可以在原始凭证上画线更改，并经签字盖章。
( )

2. 记账凭证是根据审核无误的原始凭证编制的，各种记账凭证可以根据每一张原始凭证单独编制，也可以根据若干张同类原始凭证汇总后编制。 ( )

3. 登记现金日记账时，对于从银行提现金的业务，应根据现金收款凭证登记。
( )

4. 转账凭证是用于不涉及现金和银行存款收付业务的其他转账业务所用的记账凭证。
( )

5. 有时为了简化会计核算工作，可以将不同内容、不同类型的经济业务汇总编制一份原始凭证。 ( )

6. 会计人员在审核原始凭证时，对于记载不准确、不完整的原始凭证，应予以扣留。
( )

7. 原始凭证和记账凭证的主要区别是填制程序和用途不同。 ( )

8. 原始凭证是在经济业务发生时填制或取得的，用以证明经济业务的发生或完成情况，并作为记账直接依据的书面证明。 ( )

9. 记账凭证是根据账簿记录填制的。 ( )

10. 将记账凭证分为收款凭证、付款凭证、转账凭证的依据是凭证填制的手续和凭证的来源不同。 ( )

四、简答题

1. 试述会计凭证的意义和作用。

2. 什么是原始凭证？原始凭证分为几类？

3. 原始凭证的审核内容有哪几项？

4. 什么是记账凭证？记账凭证分为几类？

5. 记账凭证如何填制？

6. 记账凭证的审核从哪几方面进行？

五、案例分析

弘大公司是一家市属国有企业，会计专业学生路丹在该厂进行毕业实习。有一天，路丹在翻阅以往会计凭证时，发现该厂一张记账凭证上的会计分录为

借：原材料——生铁 198 600

贷：应收账款——长城汽车有限公司 198 600

但是，购进生铁没有发票，也没有收料单，只是在记账凭证下面附了一张由该厂开具给长城汽车有限公司的收款收据，而长城汽车有限公司并不对外经销生铁。后来，路丹从一位老会计那里了解到真实情况。原来是该厂以购生铁为名，行购车抵债之实。长城汽车

有限公司以一台自产长城牌小轿车抵偿了欠该厂的货款。看到路丹一脸的疑惑，老会计并不以为然，认为这在企业都是正常的，没什么大不了的，并劝路丹多学点实际的东西。

【问题】

(1) 弘大公司的会计处理，违背了哪些会计核算原则？

(2) 弘大公司应怎样纠正发生的差错？

(3) 谁应对弘大公司会计信息的真实性负责？

(4) 对路丹遇到的事情，应怎样评价？

习题六参考答案

第七章 会计账簿

【知识目标】

本章介绍了会计核算的基本方法——登记账簿，目的是让学习者明确会计账簿的有关知识，掌握运用账簿登记经济业务的基本技能。

【能力目标】

理解和掌握会计账簿的含义和种类，掌握会计账簿的内容、账簿的启用和登记规则，掌握日记账、明细分类账、总分类账的记账规则和登记方法，掌握各种错账更正方法的适用范围和具体更正方法，了解结对账和结账的内容和方法，了解会计账簿的更换与保管要求。

【案例导读】

在重庆市打击犯罪专项整治过程中，李强(化名)涉案。他在落网前就想到留一手，命令手下两名女会计编造假账，烧毁真账簿。销毁的账簿金额达400多万元。

据沙坪坝区检方指控，李强手下有多名会计，陈、郑是其中的2名。陈今年41岁，是北碚人，2007年9月起出任李强旗下企业出纳，主要负责运输公司和建材厂的财务工作。郑比她小几岁，自己另有工作，担任运输公司的兼职会计，两人都经人介绍在建材厂工作。

在担任会计期间，陈、郑两人故意销毁会计凭证、会计账簿共有两次。第一次是2008年夏季的一天，李强的手下骨干张军(化名)找来陈，给她布置了一个特殊任务："现在外面查得很紧，你准备一下，搞个假账，然后把真账簿烧了。"

随后，张军又找到公司运输部的郑，谎称为应付公司内部审计，让郑负责补做2007年8月至2008年7月的账簿，编造每月的收入和支出额度，使利润达到最小化，然后张军和陈一起将真的会计账簿烧掉。

第二次是在2009年6月，李强预感到可能要被抓，对手下张军说："有人在查我，事情越到后头越棘手，你尽早找人把假账做好，把真账烧掉。"于是，李强又找来陈、郑等人吩咐继续做假账，要求陈、郑等人做2008年8月至2009年5月间的假账，并将真账簿交给陈烧掉。这次的账目金额约为250万，共有10页。

陈将真账簿拿回家后，知道销毁账簿是犯法的，所以没有立即烧掉。直到李强去年秋被抓，陈为确保假账不被查出，于是将真账簿烧掉。到此时，两次销毁的账簿金额一共是400多万元，由于当事人无法记清楚，具体多少数据难以核实。

在庭上，陈对检方指控的犯罪事实供认不讳，毫无辩驳。而郑从始至终都没有认罪。她说，张军找她做账时，只是告知为了应付公司内部审计，而且做账时的原始数据，是从陈那里得来的。自己根本不知道他们是为了逃避公安机关的检查，隐瞒资金去向，更不知道他们会销毁真账簿，自己只是完成上头交代的任务。

检察官表示，郑在庭上所说的与在公安机关所交代的有出入，外加其他嫌犯的交代都指明郑不仅参与做假财务，并且她知道销毁了真账簿，据此认定郑认罪态度不如陈端正。

检察官建议法庭以故意销毁会计凭证、会计账簿罪判处陈有期徒刑 6 个月，并认为郑认罪态度不好，建议判处有期徒刑 6 个月到一年。陈的律师称，陈是因为害怕得罪李强，怕他对自己家人不利，才被迫做了这些违法的事，但没有提交相关证据。法庭没有当庭宣判。

第一节 会计账簿概述

在会计核算工作中，对每一项经济业务都必须取得和填制会计凭证，以反映和监督每笔经济业务的发生或完成情况。但是，由于会计凭证数量繁多，又很分散，而且每张会计凭证所记载的只是个别的经济业务，只能零散地反映个别经济业务内容，不能连续地、系统地、全面地反映和监督一个单位在一定时期内某类和全部经济业务的变化情况，为了把各种会计凭证反映的经济业务序时地、分类地进行登记，形成系统的信息资料，就必须设置账簿，运用登记账簿这一会计核算的专门方法。

会计账簿，是指由一定格式账页组成的，以通过审核的会计凭证为依据，全面系统连续地记录各项经济业务的账簿。在形式上，会计账簿是若干账页的组合；在实质上，会计账簿是会计信息形成的重要环节，是会计资料的要紧载体之一，也是会计资料的重要组成部分。

会计账簿是以会计凭证为依据，对全部经济业务进行全面、系统、连续、分类地记录和核算的簿记，是由专门格式并以一定形式连接在一起的账页所组成的。账页一旦标明会计科目，这个账页就成为用来记录该科目所核算内容的账户。也就是说，账页是账户的载体，账簿则是若干账页的集合。根据会计凭证在有关账户中进行登记，就是指将会计凭证所反映的经济业务内容记入设立在账簿中的账户，即通常所说的登记账簿，也称记账。设置和登记账簿是会计核算的中心环节。

一、会计账簿的意义

设置和登记账簿，是编制会计报表的基础，是连接会计凭证与会计报表的中间环节，在会计核算中具有重要意义，主要表现如下所述。

(1) 通过账簿的设置和登记，可以记载、储存会计信息。

将会计凭证所记录的经济业务一一记入有关账簿，可以全面反映会计主体在一定时期内所发生的各项资金运动，储存所需要的各项会计信息。

(2) 通过账簿的设置和登记，可以分类、汇总会计信息。

账簿由不同的相互关联的账户构成。通过账簿记录，一方面可以分门别类地反映各项会计信息，提供一定时期内经济业务的详细情况；另一方面可以通过发生额、余额的计算，提供各方面所需要的总括会计信息，反映财务状况及经营成果的综合价值指标。

(3) 通过账簿的设置和登记，可以检查、校正会计信息。

账簿记录对会计凭证进一步整理，是会计分析、会计检查的重要依据，账簿中记录的财产物资的账面数与通过实地盘点所得的实存数进行核对，检查财产物资是否妥善保管、账实是否相符。

(4) 通过账簿的设置和登记，可以编报、输出会计信息。

为了反映一定日期的财务状况及一定时期的经营成果，应定期进行结账工作，进行有关账簿之间的核对，计算出本期发生额和余额，据以编制会计报表，向有关各方提供所需要的会计信息。

二、会计账簿的分类

在会计账簿体系中，有各种不同功能和作用的账簿，它们各自独立、又相互补充。为了便于了解和使用，必须从不同的角度对会计账簿进行分类。

(一) 账簿按用途分类

账簿按用途的不同，可以分为序时账簿、分类账簿和备查账簿三种。

1. 序时账簿

序时账簿又称日记账，是按经济业务发生或完成时间的先后顺序进行登记的账簿。按其记录的内容不同，序时日记账又分为普通日记账和特种日记账。

(1) 普通日记账是指用来逐笔记录全部经济业务的序时账簿，即把每天发生的各项经济业务逐日逐笔地登记在日记账中，并确定会计分录，然后据以登记分类账。

(2) 特种日记账是用来逐笔记录某一经济业务的序时账簿。

目前在我国，大多数单位一般只设现金日记账和银行存款日记账。

2. 分类账簿

分类账簿是对全部经济业务按照会计要素的具体类别而设置的分类账户进行分类登记的账簿。按照总分类账户分类登记经济业务事项的是总分类账簿，简称总账；按照明细分类账户分类登记经济业务事项的是明细分类账簿，简称明细账。分类账簿提供的核算信息是编制会计报表的主要依据。

在实际工作中，序时账簿和分类账簿还可以结合为一本，既进行序时登记，又进行总分类登记的联合账簿，称为"日记账"。

3. 备查账簿

备查账簿简称备查账，是对某些能在序时账簿和分类账簿等主要账簿中未进行登记或者登记不够详细的经济业务事项进行补充登记时使用的账簿，又称为辅助账簿。这些账簿可以对某些经济业务的内容提供必需的参考资料，但是它记录的信息不须编入会计报表中，所以也称表外记录。备查账簿没有固定格式，可由各单位根据管理的需要自行设置与设计。如租入固定资产登记簿、应收票据备查簿、受托加工来料登记簿。

(二) 账簿按账页格式分类

账簿按账页格式的不同，可以分为两栏式账簿、三栏式账簿、多栏式账簿、数量金额式账簿四种。

1．两栏式账簿

两栏式账簿只有借方和贷方两个基本金额栏目。普通日记账和特殊日记账一般采用两栏式。

2．三栏式账簿

三栏式账簿设有借方、贷方、余额三个基本栏目。三栏式账簿分为设对方科目和不设对方科目两种，两者的区别是在摘要栏和借方科目栏之间是否有一栏"对方科目"。有"对方科目"栏的，称为设对方科目的三栏式账簿；不设"对方科目"栏的，称为不设对方科目的三栏式账簿。各种日记账、总分类账以及资本、债权、债务明细账都可以采用三栏式账簿。三栏式账簿格式如表 7-1 所示。

表 7-1　三 栏 式 账

科目名称：

年		凭证编号	摘要	借方	贷方	借或贷	金额
月	日						

3．多栏式账簿

多栏式账簿，是指根据经济业务的内容和管理的需要，在账页的"借方"和"贷方"栏内再分别按照明细科目或某明细科目的各明细项目设置若干专栏的账簿。这种账簿可以按"借方"和"贷方"分别设专栏，也可以只设"借方"专栏，"贷方"的内容在相应的借方专栏内用红字登记，表示冲减。收入、费用明细账一般均采用这种格式的账簿。多栏式账簿格式如表 7-2 所示。

表 7-2　多 栏 式 账

科目名称：

年		凭证编号	摘要	借方	贷方	借或贷	余额	借方余额		
月	日									

4．数量金额式账簿

数量金额式账簿的借方、贷方和余额三个栏目内，都分设数量、单价和金额三小栏，借以反映财产物资的实物数量和价值量。如原材料、库存商品、产成品等明细账一般都采用数量金额式账簿。数量金额式账簿格式如表 7-3 所示。

表 7-3 数量金额式明细账

类别：　　　　　　　　　　　　　　　　　　计量单位：

名称：　　　　　　　　　　　　　　　　　　存放地点：

编号：　　　　　　　　　　　　　　　　　　储备定额：

年		凭证编号	摘要	收入			发出			结存		
月	日											

（三）账簿按外形特征分类

账簿按外形特征不同可分为订本账、活页账和卡片账三种。

1．订本账

订本账启用之前就已将账页装订在一起，并对账页进行了连续编号。订本账能避免账页散失和防止抽换账页，但是不能准确为各账户预留账页，预留太多造成浪费，预留太少影响连续登记。订本账同一本账簿在同一时间只能由一个人登记，这样不便于记账人员分工记账。订本账适用于比较重要的、具有统驭性的账簿。这种账簿一般适用于总分类账、现金日记账、银行存款日记账。这种账簿的优点是：可以避免账页散失，防止账页被随意抽换，比较安全。其缺点是：由于账页固定，不能根据需要增加或减少，不便于按需要调整各账户的账页，也不便于分工记账。这种账簿一般使用于总分类账、现金日记账和银行存款日记账。

2．活页账

活页账是指年度内账页不固定装订成册，而是将其放置在活页账夹中的账簿。当账簿登记完毕之后(通常是一个会计年度结束之后)，才能将账页予以装订，加具封面，并给各账页连续编号。这种账簿的优点是：随时取放，便于账页的增加和重新排列，便于分工记账和记账工作电算化。其缺点是：账页容易散失和被随意抽换。活页账在年度终了时，应及时装订成册，妥善保管。各种明细分类账一般采用活页账式。

3．卡片账

卡片账是指由许多具有一定格式的卡片组成，存放在一定卡片箱内的账簿。卡片账的卡片一般装在卡片箱内，不用装订成册，随时可存放，也可跨年度长期使用。这种账簿的优点是：便于随时查阅，也便于按不同要求归类整理，不易损坏。其缺点是：账页容易散失和随意抽换。因此，在使用时应对账页连续编号，并加盖有关人员图章，卡片箱应由专人保管，更换新账后也应封扎保管，以保证其安全。在我国，单位一般只对固定资产和低值易耗品等资产明细账采用卡片账形式。

会计账簿的分类如图 7-1 所示。

```
                              ┌ 序时账簿
              按用途分类     ┤ 分类账簿
                              └ 备查账簿

                              ┌ 订本式账簿
会计账簿      按外表形式分类 ┤ 活页式账簿
                              └ 卡片式账簿

                              ┌ 两栏式账簿
              按账页格式分类 ┤ 三栏式账簿
                              │ 多栏式账簿
                              └ 数量金额式账簿
```

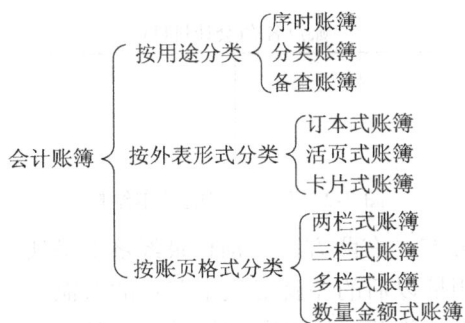

图 7-1 会计账簿的分类

三、会计账簿与账户

(一) 账户的概念

账户是根据会计科目设置的，具有一定的格式和结构，用于分类反映会计要素增减变动情况及其结果的载体。账户以会计科目作为名称，同时又具备一定的格式，即结构；而会计科目只是对会计对象的具体内容进行了分类，它只有分类的名称而没有一定的格式。

(二) 账户的基本结构

账户是用来记录经济业务的，其作用有三方面：一是用来分门别类记载各项经济业务；二是能够提供日常会计核算的资料和数据；三是为编制财务报表提供依据。为此，账户不仅要有核算内容，而且还应该具有一定的格式。通常，账户分为左方、右方两个方向，一方登记增加，另一方登记减少。资产、成本、费用类账户借方登记增加额，贷方登记减少额；负债、所有者权益、收入类账户借方登记减少额，贷方登记增加额。账户基本结构应同时具备以下内容：

(1) 账户名称(即会计科目)。

(2) 日期(用以说明经济业务记录的日期)。

(3) 凭证编号(表明账户记录所依据的凭证)。

(4) 摘要(概括说明经济业务的内容)。

(5) 增加额、减少额和余额。

账户一般格式如表 7-4 所示。

表 7-4　账户名称(会计科目)

年		凭证编号	摘要	发生额		借或贷	余额
月	日			借方	贷方		

在会计实务中账户的基本结构通常简化为 T 形账户，T 形账户的基本结构如图 7-2 所示。

左方(借方)	账户名称(会计科目)	右方(贷方)

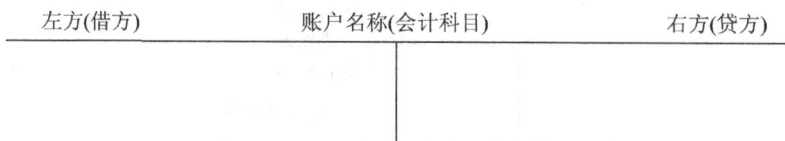

图 7-2　T 形账户的基本结构

上述 T 形账户的格式分左、右两方，分别记录经济业务所引起的会计要素的增加额和减少额，增加额和减少额相抵以后的差就形成了账户的余额。余额按其表现的不同时点，又分为期初余额和期末余额。为此，通过账户记录的金额可以提供四项会计核算的指标，分别是期初余额、本期增加额、本期减少额、期末余额。所谓本期增加额是指一定时期内，记入账户的增加金额的合计数，也叫本期增加发生额。本期减少额是指一定时期内记入账户的减少金额的合计数，也叫本期减少发生额。余额是一个静态指标，它说明的是资产权益在某一时点增减变动的结果。本期的期末余额就是下期的期初余额。上述四项金额的关系是：

本期期初余额 + 本期增加发生额 − 本期减少发生额 = 本期期末余额

我国的相关规定：采用借贷记账法下的账户，其左方一律称为借方，右方一律称为贷方，借方和贷方记账符号与现实生活中借贷并不具有相同的含义。

(三) 账簿和账户的关系

账簿与账户有着十分密切的联系。账户存在于账簿之中，账簿中的每一账页就是账户的存在形式和载体，没有账簿，账户就无法存在；账簿序时、分类地记载经济业务，是在个别账户中完成的。因此，账簿只是一个外在形式，账户才是它的真实内容。账簿与账户的关系是形式和内容的关系。

第二节　会计账簿的设置和登记

一、会计账簿的基本内容

各种账簿所记录的经济内容不同，账簿的格式又多种多样，不同账簿的格式所包括的具体内容也不尽一致，但各种主要账簿应具备以下基本内容。

如何启用会计账簿

1. 封面

封面主要用于表明账簿的名称，如现金日记账、银行日记账、总分类账、应收账款明细账等。

2. 扉页

扉页主要用于载明经管人员一览表，其应填列的内容主要有经管人员、移交人和移交日期、经管或接管日期。账簿启用登记和经管人员一览表格式见表 7-5。

表 7-5　账簿启用登记和经管人员一览表

单位名称					
账簿名称					
账簿页数	自第　　页起至第　　页止　　共　　页				
单位领导人 签章			会计主管 人员签章		
经管人员职别	姓名	经管或接管日期	签章	移交日期	签章
		年　　月　　日		年　　月　　日	
		年　　月　　日		年　　月　　日	
		年　　月　　日		年　　月　　日	
		年　　月　　日		年　　月　　日	
		年　　月　　日		年　　月　　日	
		年　　月　　日		年　　月　　日	

3. 账页

账页是用来记录具体经济业务的载体，其格式因记录经济业务的内容的不同而有所不同，但每张账页上应载明的主要内容有：账户的名称(即会计科目)，记账日期栏，记账凭证种类和号数栏，摘要栏(经济业务内容的简要说明)，借方、贷方金额及余额的方向，金额栏，总页次和分页次等。

二、会计账簿的启用

为了考证会计账簿记录的合法性和会计资料的真实性、完善性，明确经济业务，会计账簿应由专人负责登记。启用会计账簿应遵守以下规则。

1. 认真填写封面及账簿启用和经管人员一览表

启用会计凭证时应在账簿封面上写明单位名称和账簿名称，并在账簿扉页附账簿启用和经办人员一览表(简称启用表)。启用表内容主要包括账簿名称、启用日期、账簿页数、记账人员和会计机构负责人、会计主管人员姓名，并加盖名章和单位公章。

启用订本式账簿，应当从第一页到最后一页顺序编定页数，不得跳页、缺页。使用活页式账簿应当按账户顺序编号，并要定期装订成册；装订后再按实际使用的账页顺序编定页码，另加目录，记明每个账户的名称和页次。卡片式账簿在使用前应当登记卡片登记簿。

2. 严格交接手续

记账人员或者会计机构负责人、会计主管人员调动工作时，必须办理账簿交接手续。在账簿启用和经管人员一览表中注明交接日期、交接人员和监交人员姓名，并由双方交接人员签名或者盖章，以明确有关人员的责任，增强有关人员的责任感，维护会计记录的严肃性。

3．及时结转旧账

每年年初更换新账时，应将旧账的各账户余额过入新账的余额栏，并在摘要栏中注明"上年结转"字样。

三、会计账簿的登记原则

为了保证账簿记录的准确、整洁，应当根据审核无误的会计凭证登记会计账簿。

(1) 登记会计账簿时，应当将会计凭证日期、编号、业务内容摘要、金额和其他有关资料逐项计入账内，做到数字准确、摘要清楚、登记及时、字迹工整。每一项会计事项，一方面要记入有关的总账，另一方面要记入该总账所属的明细账。账簿记录中的日期应该填写记账凭证的日期。以自制原始凭证(如发料单、领料单等)作为记账依据的，账簿记录中的日期应按有关自制凭证上的日期填列。

(2) 账簿登记完毕后，要在记账凭证上签名或者盖章，并在记账凭证的"过账"栏内注明账簿页数或画对钩，注明已经登账的符号，表示已经记账完毕，避免重、漏记。

(3) 账簿中书写的文字和数字上面要留有适当的空格，不要写满格，一般应占格距的 1/2。

(4) 为了保持账簿记录的持久性，防止涂改，登记账簿必须使用蓝黑墨水或碳素墨水书写，不得使用圆珠笔(银行的复写账簿除外)或者铅笔书写。

(5) 特殊记账使用红墨水，在下列情况下，可以使用红色墨水记账：

① 按照红字冲账的记账凭证，冲销错误记录。

② 在不设借贷等栏的多栏式账页，登记减少数。

③ 在三栏式账户的余额栏前，如未印明余额方向的，在余额栏内登记负数余额。

④ 根据国家统一的会计制度的规定可以用红字登记的其他会计分录。

由于会计中的红字表示负数，因而除上述情况外，不得用红色墨水登记账簿。

(6) 在登记各种账簿时，应按页次顺序连续登记，不得隔页、跳行。如发生隔页、跳行现象，应在空页、空行处用红色墨水画对角线注销，或者注明"此页空白"或"此行空白"字样，并由记账人员签章。

(7) 凡需要结出余额的账户，结出余额后，应当在"借或贷"栏目内注明"借"或"贷"字样，以示余额方向。对于没有余额的账户，应在"借或贷"栏内写"平"字，并在"余额"栏用"θ"表示。先进日记账和银行存款日记账必须逐日结出余额。

(8) 每一账页登记完毕结转下页时，应当结出本页合计数及余额，写在本页最后一行和下页第一行相关栏内，并在摘要栏内注明"过次页"和"承前页"字样；也可以将本页合计数及金额只写在下页第一行相关栏内，并在摘要栏内注明"承前页"字样，以保持账簿记录的连续性，便于对账或结账。

对需要结计本月发生额的账户，结计"过次页"的本页合计数应当为自本月初起至本页末止的发生额合计数；对需要结计本年累计发生额的账户，结计"过次页"的本页合计数应当为自年初起至本页末止的累计数；对既不需要结计本月发生额也不需要结计本年累计发生额的账户，可以只将每页末的余额结转次页。

四、会计账簿的格式和登记方法

(一) 日记账的格式与登记方法

1. 普通日记账

普通日记账是根据日常发生的经济业务逐日逐笔地进行登记的账簿。在账簿中，要按照每日发生的经济业务的先后顺序编制会计分录，因此，普通日记账也称分录日记账。它的格式采用两栏式，即设有借方和贷方两个金额栏，不结余额。普通日记账的格式如表 7-6 所示。

表 7-6 普通日记账

第　页

年		凭证		摘要	借方科目	贷方科目	金额	过账
月	日	字	号					

普通日记账的登记方法如下：

(1) 日期栏：登记经济业务发生的日期。

(2) "凭证字号"栏：登记记账凭证的字号。

(3) "摘要"栏：登记经济业务的主要内容。

(4) 会计科目栏：登记会计分录应借、应贷的科目名称。

(5) "金额"栏：登记会计分录的借方金额和贷方金额。

(6) "过账"栏：每日应根据日记账中的会计分录登记总分类账，在此栏做标记。

2. 特种日记账

特种日记账是专门用来序时记录和反映某一类经济业务的账簿，企业常用的有库存现金日记账和银行存款日记账。一般经济单位都应设置库存现金日记账和银行存款日记账，用于序时核算现金和银行存款的收入、付出和结存情况，借以加强对货币资金的管理。为了防止账页散失和被随意调换，以及便于查阅，库存现金日记账和银行存款日记账必须采用订本式账簿，并为每一张账页按顺序编号。

1) 库存现金日记账

现金日记账是用来核算和监督库存现金每日的收入、支出和结存状况的账簿。它由出纳人员根据现金收款凭证、现金付款凭证和银行存款付款凭证，按经济业务发生时间的先后顺序，逐日逐笔进行登记。

现金日记账的结构一般采用"收入""支出""结余"三栏式。现金日记账中"年、月、日""凭证""摘要"和"对方科目"等栏，根据有关记账凭证登记；"收入"栏根据现金收款凭证和引起现金增加的银行存款付款凭证登记(从银行提取现金，只编制银行存款付款凭证);"支出"栏根据现金付款凭证登记。每日终了应计算全日的现金收入、支出合计数,并逐日结出现金余额,与库存现金实存数核对,以检查每日现金收付是否有误。每月期末,应结出当期"收入"栏和"支出"栏的发生额和期末余额,并与现金总分类账户核对一致,做到日清月结,账实相符。如账实不符,应查明原因。库存现金日记账的格式如表 7-7 所示。

登记现金日记账

表 7-7 库存现金日记账

年		凭证		对方科目	摘要	收入	支出	结余
月	日	种类	号码					

2) 银行存款日记账

银行存款日记账是逐日逐笔记录企业银行存款收、支及结存情况的会计账簿。银行存款日记账的设置便于了解企业大部分业务的收入、支出和结存情况,便于企业与开户银行之间核对账目,同时,便于检查企业执行银行结算制度的情况。

银行存款日记账一般由出纳人员登记,登账的主要依据是审核无误的银行存款收、付款凭证。除此之外,因为对于把现金存入银行业务只填制现金付款凭证,所以反映此类业务的现金付款凭证也是登记银行存款日记账的依据。登记银行存款日记账必须逐日逐笔登记入账,登记时按记账凭证号码顺序登记。因银行存款结算凭证种类较多,为了便于与银行查对账项,加强对支票等结算凭证的管理,在银行存款日记账中专设一个"结算凭证"栏。所以登记银行存款日记账时要注意把银行结算凭证的种类、号码填写清楚,以便于和银行对账单核对。银行存款日记账应每天结出余额,以便企业有关管理人员能及时掌握本单位的支付能力和银行存款的增减变动情况,会计人员可以根据银行存款日记账登记总账的有关账户。

银行存款日记账的格式有三栏式和多栏式两种。

三栏式的银行存款日记账设有收入、支出、结余三个金额栏,有时还设对应科目栏,如表 7-8 所示。

表 7-8 银行存款日记账(三栏式)

第　页

年		凭证	摘要	结算凭证		对应科目	收入	支出	结余
月	日	号数		种类	号数				

多栏式银行存款日记账就是指将银行存款"收入"栏和"支出"栏分别按照对应科目设置若干专栏，"收入"栏按贷方科目设置专栏，"支出"栏按借方科目设置专栏。现金日记账和银行存款日记账都必须使用订本账。

登记银行存款日记账

（二）总分类账的格式与登记方法

总分类账简称总账，是按照总分类科目，即总账科目开设并进行分类登记，提供总括核算资料的分类账簿。由于运用总分类账，可以全面、系统、综合地反映经济业务和财务收支情况，为编制会计报表提供资料；所以，任何单位都应设置总分类账。

在总分类账内，应由专职会计人员按照总分类账户的编号顺序开设户头，分设独立的账页，预留每个账户所需要的页数，每个账户预留页数的多少，应视该账户记录的经济业务的估计次数来确定。

总分类账簿应有专职会计人员负责登记，其登记方法有逐笔登记和汇总登记两大类，登记的直接依据有记账凭证、汇总记账凭证、科目汇总表、日记账等。由于总分类账簿的登记依据和登记方法受账务处理程序的制约，因此，在不同的账务处理程序下有不同的总分类账的格式和登记方法。总账一般采用借、贷、余三栏式账页，其一般格式和登记方法见表7-9。

表 7-9　总　分　类　账

账户名称：　　　　　　　　　　　　　　　　　　　　　　　　　　　　　　　第　　页

年		凭证号数	摘要	对应科目	借方	贷方	借或贷	余额
月	日							

总分类账各栏目的登记方法如下：

日期栏：填写记账凭证的填制日期。

"凭证号数"栏：填写登记总账所依据的记账凭证的字(现收、现付、银收或银付等)和编号。

"摘要"栏：依据记账凭证登账的，应填写与记账凭证中的摘要内容一致的内容；依据科目汇总表登账的，可填写"某日至某日发生额"字样；依据汇总记账凭证登账的，可填写"第×号至第×号记账凭证"字样。

"借方"栏：填写所依据凭证上记载的各账户的借方发生额。

"贷方"栏：填写所依据凭证上记载的各账户的贷方发生额。

"借或贷"栏：根据余额性质填列，如期末余额为零，则填写"平"字。

"余额"栏：计算填列。

（三）明细分类账的格式与登记方法

明细分类账简称明细账，是对各项经济业务按照各个明细分类账户进行分类登记的账簿。明细分类账是总分类账的明细记录，是按照总分类账的核算内容作了更详细的分类。它反映了某一具体类别经济活动的财务收支情况，对总分类账起补充说明的作用。明细分类账所提供的会计数据也是编制会计报表的重要依据。通常，各企业应根据经营管理的需要设置必要的明细分类账。

明细账由有关会计人员根据记账凭证、原始凭证或原始凭证汇总表进行登记。明细分类账的登记方法，应根据各个单位业务量的大小和经营管理上的需要，以及所记录的经济业务内容而定，可以根据原始凭证、汇总原始凭证或记账凭证逐笔登记，也可以根据这些凭证逐月或定期汇总登记。

明细分类账一般采用活页式账簿。明细分类账的账页格式有三栏式、数量金额式和多栏式三种。

1. 三栏式明细分类账

三栏式明细分类账的账页一般只设有"借方""贷方"和"余额"三个金额栏。这种格式一般适用于反映债权、债务结算情况和资本增减变动情况，如"应收账款""应付账款""实收资本"等明细分类账。三栏式明细分类账的格式如表 7-10 所示。

表 7-10　三栏式明细分类账

总会计科目：

明细会计科目：　　　　　　　　　　　　　　　　　　　　　　　　　　　　　　　第　　页

年		凭证		摘要	借方科目	贷方科目	借或贷	余额
月	日	字	号					

2. 数量金额式明细分类账

数量金额式明细分类账的账页格式和三栏式库存现金日记账的格式很像，但不同的是，它在"收入""发出""结余"三栏内，再分别设置"数量""单价""金额"等栏目。这种一般适用于那些既要进行金额明细核算，又要进行数量核算的财产物资类项目，如"原材料""库存商品"等明细分类账。数量金额式明细分类账的格式如表 7-11 所示。

表 7-11　数量金额式明细分类账

总会计科目：

明细会计科目：　　　　　　　　　　　　　　　　　　　　　　　　　　　　　　　第　　页

年		凭证字号	摘要	收入			发出			结余		
月	日			数量	单价	金额	数量	单价	金额	数量	单价	金额

3．多栏式明细分类账

多栏式明细分类账是根据经济业务的特点和经营管理的需要，在一张账页的借方栏或贷方栏设置若干专栏，集中反映有关明细项目的核算资料。它主要适用于只记金额、不记数量，而且在管理上需要了解其构成内容的费用、成本、收入、利润账户，如"生产成本""制造费用""管理费用""主营业务收入"等账户的明细分类账。"本年利润""利润分配"和"应交税金——应交增值税"等科目所属明细科目则需采用借、贷方均为多栏式的明细账。

多栏式明细账的格式视管理需要而呈多种多样。它在一张账页上，按明细科目分设若干专栏，集中反映有关明细项目的核算资料。例如，"制造费用明细账"在借方栏下可分设若干专栏，如工资、福利费、折旧费、修理费、办公费。其格式见表 7-12。

表 7-12　制造费用明细账

年		凭证		摘要	借方						贷方	金额
月	日	种类	号码		工资	福利费	折旧费	办公费	水电费	其他		

（四）总分类账与明细分类账

总分类账是按总账科目开设的，对经济内容进行总括核算的账户。明细分类账是按照明细科目开设的，对总分类账的经济内容进行明细分类核算，提供具体而详细核算资料的账户。由此可见，总分类账和明细分类账是既有联系又有区别的两类账户。

1．总分类账与明细分类账的关系

1）总分类账与明细分类账的内在联系

总分类账与明细分类账的内在联系主要表现在以下两个方面：

(1) 两者所反映的经济业务内容相同。例如，"原材料"总分类账户与其所属的"甲材料""乙材料"等明细分类账户都是用来反映原材料收发结存业务的。

(2) 登记账簿的原始依据相同。总分类账户与其所属的明细分类账户登记的依据都是经济业务发生时所取得的原始凭证，以及根据原始凭证所编制的记账凭证。

2）总分类账与明细分类账的区别

总分类账与明细分类账的区别主要表现在以下两个方面：

(1) 反映经济业务的详细程度不同。总分类账提供反映资金增减变化的总括情况。明细分类账提供反映资金运动的详细情况，如提供实物数量指标和劳动量指标等。

(2) 作用不同。总分类账提供的经济指标是明细分类账的综合，对所属明细分类账起着统驭作用。明细分类账是对有关总分类账的补充，起着补充和详细说明的作用。

2．总分类账和明细账的平行登记

平行登记就是指经济业务发生后，根据会计凭证一方面要登记有关总分类账，同时又要登记该总分类账户所属的有关明细分类账。总分类账与明细分类账平行登记的要点如下：

(1) 时期相同。企业对发生的每一笔需要提供详细指标的经济业务，一定要按发生时期在总分类账中进行登记。同时，也要按发生时期在其所属的明细分类账中进行登记，所登记的时期必须一致。

(2) 方向相同。对于每一项经济业务，记入总分类账户的方向应与记入其所属明细分类账户的方向一致。也就是说，如果总分类账户的金额记入借方(或贷方)，明细分类账户也应当记入借方(或贷方)。

(3) 金额相等。企业对于需要提供详细经济指标的每一项经济业务，登记某一总分类账户的金额，应当与登记在其所属的明细分类账户的金额之和相等。

(4) 依据相同。登记总分类账户的是根据这笔经济业务的记账凭证，而登记明细分类账户的依据则为记账凭证及其所附的原始凭证。因此，它们的依据是同一原始凭证。

第三节 对 账

对账就是定期地将各种账簿记录与有关资料进行核对，以确保账簿核算资料正确可信的会计工作。在会计实务中，由于自然的或人为的原因，难免会发生各种各样的差错，造成有关资料中有查考关系的数据不相符的情况。为了保证会计资料的真实性、准确性，为编制会计报表提供准确可靠的数据资料，各单位必须建立对账制度，经常或定期对账，尤其在结账以前必须对账。对账内容包括账证核对、账账核对和账实核对。

一、账证核对

账证核对是指核对会计账簿记录与原始凭证、记账凭证的时间、凭证字号、内容、金额是否一致，记账方向是否相符。账簿是根据经过审核之后的会计凭证登记的，但实际工作中仍然可能发生账证不符的情况。因此，记完账后，要将账簿记录与会计凭证进行核对，做到账证相符。

二、账账核对

(1) 总分类账簿与有关账户的余额核对。

通过"资产=负债+所有者权益"这一会计等式和"有借必有贷，借贷必相等"的记账规则，总分类账各账户的期初余额、本期发生额和期末余额之间存在对应的平衡关系，各账户的期末借方余额合计和贷方余额合计之间也存在平衡关系。通过这种等式和平衡关系，可以检查总账记录是否正确、完整。

(2) 总分类账簿与所属明细分类账簿核对。

各明细账发生额之和应与其所属的总分类账户的发生额相等，且方向一致；各明细账的余额之和应与其所属的总分类账的余额相等，且方向一致。明细账与其所属的总分类账的核对工作一般通过编制明细分类账户发生额及余额表进行。核对时，把表中所有明细账户的发生额合计数、余额合计数分别与其所属的总分类账户发生额及余额核对。

(3) 总分类账簿与序时分类账簿核对。

库存现金日记账和银行存款日记账期末余额与有关总分类账期末余额核对是否相符。

一般采用直接核对法。

(4) 明细分类账簿之间的核对。

会计部门财产物资明细分类账期末余额与财产物资保管和使用部门的有关财产物资明细分类账期末余额应核对相符。例如，会计部门有关库存商品的明细账与保管部门库存商品的明细账定期核对，以检查其余额是否相符。核对的方法一般是由财产物资保管部门或使用部门定期编制收发结存汇总表报会计部门核对。

三、账实核对

账实核对是在账账核对的基础上，将各种财产物资的账面余额与实存数额进行核对。由于实物的增减变化、款项的收付都要在有关账簿中如实反映，因此，通过会计账簿记录与实物、款项的实有数进行核对，可以检查、验证款项、实物会计账簿记录的正确性，以便于及时发现财产物资和货币资金管理中存在的问题，查明原因，分清责任，改善管理，保证账实相符。账实核对的主要内容包括：

(1) 现金日记账账面余额与现金实际库存数核对相符。

(2) 银行存款日记账账面余额与开户银行对账单核对相符。

(3) 各种材料、物资明细分类账账面余额与实存数核对相符。

(4) 各种债权债务明细账账面余额与有关债权、债务单位或个人的账面记录核对相符。

实际工作中，账实核对一般要结合财产清查进行。有关财产清查的内容和方法将在以后的章节介绍。

第四节　记账规则与错账更正

一、记账规则

(1) 根据审核无误的会计凭证登记账簿。

记账的依据是会计凭证。记账人员在登记账簿之前，应当首先审核会计凭证的合法性、完整性和真实性。这是确保会计信息的重要措施。

(2) 记账时要做到准确完整。

记账人员记账时，应当将会计凭证的日期、编号、经济业务内容摘要、金额和其他有关资料记入账内。每一会计事项，要按平行登记方法，一方面记入有关总账，另一方面记入总账所属的明细账，做到数字准确，摘要清楚，登记及时，字迹清晰工整。记账后，记账人员要在记账凭证上签章并注明所记账簿的页数，或画"√"表示已经登记入账，避免重记、漏记。

(3) 书写不能占满格。

为了便于更正记账和方便查账，在登记账簿时，书写的文字和数字上面要留有适当的空格，不要写满格，一般应占格距的1/2，最多不能超过2/3。

(4) 顺序连续登记。

会计账簿应当按照页次顺序连续登记，不得跳行、隔页。如果发生跳行、隔页，则应当将空行、空页用红色墨水对画线注销，并注明"作废"字样，或者注明"此行空白""此页空白"字样，并由经办人员盖章，以明确经济责任。

(5) 正确使用蓝黑墨水和红墨水。

登记账簿要用蓝黑墨水或碳素墨水书写，不得使用圆珠笔或者铅笔书写。这是因为各种账簿都有归档保管年限，国家规定一般账簿归档保管年限都在 10 年以上，有些关系到重要经济资料的账簿，则要长期保管，因此要求账簿记录保持清晰、耐久，以便长期查核使用，防止涂改。红色墨水只能在以下情况下使用：冲销错账；在未设借贷等栏的多栏式账页中，登记减少数；在三栏式账户的余额栏前，如未印明余额方向则在余额栏内登记负数余额；根据国家统一会计制度的规定可以使用红字登记的其他会计记录。在会计账簿上，书写墨水的颜色用错了，会传递错误的信息。由于红色表示对正常记录的冲减，因此红色墨水不能随意使用。

(6) 结出余额。

凡需要结出余额的账户，应按时结出余额。现金日记账和银行日记账必须逐日结出余额；债权债务明细账和各项财产物资明细账，每次记账后，都要随时结出余额；总账账户平时每月需要结出月末余额。结出余额后，应当在"借或贷"栏内写明"借"或者"贷"字样以说明余额的方向。没有余额的账户，应当在"借或贷"栏内写"平"字，并在余额栏内用"0"表示。一般来说，"0"应放在"元"位。

(7) 过次承前。

各账户在一张账页记满时，要在该账页的最末一行加计发生额合计数和结出余额，并在该行"摘要"栏注明"过次页"字样；然后，把这个发生额合计数和余额填列在下一页的第一行内，并在"摘要"栏内注明"承前页"，以保证账簿记录的连续性。

(8) 账簿记录错误应按规定的办法更正。

账簿记录发生错误时，不得括、擦、挖、补，随意涂改或用褪色药水更改字迹，应根据错误的情况，按规定的方法进行更正。

二、错账更正

如果账簿记录发生错误，必须按照规定的方法予以更正，不准涂改、挖补、刮擦或用药水消除字迹，不准重新抄写。错账更正方法有画线更正法、红字更正法和补充登记法。

(一) 画线更正法

画线更正法又称为红线更正法。在结账前若发现账簿记录有文字或数字错误，而记账凭证没有错误，可以采用此种方法。更正时，可在错误的文字或数字上画一条红线，在红线的上方用蓝字填写正确的文字或数字，并由记账及相关人员在更正处盖章。错误的数字，应全部画红线更正，不得只更正其中的错误数字。对于文字错误，可只画去错误的部分。

【例 7-1】 在账簿记录中，将 4 783.00 误记为 7 483.00 元。

错误的更正方法：只画去其中的"74"，改为"47"。

画线更正法

正确的更正方法：把"7 483.00"画去，并在上方用蓝字写上"4 783.00"。

（二）红字更正法

红字更正法是指用红字冲销原有错误的账户记录或凭证记录，以更正或调整账簿记录的一种方法。红字更正法通常有如下两种情况：

(1) 记账后在当年内发现记账凭证所记的会计科目错误，从而引起记账错误，可以采用红字更正法。更正时应用红字填写一张与原记账凭证完全相同的记账凭证，在摘要栏注明"冲销某月某日第×号记账凭证的错误"，并据以用红字登记入账，以示注销原记账凭证；然后用蓝字填写一张正确的记账凭证，在摘要栏内写明"补记某月某日账"，并据以记账。

【例 7-2】 A 车间领用乙材料 1 000 元用于生产。填制记账凭证时，误将借方科目写成"制造费用"，并已登记入账。原错误记账凭证为

借：制造费用　　　　　　　　　　　　　　1 000

　　贷：原材料　　　　　　　　　　　　　　　　　1 000

更正时，先用红字填制一张与原错误记账凭证内容完全相同的记账凭证，以冲销原错误记录。会计分录如下：

借：制造费用　　　　　　　　　　　　　　 1 000

　　贷：原材料　　　　　　　　　　　　　　　　　1 000

然后，再用蓝字填制一张正确的记账凭证。会计分录如下：

借：生产成本　　　　　　　　　　　　　　1 000

　　贷：原材料　　　　　　　　　　　　　　　　　1 000

(2) 记账后在当年内发现记账凭证所记录的会计科目无误而所记金额大于应记金额，从而引起记账错误，可以采用红字更正法。更正时应按多记的金额用红字编制一张与原记账凭证应借、应贷科目完全相同的记账凭证，在摘要栏内写明"冲销某月某日第 X 号记账凭证多记金额"以冲销多记的金额，并据以入账。

【例 7-3】 A 车间领用甲材料 2 000 元用于一般消耗，误做下列记账凭证，并登记入账。会计分录如下：

借：制造费用　　　　　　　　　　　　　　3 000

　　贷：原材料　　　　　　　　　　　　　　　　3 000

发现错误后，更正时应将多记的金额用红字作与上述科目相同的会计分录。会计分录如下：

借：制造费用　　　　　　　　　　　　　　 1 000

　　贷：原材料　　　　　　　　　　　　　　　　　1 000

红字更正法

（三）补充登记法

在记账之后，如果发现记账凭证中应借、应贷的账户没有错误，但所记金额小于应记金额，造成账簿中所记金额也小于应记金额，这种错账应采用补充登记法进行更正。更正的方法是：将少记金额用蓝笔填制一张与原错误记账凭证会计科目相同的记账凭证，在摘要栏内注明"补记某月某日第×号凭证"并予以登记入账，补足原少记金额，使错账得以

更正。

【例7-4】 收到某购货单位上月购货款180 000元,已存入银行。在填制记账凭证时,误将其金额写为150 000元,并据以入账。

借:银行存款　　　　　　　　　　150 000
　　贷:应收账款　　　　　　　　　　　150 000

发现错误后,应将少记的金额用蓝字编制一张与原记账凭证应借、应贷科目完全相同的记账凭证,登记入账:

补充登记法

借:银行存款　　　　　　　　　　30 000
　　贷:应收账款　　　　　　　　　　　30 000

错账更正的三种方法中,红字更正法中和补充登记法都是用来更正因记账凭证错误而产生的记账错误,非因记账凭证的差错而产生的记账错误只能用画线更正法更正。

以上三种方法是对当年内发现填写记账凭证或者登记账错误而采用的更正方法,如果发现以前年度记账凭证中有错误(指会计科目和金额)并导致账簿登记出现差错,应当用蓝字或黑字填制一张更正的记账凭证。因错误的账簿记录已经在以前会计年度终了进行结账或决算,不可能将已经决算的数字进行红字冲销,故只能用蓝字或黑字凭证对除文字外的一切错误进行更正,并在更正凭证上特别注明"更正××年度错账"的字样。

第五节　结　账

结账是在把一定时期内发生的全部经济业务登记入账的基础上,按规定的方法将各种账簿的记录进行小结,计算并记录本期发生额和期末余额。

为了正确反映一定时期内在账簿中已经记录的经济业务,总结有关经济活动和财务状况,为编制会计报表提供资料,各单位应在会计期末进行结账。会计期间一般按日历时间划分为月、季、年,结账于各会计期末进行,所以分为月结、季结、年结。

一、结账的基本程序

(1) 将本期发生的经济业务全部登记入账,并保证其正确性。

(2) 根据权责发生制的要求,调整有关账项,合理确定本期应计的收入和应计的费用。

例如,计提固定资产,计提坏账准备等,各项待摊费用按规定分摊并分别计入本期有关科目,属于本期的应计收益应确认计入本期收入等。

(3) 将有关科目进行结转,结平其余额。

例如,将损益类账户分别转入"本年利润"账户,将"制造费用"账户转入"生产成本"账户等。

(4) 结算出资产、负债和所有者权益账户的本期发生额和余额,并结转下期。

二、结账的方法

按照结算时期的不同,结账有月结、季结和年结三种。

(1) 月结。月结在每月终了进行。月结时，在库存现金日记账、银行存款日记账、总分类账和明细分类账各种账户本月末最后一笔记录下面画一条通栏单红线，在红线下摘要栏内注明"本月合计""本月发生额及余额"字样，在"借方"栏、"贷方"栏或"余额"栏分别填入本月合计数和月末余额，同时在"借或贷"栏内注明借贷方向。如无余额，在"余额"栏内写上"0"符号或在"借或贷"栏内写上"平"。然后，在这一行下面再画一条通栏单红线，以便与下月发生额划分开。

(2) 季结。季结时，通常在每季度的最后一个月月结的下一行的"摘要"栏内注明"本季合计"或"本季度发生额及余额"，同时结出借方、贷方发生总额及季末余额；然后，在这一行下面画一条通栏单红线，表示季结的结束。

(3) 年结。年度终了，要在12月份月结或第四季度季结的下一行的"摘要"栏内填写"本年合计"或"结转下年"字样，在"借方""贷方""余额"各栏，计算出本年发生额及余额；再在年结下面画通栏双红线，表示本年度经济业务记录的结束。

第六节　会计账簿的更换和保管

一、会计账簿的更换

企业应在每一会计年度结束、新的会计年度开始时，按会计制度规定更换账簿、建立新账，以保持会计账簿资料的连续性。总账、日记账和多数明细账应每年更换一次。在新年度开始时，将旧账簿中各账户的余额直接记入新账簿中有关账户新账页的第一行"余额"栏内。同时，在"摘要"栏内加盖"上年结转"戳记，并在旧账页最后一行数字下的空格画一条斜红线注销。这样就实现了新旧账户之间的余额转记，且不需填制凭证。

部分明细账，如固定资产明细账等，因年度内变动不多，故新年度可不必更换账簿。但"摘要"栏内要加盖"结转下年"戳记，以划分新旧年度之间的金额。备查账簿可以连续使用。

二、会计账簿的保管

会计账簿是会计主体的重要经济档案，在经营管理中具有重要作用。因此，每一个会计主体都应按照国家有关规定，对会计账簿进行完善的管理。

烧毁账簿害人害己

账簿日常保管应由各自分管的记账人员负责，未经单位领导和主管会计或其他有权人员批准，不许非经管人员翻阅、查看、摘抄和复制。除非司法介入、审计或者特殊需要，一般不允许任何人携带会计账簿外出。

此外，账簿交接时，应该明确责任，防止交接手续不清和可能发生的舞弊行为，保证账簿的安全和会计资料的完整。在账簿交接保管时，应将该账簿的页数、记账人员姓名、启用日期、交接日期等填列在账簿的扉页上，并由有关各方签字盖章。

年终装订归档的会计账簿应按照规定期限保管。《会计档案管理办法》中规定：总账(包

括日记总账)保管期限 30 年；明细账保管期限 30 年；日记账保管期限 30 年，现金和银行存款日记账保管期限 30 年；固定资产卡片账必须在固定资产报废清理后保管 5 年；辅助账簿保管期限 30 年。

会计账簿保管期满后，要按照会计档案管理办法的规定，由财会部门和档案部门共同鉴定，报经批准后进行处理。

课 程 实 践

【课程实践一】

对接会计账簿

你作为黄河贸易有限公司的会计，已经根据公司 2020 年 12 月发生的经济业务的原始凭证填制了记账凭证。此时，公司经理要看公司该年 12 月份所有账户的本期发生额和期末余额。如果你只拿收款凭证、付款凭证和转账凭证给他看，他是没办法知道到底有多少收入、支出及转账业务的往来的。那么应该怎样更清晰明了地表示出来呢？所以你应对接会计账簿。

【课程实践二】

一、目的

练习错账更正法。

二、资料

某企业在期末结账和对账工作中，发现下列经济业务编制记账凭证和登记账簿时记录有误。

(1) 企业以现金支付办公用品费 781 元。

借：管理费用 781
　　贷：库存现金 781

库存现金	管理费用
718	718

(2) 职工张斌出差暂借差旅费 280 元，企业以现金支付。

借：应付账款 280
　　贷：库存现金 280

库存现金	账付账款
280	280

(3) 以银行存款归还银行借款 15 000 元。

借：银行存款　　　　　　　　15 000

　　贷：短期借款　　　　　　　　　　15 000

短期借款		银行存款	
	15 000	15 000	

(4) 以现金支付公司本月业务招待费 580 元。

借：管理费用　　　　　　　　　850

　　贷：库存现金　　　　　　　　　　850

库存现金		管理费用	
	850	850	

(5) 收取违约罚款收入 3 800 元，已通过银行收款。

借：银行存款　　　　　　　　　380

　　贷：营业外收入　　　　　　　　　380

营业外收入		银行存款	
	380	380	

三、要求

根据上述错误的记账凭证或账簿记录，采用正确的更正方法进行更正。

【课程实践三】

一、目的

练习错账更正法。

二、资料

广州丽华公司在账证核对中，发现下列错误：

(1) 从银行提取库存现金 16 000 元，备发工资。

记账凭证为

借：库存现金　　　　　　　　16 000

　　贷：银行存款　　　　　　　　　16 000

账簿误记录为 1 600 元。

画线更正法

(2) 预付红光公司购货款 25 000 元。

记账凭证误为

借：预收账款　　　　　　　　25 000

　　　　　贷：银行存款　　　　　　　　　　25 000
　　更正：红字更正法
　　借：预收账款　　　　　　　　　　　　25 000
　　　　　贷：银行存款　　　　　　　　　　25 000
　　借：预付账款　　　　　　　　　　　　25 000
　　　　　贷：银行存款　　　　　　　　　　25 000

(3) 以银行存款支付公司行政部门用房的租金 2 300 元。
记账凭证误为
　　借：管理费用　　　　　　　　　　　　3 200
　　　　　贷：银行存款　　　　　　　　　　3 200
更正：补充登记法(红字调减)
　　借：管理费用　　　　　　　　　　　　900
　　　　　贷：银行存款　　　　　　　　　　900

(4) 开出现金支票 1 张，支付公司购货运杂费 540 元。
记账凭证为
　　借：材料采购　　　　　　　　　　　　450
　　　　　贷：银行存款　　　　　　　　　　450

三、要求

按有关错账更正规则进行更正。

本 章 小 结

　　会计账簿是以会计凭证为依据，对全部经济业务进行全面、系统、连续、分类记录和核算的簿记，是有专门格式并以一定形式连接在一起的账页组成的。设置和登记账簿是编制财务报表的基础，是连接会计凭证和财务报表的中间环节，起着承上启下的作用，在会计核算中具有重要意义。账簿可以按其用途、外表形式和账页格式等不同标准进行分类。账簿按其用途的不同可以分为序时账簿、分类账簿和备查账簿三类；账簿按其外表形式的不同可分为订本式账簿、活页式账簿和卡片式账簿三种；账簿按其账页格式的不同可分为两栏式账簿、三栏式账簿、多栏式账簿和数量金额式账簿四种。在启用新会计账簿时，应首先填写在扉页上印制的"账簿启用及交接表"中的启用说明，其中包括单位名称、账簿名称、账簿编号、起止日期、单位负责人、主管会计、审核人员和记账人员等项目，并加盖单位公章。

　　会计账簿登记，必须以经过审核的会计凭证为依据，并符合有关法律、行政法规和国家统一的会计制度的规定。任何单位都应当根据本单位经济业务的特点和经营管理的需要，设置一定种类和数量的账簿。

　　错账更正的方法有画线更正法、红字更正法和补充登记法。

　　对账就是定期地将各种账簿记录与有关资料进行核对以确保账簿核算资料正确可信的会计工作。对账内容包括账证核对、账账核对和账实核对。

结账就是在将本期发生的经济业务全部入账的基础上，在会计期末结算出各账户的本期发生额合计数及期末余额，对该期的经济活动进行总结。按照结算时期的不同，结账有月结、季结和年结三种。

会计账簿是会计主体的重要经济档案，在经营管理中具有重要作用。因此，每一个会计主体都应按照国家有关规定，对会计账簿进行完善的管理。

习 题 七

一、单项选择题

1. 多栏式银行存款日记账属于( )。

A. 总分类账　　　　　　　　　　B. 明细分类账

C. 备查簿　　　　　　　　　　　D. 序时账

2. 租入固定资产登记簿属于( )。

A. 序时账　　　　　　　　　　　B. 明细分类账

C. 总分类账　　　　　　　　　　D. 备查簿

3. 总分类账页的格式一般多采用( )。

A. 三栏式　　　　　　　　　　　B. 多栏式

C. 数量金额式　　　　　　　　　D. 横线登记式

4. 材料明细账的外表形式一般采用( )。

A. 订本式　　　　　　　　　　　B. 活页式

C. 三栏式　　　　　　　　　　　D. 多栏式

5. 在结账前如果发现账簿记录有错误，而记账凭证无错误，则应该采用( )进行更正。

A. 画线更正法　　　　　　　　　B. 红字更正法

C. 补充登记法　　　　　　　　　D. 直接冲销法

6. 记账后，发现记账凭证中应借、应贷会计科目有错误，应采用( )进行更正。

A. 画线更正法　　　　　　　　　B. 先红字冲减，再补记

C. 补充登记法　　　　　　　　　D. 直接红字冲减，不需补记

7. 根据记账凭证登账，误将 100 元记为 1000 元，应采用( )进行更正。

A. 画线更正法　　　　　　　　　B. 先红字冲减，再补记

C. 补充登记法　　　　　　　　　D. 直接红字冲减，不需补记

8. 不可以采用三栏式账页的有( )。

A. 总账　　　　B. 应付账款明细账

C. 现金日记账　　D. 原材料明细账

9. 下列账户中，只需根据记账凭证直接登记的账户是( )。

A. 原材料明细账　　　　　　　　B. 生产成本总分类账

C. 备查账　　　　　　　　　　　D. 生产成本明细账

10. 记账后发现记账凭证和账簿中所记金额小于应记金额，而应借应贷的会计科目并无错误，应采用( )进行更正。

A. 画线更正法
B. 先红字冲减，再补记
C. 补充登记法
D. 直接红字冲减，不需补记

二、多项选择题

1. 账簿按用途不同，可分为( )。

A. 序时账簿
B. 订本式账簿
C. 分类账簿
D. 备查账簿
E. 活页式账簿

2. 账簿按外表形式不同，可分为( )。

A. 序时账簿
B. 订本式账簿
C. 分类账簿
D. 卡片式账簿
E. 活页式账簿

3. 任何会计主体都必设置的账簿有( )。

A. 日记账簿
B. 活页账簿
C. 总分类账簿
D. 备查账簿
E. 明细分类账

4. 企业从银行提取现金 1 000 元，此项业务应在( )中登记。

A. 现金日记账
B. 银行存款日记账
C. 总分类账
D. 明细分类账

5. 在下列各账户中，可以采用多栏式明细账簿的是( )。

A. 生产成本
B. 管理费用
C. 原材料
D. 应收账款

6. 企业设置的现金日记账和银行存款日记账，应采用( )。

A. 序时账簿
B. 订本式账簿
C. 卡片式账簿
D. 分类账簿

7. 明细分类账的账页格式一般采用( )。

A. 三栏式
B. 多栏式
C. 数量金额式
D. 序时账

8. 采用画线更正法，其要点是( )。

A. 在错误的文字或数字上画一条红线注销
B. 在错误的文字或数字上画一条蓝线注销
C. 将正确的文字或数字用蓝字写在画线的上端
D. 更正人在画线处盖章

9. 对账的内容包括( )。

A. 账证核对
B. 账实核对
C. 备查账与总账核对
D. 账账核对

10. 错账的更正方法包括( )。

A. 画线更正法
B. 红字更正法
C. 补充登记法
D. 蓝字更正法

三、判断题

1. 银行存款日记账应属于总分类账。 ( )
2. 多栏式明细账多适用于收入、费用、成本类账户。 ( )
3. 由于记账凭证错误而造成的账簿记录错误，应采用画线更正法进行更正。 ( )

4. 明细账应逐笔登记，总账可以汇总登记，也可逐笔登记。 （ ）

5. 三栏式账簿一般适用于费用、成本等明细账。 （ ）

6. 现金及银行存款日记账应采用订本式账簿。 （ ）

7. 账页记满时，应在账页的最后一行加计本页发生额及余额，在摘要栏注明"过次页"，并在次页第一行摘要栏注明"承前页"字样，同时计入前页发生额和余额。 （ ）

8. 卡片式账簿的优点是实用性强，能够避免账页散失，防止不合法地抽换账页。

（ ）

9. 总分类账簿和明细分类账的登账依据都是记账凭证和原始凭证。 （ ）

10. 结账之前，如果发现账簿中所记文字或数字有过账笔误或计算错误，而记账凭证并没有错，可以采用画线更正法更正。 （ ）

四、简答题

1. 设置和登记账簿在会计记录方法中处于何种地位？账簿与会计凭证的关系如何？

2. 如何对账簿进行分类？

3. 简述登记现金日记账和银行存款日记账的人员、依据和方法。

4. 简述更正错账的方法及适用范围。

5. 为什么需要每年更换账簿？

五、案例分析

A 先生应聘为弘大公司的会计，发现弘大公司与其他公司不同，具体表现如下：

(1) 公司的所有账簿均采用活页式，理由是活页式账簿便于改错。

(2) 公司的往来账采用"抽单捏对"(将两联原始凭证对应上，表明该项业务完成)核对的方法，直接用会计凭证控制，不再记账。

(3) 在记账发生错误时允许使用涂改液，但是强调必须由有关责任人签字。

(4) 弘大公司经理要求 A 先生在登记"库存现金"总分类账的同时负责出纳工作。

经过三个月的试用期，尽管这家公司的报酬比其他类似公司高，但 A 先生还是决定辞职。请问他为什么辞职？该公司在会计处理方面存在什么问题？

习题七参考答案

第八章 财 产 清 查

【知识目标】

　　了解财产清查的概念、作用和种类，熟悉财产清查的一般程序，掌握各种财产物资的清查方法和财产清查结果的账务处理。

【能力目标】

　　能够使用正确的方法进行财产物资和债权债务的清查，能够准确进行银行存款余额调节表的编制，能够进行财产清查结果的账务处理。

【案例导读】

　　弘大公司主要领导人换届时，因工作交接的需要，进行了全面的财产清查，发现库存商品实存数量和账簿记录的数量存在较大差异。之前几年弘大公司未进行过财产清查，这就给了公司部分员工可乘之机，他们利用职务之便，盗窃公司库存商品。如果你是弘大公司的新上任领导，你会如何做，以防止此类现象的发生呢？

第一节　财产清查概述

　　虽然企业日常的经济业务的处理需要经过审核原始凭证，填制记账凭证，登记账簿等流程，并进行账证核对、账账核对等严密的处理方法，但是账存数和实存数仍然会产生差异。因此，会计人员运用财产清查的手段对各种财产物资进行定期或不定期的核对和盘点，具有十分重要的意义。

一、财产清查的定义

　　财产清查是通过对库存现金、实物资产的实地盘点和对银行存款、往来款项的核对询证，查明库存现金、实物资产、银行存款和往来款项的实存数和账存数是否相符以及账实不符的原因，从而保证账实相符的一种会计核算方法。其中，造成账实不符的原因主要有以下几点：

　　(1) 财产物资在运输、保管和收发过程中，在数量上发生自然增减变化，如干耗、销蚀、升重等自然现象。

　　(2) 在收发财产物资时，由于计量、计算、检验不准确而发生差错。

　　(3) 在财产物资增减变动时，没有及时地填制凭证，登记账簿，或者在填制凭证和登记账簿时发生了计算上或登记上的错误。

(4) 由于管理不善或工作人员失职造成财产物资变质、短缺等。

(5) 由于不法分子贪污盗窃、营私舞弊等造成财产物资损失。

(6) 自然灾害或非常事件造成财产物资损失。

(7) 未达账项引起账账不符和账实不符。

二、财产清查的作用

账产清查的作用如下：

(1) 保护企业财产的安全完整。

通过财产清查，可以验明企业的货币资金是否短缺，存货与固定资产是否存在变质、缺损等情况，及时分析原因，改进管理制度和方法，保障企业财产的安全、完整。

(2) 保证会计资料的真实性。

通过财产清查，进行实存数与账存数的核对，查明各项财产物资的实际情况，并进行账面结存数的调整，保证会计资料的真实性。

(3) 保证财经法规和结算制度贯彻执行。

通过对货币资金、实物资产和往来款项的清查，可以检验企业有关人员是否执行了相关的财经法规和结算纪律，是否存在贪污盗窃、挪用公款的情况。这样既保证了企业的结算符合相关法律法规，也督促企业工作人员自觉维护、遵守法律法规和结算制度。

(4) 挖掘财产物资潜力，提升企业财产物资的使用效率。

企业通过财产清查，可以及时查验现有财产物资的使用和结存情况。例如，进行库存商品的清查，检查企业生产或购进的商品是否存在滞销或供应不足的情况，及时分析原因，调整生产计划或购进计划；进行固定资产的清查，查明是否存在固定资产闲置的情况，如果存在这类情况，及时分析原因并进行相关处理，提高固定资产的使用效率。通过挖掘财产物资潜力，企业财产物资可以得到合理利用，不断提升企业财产物资的使用效率，进而提高企业的经济效益。

三、财产清查的种类

财产清查根据不同的分类依据可以分为以下三类：

(1) 依据清查的范围分为全面清查和局部清查。

全面清查是指对所有的财产进行全面的盘点和核对。全面清查的范围广，工作量大。需要进行全面清查的情况主要有以下几种：① 年终决算前；② 开展全面的资产评估、清产核资前；③ 合并、撤销或改变隶属关系前；④ 国内合资和中外合资前；⑤ 股份制改造前；⑥ 企业主要领导调离工作前。

局部清查是指根据需要只对部分财产进行盘点和核对。局部清查的范围小，内容少，涉及的人员较少，但是专业性较强。局部清查的范围主要包括：① 流动性较大的财产物资，如原材料、在产品、产成品，应根据需要随时轮流盘点或重点抽查；② 贵重财产物资，贵重财产物资每月都要进行清查盘点；③ 库存现金，每日终了出纳人员都应对库存现金进行清点核对；④ 银行存款，企业每月至少应同银行核对一次；⑤ 债权与债务，企业每年至少应同债权人和债务人核对一次。

全面清查和局部清查可以是定期清查，也可以是不定期清查。

(2) 依据清查的时间分为定期清查和不定期清查。

定期清查是指按照预先计划安排的时间对财产进行的盘点和核对。定期清查一般在月末、季末、年末进行。

不定期清查是指事前不规定清查日期，而根据特殊需要临时进行的盘点和核对，应根据实际需要来确定清查的对象和范围。需要进行不定期清查的情况有：① 发生自然灾害或意外损失时；② 财产物资或库存现金的保管人员发生变动时；③ 进行临时性清产核资时；④ 上级或国家有关部门决定对企业会计或业务进行检查时。

定期清查和不定期清查可以是全面清查，也可以是局部清查。

(3) 依据清查的执行系统分为内部清查和外部清查。

内部清查是指由企业内部自行组织清查工作小组所进行的财产清查工作。企业的大多数财产清查都是内部清查。

外部清查是指由上级主管部门、审计机关、司法部门、注册会计师等根据国家有关规定或情况需要对企业所进行的财产清查。一般来讲，进行外部清查时应有该企业的相关人员参加。

四、财产清查的一般程序

财产清查既是会计核算的一种专门方法，又是财产物资管理的一项重要制度。企业必须有计划、有组织地进行财产清查。一般在企业负责人的领导下，由会计、仓库等有关部门的人员组成财产清查专门小组，具体负责财产清查的领导工作。财产清查的一般程序如下：

(1) 成立财产清查小组。

(2) 组织清查人员学习有关法律、法规、政策规定及相关业务知识，以提高财产清查工作的质量。

(3) 确定清查对象、范围，明确清查任务。

(4) 制订清查方案，安排具体的清查内容、时间、步骤、方法，准备必要的清查工具。

(5) 清查时本着先清查数量、核对有关账簿记录等，后认定质量的原则进行。

(6) 填制盘存清单。

(7) 根据盘存清单，填制实物、往来账项清查结果报告表。

第二节　财产清查的方法

一、财产清查中账存数量的确定

企业进行财产清查时，需确定各财产物资的账面结存数量，并与各项财产物资的实存数量核对，以确定账存数量与实存数量是否相符。确定各项财产物资账面结存数量的方法也称为盘存制度。盘存制度有实地盘存制和永续盘存制两种。

1. 实地盘存制

实地盘存制也称定期盘存制，是指在期末以具体盘点实物的结果为依据来确认财产物资结存数量的方法。实地盘存制的具体做法是：平时只在账簿中登记财产物资的增加数，每到期末时，先对财产物资进行实地盘点，再根据实地盘点所得的实存数倒推出本期财产物资的减少数，完成账面记录，使账实相符。其计算方法如下：

本期减少数＝期初账面结存数＋本期账面增加数－期末盘点实存数

实地盘存制的优点是简化了核算手续，减少了工作量；缺点是不能随时反映财产物资的收发结存动态，不能通过账簿记录来加强财产物资管理工作。

2. 永续盘存制

永续盘存制也称账面盘存制，是指以账簿记录为依据来确认财产物资结存数量的方法。在这种制度下，各项财产物资的增减变动都必须根据会计凭证在有关账簿中进行连续的登记，并及时结算出各种财产物资的结存数。永续盘存制的优点是可以通过账簿记录，随时了解各种财产物资的收入、发出和结存情况，有利于加强财产物资管理。其缺点是核算工作量较大，需要投入较多的人力，采用永续盘存制也可能产生账实不符的情况，如变质、损坏、丢失等。

二、货币资金的清查方法

(一) 库存现金的清查

库存现金的清查是指通过清点出人民币和外币的数额来确定现金的实存数，然后与现金日记账的账面余额进行核对，以查验账实是否相符，一般采用实地盘点法。库存现金的清查一般由主管会计或财务负责人和出纳人员共同清点出各种纸币的张数和硬币的个数，并填制库存现金盘点报告表(见表 8-1)。对库存现金进行盘点时，出纳人员必须在场。

表 8-1　现金盘点报告表

年　　　月　　　日

实存金额	账存金额	对比结果		备注
		盘盈	盘亏	

盘点人(签章)　　　　　　　　　　　　　　　　　　出纳员(签章)

编制现金盘点报告表

(二) 银行存款的清查

银行存款的清查采用与开户银行核对账目的方法进行，即将本企业银行存款日记账的记录与开户银行转来的对账单逐笔核对，以查明银行存款的收入、支出和余额的记录是否正确。开户银行送来的银行对账单是银行在收付企业款项时复写的账页，它完整地记录了企业存放在开户行款项的增减变动及结存情况，是进行银行存款清查的重要依据。

在实际工作中，企业银行存款日记账余额与银行对账单余额往往存在不一致的情况。其主要原因如下：

(1) 双方账目发生错账、漏账。这种情况下，应先将截止到清查日的所有银行存款收付业务都登记入账后，对发生的错账、漏账应及时查清更正，再与开户银行转来的对账单逐笔核对。

(2) 正常的"未达账项"。所谓未达账项，是指由于企业与银行之间记账时间不一致而发生的一方收到凭证并已入账，另一方未收到凭证因而未能入账的账款。企业与银行之间的未达账项有以下四种情况：

① 企业已收款记账、银行未收款未记账的款项。
② 企业已付款记账、银行未付款未记账的款项。
③ 银行已收款记账、企业未收款未记账的款项。
④ 银行已付款记账、企业未付款未记账的款项。

如果存在未达账项，则应编制"银行存款余额调节表"进行调节，据以调整双方的账面余额，确定企业银行存款实有数，并验证调节后余额是否相等。

银行存款余额调节表是为核对企业与银行之间实际存款余额而编制的，列示了双方未达账项的报表。其编制方法主要有两种。

(1) 补记式：将银行对账单的余额与企业银行存款日记账余额都调整为正确数额，即双方在原有余额的基础上，各自补记对方已入账而本单位尚未入账的账项，然后检查经过调节后的账面余额是否相等。计算公式如下：

本单位银行存款日记账余额 + 银行已收本单位未收账项 − 银行已付本单位未付账项
= 银行对账单余额 + 本单位已收银行未收账项 − 本单位已付银行未付账项

(2) 还原式：又称冲销式，即双方在原有余额的基础上，各自将本单位已入账而对方尚未入账的账项，从本单位原有账面余额中冲销，然后检查经过调节后的账面余额是否相等。计算公式如下：

本单位银行存款日记账余额 + 本单位已付银行未付账项 − 本单位已收银行未收账项
= 银行对账单余额 + 银行已付本单位未付账项 − 银行已收本单位未收账项

【例 8-1】 2020 年 8 月 31 日，弘大公司银行存款日记账的账面余额为 61 000 元，银行转来的对账单的余额为 66 000 元，经逐笔核对，发现有下列未达账项：

(1) 8 月 23 日，企业采购原材料开出一张 1 800 元的现金支票，并已登记银行存款减少，但持票单位尚未到银行办理转账，银行尚未入账。

(2) 8 月 28 日，企业销售商品收到一张 2 000 元转账支票，将支票存入银行，并已登记银行存款增加，但银行尚未办理入账手续。

(3) 8 月 28 日，企业委托银行代收某公司购货款 8 000 元，银行已收妥并登记入账，但企业尚未收到收款通知，尚未记账。

(4) 8 月 30 日，银行代付电费 2 800 元，付款通知尚未到达企业，企业尚未入账。

据以上资料编制银行存款余额调节表，如表 8-2 所示。

表 8-2 银行存款余额调节表

2020 年 8 月 31 日 单位：元

项 目	金额	项目	金额
企业银行存款日记账余额	61 000	银行对账单余额	66 000
加：银行已收企业未收	8 000	加：企业已收银行未收	2 000
减：银行已付企业未付	2 800	减：企业已付银行未付	1 800
调节后的存款余额	66 200	调节后的存款余额	66 200

如果经银行存款余额调节表调节后双方余额相等，则表明双方记账没有差错；如果不相等，则表明企业和银行中的一方或双方存在记账差错，应进一步查明原因并予以更正。

需要注意的是，银行存款余额调节表只是为了核对账目，不能作为调整企业银行存款账面记录的依据。对于银行已经收款入账，而企业尚未收款未入账的未达账项，企业必须在收到银行送来的有关凭证后方可入账。

编制银行存款余额调节表

三、实物资产的清查方法

实物资产主要包括存货和固定资产等。实物资产的清查就是对实物资产在数量和质量上进行的清查。实物数量的清查方法中比较常用的有以下两种：

(1) 实地盘点法：是指通过现场逐一清点或用计量器具来确定实物的实存数量。实地盘点法适用范围较广，在多数财产物资清查中都可以使用。

现金和银行存款的清查

(2) 技术推算法：又称估推法，是指通过量方、计尺等推算出财产物资的结存数量。这种方法只适用于成堆量大、价值不高、逐一清点难度和工作量都较大的财产物资的清查。

对于实物的质量，应根据不同的实物采用不同的检查方法。例如，采用物理方法、化学方法等来检查实物的质量。

在实物清查过程中，实物保管人员和盘点人员必须同时在场。对于盘点结果，应如实登记盘存单，并由盘点人和实物保管人签字或盖章，以明确经济责任。盘存单既是记录盘点结果的书面证明，也是反映财产物资实存数的原始凭证。其一般格式如表 8-3 所示。

表 8-3 盘存单

单位名称： 盘点时间： 编号：

财产类别： 存放地点： 金额单位：

编号	名称	计量单位	盘点数量	单价	金额	备注

盘点人(签章)： 保管人(签章)：

根据盘存单所记录的实存数额与账面结存余额核对，发现某些实物财产账实不符时，

填制实存账存对比表，据以确定盘盈或盘亏的数额。实存账存对比表既是调整账面记录的原始依据，也是分析差异原因、查明经济责任的依据。其格式如表 8-4 所示。

表 8-4 实存账存对比表

编号	类别及名称	计量单位	单价	实存		账存		对比结果				备注
								盘盈		盘亏		
				数量	金额	数量	金额	数量	金额	数量	金额	

主管人员：　　　　　　　　　　会计：　　　　　　　　　　　　　制表：

四、往来款项的清查方法

往来款项主要包括应收账款、应付款项、预收账款、预付款项及其他应收款等。往来款项的清查一般采用发函询证的方法进行核对。发函询证法是通过信函、电询或面询等方式同对方企业核对账目的方法。在核对前，企业应先检查自身往来账项账目的正确性及完整性，查明账上记录无误后，根据有关明细分类账的记录，按用户编制对账单，送交对方企业进行核对。对账单一式两联，一联由对方企业留存，另一联为回单。如果对方企业核对相符，则应在回单上注明"核对相符"的字样并盖章后退回；如果数字不符，则应将不符的情况在回单上注明，或另抄对账单退回，以便进一步清查。在核对过程中如果发现未达账项，则双方都应采用调节账面余额的方法核对往来款项是否相符。

会计去仓库盘点合适吗

往来款项清查结束，应将清查结果编制往来款项清查报告单，填列各项债权、债务的余额。对于有争执的款项以及无法收回的款项，应在报告单上详细列明情况，并及时采取措施，避免或减少坏账损失。往来款项清查报告单的格式如表 8-5 所示。

表 8-5 往来款项清查报告单

总分类账户名称　　　　　　　　年　月　日

明细分类账户		清查结果		核对不符原因分析			备注
名称	账面金额	核对相符金额	核对不符金额	未达账项金额	有争议款项金额	其他	

清查员(签章)：　　　　　　　　　　　　　　　记账员(签章)：

第三节　财产清查结果的处理

一、财产清查结果的处理程序

企业应对财产清查的结果认真分析研究，以国家相关的法令、政策和制度为依据，进行严肃处理。其处理程序如下：

(1) 分析差异的性质，查明原因。

企业财产清查结束后，需根据实存数与账存数的对比结果，分析产生差异的性质，查明原因，明确经济责任，提出处理意见，并报送有关部门进行审批，按审批结果进行严肃认真的处理。

(2) 调整账簿记录，保证账实相符。

财务部门应针对财产清查中发现的差异，及时调整有关账簿的记录，做到账实相符，以保障会计资料真实准确。因为财产清查的结果需先报送有关部门进行审批，所以在进行账务处理时需要分为两步。首先，在审批之前先将查明的有关财产的盘盈、盘亏或损毁，根据盘存单编制会计凭证，并据以调整账簿记录，使账存数与实存数保持一致。其次，在收到批准之后，根据批复的意见编制记账凭证，登记有关账簿。

(3) 反思清查结果，建立健全管理制度。

通过对财产清查结果的分析，不仅要保障会计资料的真实准确，还要针对清查中发现的问题进行反思，认真总结经验教训，发扬优点，克服缺点，提出改进财产管理的有效措施，建立健全财产管理制度，以保障企业资产的安全完整。

二、财产清查结果的账务处理

为了反映和监督企业财产清查中发现的盘盈、盘亏和损毁数，企业应设置"待处理财产损溢"账户。"待处理财产损溢"账户是一个暂记账户，其借方登记财产物资的盘亏、损毁或按照批复进行财产物资盘盈的转销，贷方登记财产物资的盘盈数或按照批复进行盘亏、损毁的转销。对于财产清查的损溢，企业应及时查明原因，在期末结账前处理完。处理后该账户一般应无余额。如果在期末结账前未经批准，则在对外提供财务报表时，先按相关规定进行相应账务处理，并在附注中作出说明。之后，如果批准处理的金额与已处理金额不一致，则调整财务报表相关项目的期初数。

(一) 库存现金清查结果的账务处理

企业在库存现金清查中发现库存现金溢余或短缺时，应在收到批复之前，先根据"现金盘点报告表"，对属于现金溢余的，借记"库存现金"，贷记"待处理财产损溢——待处理流动资产损溢"；待查明原因，经批准后，属于应支付给有关人员和单位的，借记"待处理财产损溢——待处理流动资产损溢"，贷记"其他应付款"；属于无法查明原因的，借记"待处理财产损溢——待处理流动资产损溢"，贷记"营业外收入"；对属于现金短缺的，借记"待处理财产损溢——待处理流动资产损溢"，贷记"库存现金"；待查明原因，经批准后，属于应由责任方赔偿的部分，借记"其他应收款"，贷记"待处理财产损溢——待处理流动资产损溢"；属于无法查明原因的，借记"管理费用"，贷记"待处理财产损溢——待处理流动资产损溢"。

【例 8-2】 2020 年 8 月 31 日，弘大公司进行现金清查，发现库存现金短缺 500 元。经批准，应由出纳员赔偿 180 元，其余 320 元无法查明原因，由企业承担损失。弘大公司应进行如下账务处理。

(1) 发现库存现金短缺时：

借：待处理财产损溢——待处理流动资产损溢　　　　　500

贷：库存现金	500

（2）报经批准处理后：

借：其他应收款	180
管理费用	320
贷：待处理财产损溢——待处理流动资产损溢	500

（二）实物资产清查结果的账务处理

1. 存货清查结果的账务处理

企业在存货清查中发现存货盘盈、盘亏或损毁时，对盘盈的存货，在审批前应按实际成本借记"原材料""库存商品"等，贷记"待处理财产损溢——待处理流动资产损溢"，待批准后做冲减"管理费用"的，借记"待处理财产损溢——待处理流动资产损溢"，贷记"管理费用"；对盘亏或毁损的存货，在审批前应按实际成本借记"待处理财产损溢——待处理流动资产损溢"，贷记"原材料""库存商品"等，待批准后，借记有关账户，贷记"待处理财产损溢——待处理流动资产损溢"账户，属于收回的残料价值的，借记"原材料"，属于责任人赔偿的，借记"其他应收款"，属于非常损失(自然灾害等)部分的借记"营业外支出"，属于一般性经营损失部分的，借记"管理费用"。

【例 8-3】 弘大公司为增值税一般纳税人，2020 年 8 月 31 日因管理不善造成一批库存材料损毁。该批材料账面余额为 20 000 元，增值税进项税额为 2 600 元，未计提存货跌价准备，收回残料价值 1 000 元，应由责任人赔偿 5 000 元。不考虑其他因素，弘大公司应进行如下账务处理。

（1）发现库存材料损毁时：

借：待处理财产损溢——待处理流动资产损溢	22 600
贷：原材料	20 000
应交税费——应交增值税(进项税额转出)	2 600

（2）报经批准处理后：

借：原材料	1 000
其他应收款	5 000
管理费用	16 600
贷：待处理财产损溢——待处理流动资产损溢	22 600

2. 固定资产清查结果的账务处理

企业在固定资产清查中发现固定资产盘盈、盘亏时，对盘盈的固定资产，作为前期差错处理，在按管理权限经批准处理前，应先通过"以前年度损益调整"科目核算，借记"固定资产"，贷记"以前年度损益调整"，由于以前年度损益调整而增加的所得税费用，应借记"以前年度损益调整"，贷记"应交税费——应交所得税"，将以前年度损益调整科目余额转入留存收益时，借记"以前年度损益调整"，贷记"盈余公积——法定盈余公积""利润分配——未分配利润"；对盘亏的固定资产，在审批前应按其净值，借记"待处理财产损溢——待处理固定资产损溢"，按已提折旧，借记"累计折旧"，按计提的减值准备，借记"固定资产减值准备"，按原值，贷记"固定资产"，转出不可抵扣的进项税额，借记"待处理财产损溢——待处理固定资产损溢"，贷记"应交税费——应交增值税(进项税额转出)"，按管理权限报经批准后，属于责任人的部分，借记"其他应收款"，差额借记"营业外支出——盘亏损失"账户，贷记"待处理财产损溢——待处理固定资产损溢"。

【例8-4】　弘大公司为增值税一般纳税人。2020年8月31日进行财产清查时，发现短缺一台投影设备，原价为10 000元，已计提折旧7 000元，未计提减值准备，购入时增值税税额为1 300元。弘大公司应进行如下账务处理。

(1) 发现投影设备盘亏时：

借：待处理财产损溢——待处理固定资产损溢　　　　3 000
　　累计折旧　　　　　　　　　　　　　　　　　　7 000
　　　贷：固定资产　　　　　　　　　　　　　　　　　10 000

(2) 转出不可抵扣的进项税额时：

借：待处理财产损溢——待处理固定资产损溢　　　　390
　　　贷：应交税费——应交增值税(进项税额转出)　　　390

(3) 报经批准后：

借：营业外支出——盘亏损失　　　　　　　　　　　3 390
　　　贷：待处理财产损溢——待处理固定资产损溢　　　3 390

(三) 往来款项清查结果的账务处理

企业对于往来款项清查结果的处理不需要通过"待处理财产损溢"账户核算。对于查明确认无法收回的应收账款，经批准采用备抵法转销"坏账准备"时，借记"坏账准备"，贷记"应收账款"；对于经查明确实无法支付的应付账款应予以转销，经批准后转作营业外收入，借记"应付账款"，贷记"营业外收入"。

【例8-5】　弘大公司在年终清查往来款项时，发现应收取的铭诚公司货款113 000元，因该单位受到严重自然灾害的影响，货款无法收回。经批准后核销应收账款，弘大公司应进行如下账务处理：

借：坏账准备　　　　　　　　　113 000
　　贷：应收账款——铭诚公司　　　　　113 000

课 程 实 践

【课程实践一】

会计常用管理登记表

1. 现金抽查表

主办会计在对出纳抽查现金时，应对盘点事项做出记录，记录使用的现金抽查盘点表的格式如表8-6所示。

表 8-6 现金抽查盘点表

盘点时间	前日现金账余额	当日未入账收入	当日未入账发票金额	白条金额	库存现金应有金额	库存现金实际金额	盘存差额	差额原因	出纳签字
1	2	3	4	5	$6 = 2 + 3 - 4 - 5$	7	$8 = 6 - 7$	9	10

表 8-6 反映的是前一天的库存现金余额加上当天已收到的款项中还未入账的金额，再减去未入账的发票、白条等单据的金额后，账面反映的库存现金余额与实际盘点的金额之间是否存在差额。当存在差额时，若找不出原因，则在"差额原因"栏填写"原因不明"。该表是反映出纳工作质量，处理出纳长、短款的依据。

现金抽查是会计内部牵制制度的重要组成部分，一般由主办会计亲自操作。现金抽查盘点表由主办会计保管。主办会计每抽查一次，在表中填写一行，表中反映所有的抽查记录。年末，现金抽查盘点表应与其他会计资料一同归档。

2．应收、应付票据登记表

应收、应付票据一般不进行明细核算，主要原因如下：

(1) 收到或签发出去的票据对应的业务单位较多，且大多在一年内发生的次数并不多。

(2) 无论是收到的票据，还是签发出去的票据，都只有一个"一次性发生额"，即进行"一借一贷"或"一贷一借"两笔记录后绝对平账，不会有余额。

(3) 票据需要记载的内容较多，普通账页难以满足要求。

因此，采用登记表的方式对每一张票据的内容进行详细记录比较合适。应收票据登记表格式如表 8-7 所示。

表 8-7 应收票据登记表

收到票据记录			票 面 记 录				发出票据记录		
交票人	收票时间	入账凭证号	出票人	出票时间	到期时间	票据金额	发出时间	票据去向	入账凭证号

"交票人"栏填写交来票据人的名称。由于存在票据背书转让的情况，交来票据人的名称并不一定是票据上所填写的出票人的名称。在使用票据归还欠款时，应填写欠款人的账户名称，以免串户。

"票据去向"栏填写"到期收款""背书给××单位付材料款"等。

应付票据登记表的格式如表 8-8 所示。

表 8-8 应付票据登记表

申请交票人	付款项目	票面记录				票据入账凭证号	兑付记录	
		出票时间	到期时间	承兑银行	收票单位		支付日期	入账凭证号

"申请出票人"栏填写"供应部——××""设备部——×××"等。

"付款项目"栏填写经济业务的内容,如"付购××材料款""付购 C62 车床款"等。

应收、应付票据登记表由出纳保管。由于年末所登记的票据有可能未全部收款或兑付完毕,因此,应收、应付票据登记表不能像一般会计档案一样按年度归档,只能在年末时,将整张表上已全部收款或全部兑付完毕的表页统一编号后交档案管理员。存在未兑付行的应付票据登记表及存在未收款行的应收票据登记表接下年继续使用。

3.房产税、城镇土地使用税登记簿

房产税、城镇土地使用税都是一年内只申报一次。其账面记录上没有相同的数据作为计税依据,每年申报时应以上年的计税基础加、减本年度的新增部分或减少金额作为新的计税依据。将两税每年的申报情况登记在一张表上,一是免去了查找上年资料的麻烦;二是各年数据登记在一起,申报时可以起到对比、分析的作用。

房产税、城镇土地使用税登记表的格式如表 8-9 所示。

表 8-9 房产税、城镇土地使用税登记表

税款所属期间	申报时间	房 产 税					城镇土地使用税		
		原值	折算率	计税基数	税率	纳税金额	占地面积	单位税额/(元/平方米)	纳税金额

"折算率"栏是按照税法"依照房产原值一次减除 10%~30% 后的余值计算缴纳"的,规定填写"90%""70%"等。

$$计税基数 = 原值 \times 折算率$$

此登记表不是与一般会计档案存放在同一处保管的,而是由企业办税员单独保存、移交。为了防止丢失，可每年复印一份存放在一般会计档案中。

4．记账凭证传递登记簿

记账凭证在会计机构内部传递，一般不会出现丢失的情况。但在有些工作环境不和谐的会计机构，往往会出现一些不和谐的声音，今天这不见了，明天那又找不到了。一帮人相互推诿，甚至会有人为毁坏的情况。在这种不和谐的工作环境中，一定要有一个登记签收手续，以明确责任，杜绝丢失。

记账凭证传递登记簿的格式如表 8-10 所示。

表 8-10　记账凭证传递登记簿

月	日	凭证起止编号	制证人	接受人	备　注

"凭证类别"栏填写"收款凭证""付款凭证""转账凭证"等，凭证不分类(只有一种记账凭证)时，省略该栏。

"接受人"栏，第一个接受人传给第二个接受人时，由第二个接受人按顺序在第一个签收人后签字。

该登记簿由专职复核人员保管，不设专职复核岗位时，由主办会计保管。

5．反记账功能使用登记簿

会计软件中的反记账功能给实际操作带来了很大方便，大大减少了调账、冲账的工作量。但它的无痕迹修改也会留下无痕迹的后患，主要表现在已发出的报表上。为了防止报表发出后产生的不良后果，在报表已报出的情况下，使用该功能后一定要登记。

反记账功能使用登记簿的格式如表 8-11 所示。

表 8-11　反记账功能使用登记簿

反记账时间		反记账月份	反记账原因	对报表的影响			未收回旧表记录
月	日			改动项目	改动前金额	改动后金额	

改动项目有多项时，在"改动项目"栏逐行向下填写。

若在反记账时未编制报表，则在"未收回旧表记录"栏内注明"未编表"。

所有发出的旧表都应收回，"未收回旧表记录"栏相当于应收旧表备忘录。

该表的记录情况可以反映出复核岗位人员的工作质量，在绩效考核时也有很重要的作用。该表由账套主管人员保管，年末与一般会计档案统一归档。

6．拒绝报销凭证登记表

员工经手办理某项经济业务后，必须将记载该经济业务的原始凭证向会计部门报账，正常情况下，这些凭证就是记载这笔经济业务过程与结果的。如果员工所提供的原始凭证与其经办的经济业务不一致，则有可能是以下三个方面的原因造成的：

(1) 对方无办业务的经营所，不能提供正常的纳税凭证。

(2) 对方单位出于节税的目的，有意改变交易内容。

(3) 本企业经办员工有意从中作假。

在前两种情况下，经办人往往是由于价格的原因，只要企业领导同意，会计人员一般无权限制。拒绝报销凭证登记表是专门针对第三种情况的。

拒绝报销凭证登记表的格式如表8-12所示。

表8-12　拒绝报销凭证登记表

申请报销时间			申请人		凭证记录内容			拒报理由	事后反馈停息
年	月	日	部门	经办人	时间	业务内容	金额		

"凭证记录内容"栏填写报账人所提供的有疑义的原始凭证的内容。

"拒报理由"栏应写明实际经济业务的内容。在会计人员掌握了该项业务的实际交易金额后，还应在该栏注明实际交易金额。例如，凭证纯属造假，没有任何经济业务发生时直接注明"伪造"。

本登记表最主要的功能在于防止拒报的凭证改头换页后再次出现。因此，会计人员应跟踪该凭证的事后动态，在"事后反馈信息"栏注明。

本登记表由负责前期审核的人员填写、保管，不与一般会计档案存放在同一处。

7．经济合同登记表

大多数企业都有专门管理经济合同的部门。但财会部门作为合同履行条款中收款、付款的执行部门，是合同履行的最终归属，必须掌握企业全部经济合同的内容。因此，财会部门应主动要求管理企业的经济合同。

在会计上对经济合同的管理，应采取分类管理的模式，即将全部经济合同分为采购合同与销售合同两类，并分别由费用审核人员和销售核算人员负责登记管理。

对一次性付款即可履行完毕的采购合同及全部销售合同列入C类合同管理；对需要2～3次付款，半年内能全部履行完毕的采购合同列入B类合同管理；对需要4次及4次以上付款手续，超过半年才能履行完毕的采购合同列入A类合同管理。

(1) A类合同是履行期长、付款次数多的采购合同或建造合同。这类合同，其签约人往往在合同的履行期间变更合同内容。会计人员应该在付款时间、付款金额上监督合同的履行。A 类合同是经济合同管理的重点。

对于 A 类合同，应在合同文本前另加封面记录合同的履行情况。在合同文本封面上应摘录合同的重要条款内容，特别是付款条件，付款时间，并载明会计账户账页编号、电算化科目、供应商编码(其作用是快速查账)、合同类别及保管顺序号等。付款必须经过合同管理人员的审核。合同管理人员对照合同条款审核后，符合付款条件的，在签署付款凭证的同时，应当在合同封面及合同登记表上做付款记录。

合同登记表主要是起到检索、目录、汇总金额、统计会计年度各月应支付的货款总额的作用(在财务管理上需要对采购合同按付款时间汇总各月资金支付总额，以便于企业资金的筹集与管理)。

(2) 对于 C 类采购合同，因其大多数情况是在付款时签约经办人才将合同文本交会计人员，因此，在付款时对照合同付款条件付款后，该合同即履行完毕。合同管理人员在已履行完毕的合同文本上注明合同类别、顺序号，在合同登记表上进行登记后，对该合同的管理即告完成。

对未到付款时间，先行交会计部门备案的 C 类采购合同，管理人员在合同文本上注明合同类别、顺序号，在合同登记表上进行登记后，应单独存放(不与已付款完毕的合同放在一起，以便于付款时查找)。待付款后，再按顺序号存放在已付款的合同中。

作为 C 类管理的销售合同，管理人员在收到合同文本时，要在该文本上注明该客户的会计账户、账页编号、电算化科目、客户编码、客户信誉等级及保管顺序号等，并在合同登记表上登记。对销售合同的日常管理主要是根据合同的付款时间，结合账面登记数据，对不按时付款的客户发出催款通知，向该客户的分管销售人员通报其欠款情况，督促收款。

(3) B 类合同全部是采购合同，履行时间较短，合同履行中变更较少，而且，大多数情况下也是在支付第一笔款项后，签约经办人才将合同文本交给会计人员。其管理工作量较 A 类合同小，管理方法与 A 类合同相似。

A 类合同是会计合同管理的重点，在日常工作中，要做到合同封面记录、登记表记录、账户记录三处记录完全一致。

每个合同签订时都有编号，如果企业的合同不多，可以直接按合同本身的编号归档；如果企业的合同较多，归档时按原合同编号登记又不能满足需要时，必须重编号。

顺序号一般分为四段，从左至右：第一段为管理大类，即 A、B、C 三类；第二段为大类下的明细分类，材料采购合同以采购员姓名的缩写字母编写第二段，广告合同以"GG"编写第二段，办公用品采购合同以"BG"编写第二段，另设其他类，以"QT"为第二段编码；第三段以合同归档年月编号；第四段为明细分类下的顺序号。例如，"AGG060312"表示多次付款的 A 类合同下的广告合同，在 2006 年 3 月归档的第 12 份合同。再如，公司采购员李大强在 2006 年 7 月交来当月采购 10 吨钢材、当月一次付款的合同一份，其编号应为"CDQ0607??"，其中，"C"表示一次性付款的 C 类合同，"DQ"为采购员李大强的名字编写，"0607"表示 2006 年 7 月归档，"??"为当月登记表上的顺序编号。

单设财务部的企业，财务部的合同管理员要定期与会计人员核对相关供应商、销售客户的账户记录。

采购合同登记表见表 8-13。表中：

表 8-13 采购合同登记表

采购品种类别： 　　　　　　　　　　　　　　　　　　　　合同类别：

签约时间			供货单位		顺序号	合同内容摘录						付款记录	备注
年	月	日	名称	账户编码		品名及型号	数量	单价	金额	付款方式	合同号		
1	2	3	4	5	6	7	8	9	10	11	12	13	14

　　"采购品种类别"栏填写"机械设备""原材料——钢材类""原材料——木材类""低值易耗品——生产工具类"等。

　　"合同类别"栏填写"A""B"或"C"。

　　"品名及型号"栏，在一份合同采购多个品种时，可以只填其中一项主要品种的品名、数量、单价。

　　"金额"栏必须填写该合同的总采购金额，也可以分品名逐行填写。一份合同填写若干行。

　　"付款方式"栏填写"分×期付款""6月货到付款""预付30%"等。

　　"付款记录"栏记录每次付款的金额，A、B两类合同应将该栏加宽。

　　"备注"栏填写合同履行结果等内容，如"此合同已修改""终止""履行完毕"等。

　　销售合同登记表的格式如表 8-14 所示。

表 8-14 销售合同登记表

签约时间			购货单位				顺序号	合同编号	合同内容							备注
年	月	日	名称	账户编码	信誉等级	联系电话			品名、规格及型号	数量	单价	金额	发货时间	付款方式	付款时间	
1	2	3	4	5	6	7	8	9	10	11	12	13	14	15	16	17

　　"品名、规格及型号"栏，在一份合同销售多个品种时，可以只填写其中一项主要品种的品名、数量、单价。

　　"金额"栏必须填写该合同的总金额，也可以分品名逐行填写，一份合同填写若干行。

　　会计人员对客户往来账一般按销售地区进行分类、编码、设置账户，手工记账的单位也是按销售地区进行记账人员的分工。因此，销售合同登记表应按销售地区分别登记、编号。

　　销售合同登记表未设收款登记栏，原因是所有收款都是企业出纳最先得到停息，并在收款日入账，另行登记收到客户货款情况有可能已滞后于账簿记录，因此，登记意义不大，而且会增加日常工作量。

会计人员对销售合同的管理是一种被动式的管理，销售合同对会计人员最重要的作用是在客户延期付款时作为催收货款的依据。

建造合同与采购合同差异很大，应另行登记。建造合同登记表的格式如表8-15所示。

表8-15　建造合同登记表

签约时间			承建单位		合同内容摘录				付款记录
年	月	日	单位名称	账户编号	工程名称	金额	付款方式	合同号	
1	2	3	4	5	6	7	8	9	10

建造合同的 A 类合同中，经常有与同一签约方就不同的工程内容多次签约的情况。对于这种情况，合同管理人员除按统一方式登记建造合同登记表外，还应对同一签约单位的各份合同进行汇总登记。多次签约合同汇总表的格式如表8-16所示。

表8-16　多次签约合同汇总表

签约时间			承建单位		合同内容摘录				付款记录
年	月	日	单位名称	账户编号	工程名称	金额	付款方式	合同号	
1	2	3	4	5	6	7	8	9	10

注：第10栏"可付款金额"＝第7栏"签合同金额"合计数－第8栏"付款金额"合计数。

第11栏"应收发票金额"＝第8栏"付款金额"合计数－第9栏"发票金额"合计数。

8．异常金额登记表

审核人员在进行科目发生额、账户余额审核时，若发现有与经常性的会计业务不协调的金额时，一是要追根索源，查证落实；二是要登记备查。

对异常金额登记有以下作用：一是写报表说明时必须对异常原因进行说明；二是领导查询时不必即时查账；三是在出现账实不符时，首先需要复查的就是与异常金额相关的经济业务内容；四是作为备忘录。

科目异常发生额记录表的格式如表 8-17 所示，账户异常金额记录表的格式如表 8-18 所示。

表 8-17　科目异常发生额记录表

| 会计期 | 科目名称 | 凭证 | | 摘　要 | 方　向 | 金　额 | 查证记录 |
		类	号				

表 8-18　账户异常余额记录表

会计期	一级科目名称	账户名称	方　向	余　额	查证记录

表 8-17 和表 8-18 除具有前述作用外，同时还是复核人员业务水平及工作质量检验的一种记录。何为"异常"，通常情况下只能凭复核人员的"专业判断"来确定。通常所说的"异常"金额，就是与日常账面所记录的金额比较而言的，相对比较大或特别大的数字，以及发生方向异常的金额。

9．主办会计检查下属工作记录表

主办会计应对企业全部会计核算的过程及结果的合法性、真实性、相关性、完整性承担责任，但主办会计不可能承担全部的会计核算工作。因此，主办会计必须在日常工作中有保证其下属员工工作质量的手段。检查下属员工的工作是最有效的保证手段之一。

大多数企业的主办会计，仍然要承担一部分一般会计的工作，检查下属员工的工作是在做好本职工作的同时进行的。同时，主办会计还承担着对下属员工的辅导、监督工作，日常的辅导、监督都是在检查的工作过程中实施的。

虽然企业主办会计承担企业会计核算的全部责任，但并不是经办会计人员就没有任何责任，为了明确主办会计与其下属员工间的责任界限，主办会计必须对其所实施的检查过程进行记录。

年度主办会计检查下属工作记录表的格式如表 8-19 所示。

表 8-19　(　)年度主办会计检查下属工作记录表

| 检查时间 | | 被检查人 | 检查内容 | √ | 误差记录 | | |
月	日				金额误差	错误科目	出错原因

"误差记录"栏中，"金额误差"填写"少计××元""多计××元"等。

该记录表是主办会计的工作记录，其工作质量如何，从该表的记录中也可以反映出来。

同时，该表也直接反映出了其下属员工的工作质量。

　　主办会计对在检查中发现有差错的员工，在连续两个月内要连续抽查，以督促其加强学习、不犯同类错误、提高工作质量。对同类业务，在连续的抽查中发现有错者，说明其并不适合该项工作，应调换岗位或申请调离。

　　会计机构人员不多时，表8-19可以按人设置。主办会计检查下属工作记录表的格式如表8-20所示。

表8-20　主办会计检查下属工作记录表

被检查人：　　　　　　　　　　　　　　　　　　　　　　　　年度：

检查时间		检查内容	√	误差记录		
月	日			金额误差	错误科目	出错原因

　　通过主办会计检查下属工作记录表，被检查员工的业务能力、工作质量可以一览无余。

【课程实践二】

出纳的交接

一、出纳交接概述

　　出纳交接，是指出纳人员在调动或离职时，由离任的出纳人员将有关工作资料和票证移交给继任出纳人员的工作过程。出纳人员凡因故调动、离职、请假时，均应向接替人员办理相关的交接手续，没有办理移交手续的，不得调动或离职。

　　出纳人员因为以下原因，需要办理交接手续：

　　(1) 出纳人员辞职或离开原单位。

　　(2) 企业内部工作变动不再担任出纳职务。

　　(3) 出纳岗位轮岗调换到会计岗位。

　　(4) 出纳岗位内部增加工作人员进行重新分工。

　　(5) 因病假、事假或临时调用，不能继续从事出纳工作。

　　(6) 因特殊情况如停职审查等按规定不宜继续从事出纳工作的。

　　(7) 企业因其他情况按规定应办理出纳交接工作的，如企业解散、破产、兼并、合并、分立等情况发生时，出纳人员应向接收单位或清算组移交的。

二、出纳移交范围

　　出纳交接的具体内容根据各单位的具体情况而定，情况不一样，移交的内容也不一样，但总体来看，出纳交接工作主要包括以下几个方面：

　　(1) 财产与物资，是指会计凭证(如原始凭证、记账凭证)，会计账簿(如现金日记账、银行存款日记账等)，相关报表(如出纳报告等)，库存现金、银行存款、金银珠宝、有价证券和其他一切公有物品，用于银行结算的各种票据、票证、支票簿等，各种发票、收款收据(如空白发票、空白收据、已用或作废的发票或收据的存根联等)，印章(如财务专用章、银行预留印鉴以及"现金收讫""现金付讫""银行收讫""银行付讫"等业务专用章)，各种文件资料和其他业务资料(如银行对账单、保管的合同、协议等)，界定、办公桌与保险工具的钥匙，各种密码等，本部门保管的各种档案资料和公用会计工具、器具等，以及经办未了的事项。

(2) 电算化资料，是指会计软件及密码、磁盘、磁带等有关电算化的资料、实物等。

(3) 业务介绍，是指原出纳人员工作职责和工作范围的介绍，每期固定办理的业务介绍(如按期交纳电费、水费、电话费的时间等)，复杂业务的具体说明(如交纳电话费的号码、台数等，银行账户的开户地址、联系人等)，历史遗留问题的说明，以及其他需要说明的业务事项。

三、出纳工作的交接程序

出纳交接一般分为移交前的准备阶段、办理交接阶段及交接结束三个阶段。

1．移交前的准备工作

为了使出纳工作移交清楚，防止遗漏，保证出纳交接工作顺利进行，出纳人员在办理交接手续前，必须做好以下准备工作：

(1) 将出纳账登记完毕，并在最后一笔余额后加盖名章。

(2) 在出纳账启用表上填写移交日期，并加盖名章。

(3) 整理应该移交的各项资料，对未了事项附上书面材料。

(4) 出纳日记账与现金、银行存款总账核对相符，现金账面余额与实际库存现金核对一致，银行存款账面余额与银行对账单核对无误。如有不符，要找出原因，弄清问题所在并加以解决，务求在移交前做到相符。

(5) 编制移交清册，列明应当移交的会计凭证、账簿、报表、印章、现金、有价证券、支票簿、文件、其他会计资料和物品等内容。

2．交接阶段

出纳人员的离职交接，必须在规定的期限内，向接交人员移交清楚。接交人员应认真按移交清册当面点收。

(1) 现金、有价证券要根据出纳账簿余额进行点收。接交人发现不一致时，移交人员要负责查清。

(2) 出纳账和其他会计资料必须完整无缺，不得遗漏。如有短缺，由移交人员查明原因，在移交清册中注明，由移交人负责。

(3) 接交人应核对出纳账与总账、出纳账与库存现金和银行对账单的余额是否相符。如有不符，应由接交人查明原因，在移交清册中注明，并负责处理。

(4) 接交人按移交清册点收公章(主要包括财务专用章、支票专用章和领导人名章)和其他实物。

(5) 实行电算化的单位，必须将账页打印出来，装订成册，书面移交。

(6) 接交人办理接收后，应在出纳账启用表上填写接收时间，并签名盖章。

3．交接结束

交接完毕后，交接双方和监交人，要在移交清册上签名或盖章。移交清册必须具备以下内容：

(1) 单位名称。

(2) 交接日期。

(3) 交接双方和监交人的职务及姓名。

(4) 移交清册页数、份数和其他需要说明的问题和意见。

移交清册一式三份，交双方各执一份，存档一份。

四、出纳移交表

移交表，主要包括库存现金移交表、银行存款移交表、有价证券、贵重物品移交表、核算资料移交表和物品移交表，以及交接说明书等。

(1) 库存现金移交表格式，如表 8-21 所示。

表 8-21　库存现金移交表

币种：　　　　　　　　移交日期：　　　年　月　日　　　　　　　　单位：元

序　号	币　别	数　量	移交金额	接收金额	备　注
1	100 元				
2	50 元				
3	10 元				
4	5 元				
5	2 元				
6	1 元				
7	5 角				
8	2 角				
9	1 角				
10	5 分				
11	2 分				
12	1 分				

单位负责人：　　　　　　移交人：　　　　　　监交人：　　　　　　接管人：

(2) 银行存款移交表格式，如表 8-22 所示。

表 8-22　银行存款移交表

移交日期：　　　　　年　月　日　　　　　　　　　　单位：元

	币　种	期　限	账　面　数	实　有　数	备　注
合计					

附：① 银行存款余额调节表 1 份；

　　② 银行预留卡片 1 张。

单位负责人：　　　　　　移交人：　　　　　　监交人：　　　　　　接管人：

(3) 有价证券、贵重物品移交表格式，如表 8-23 所示。

表 8-23　有价证券、贵重物品移交表

移交日期：　　　　　　　　年　月　日　　　　　　　　单位：元　　　　　第　页

名　称	购入日期	单　位	数　量	金　额	备　注
××债券					
××股票					
××票据					
××贵重物品					
××投资基金					

单位负责人：　　　　　　移交人：　　　　　　监交人：　　　　　　接管人：

(4) 核算资料移交表格式，如表 8-24 所示。

表 8-24　核算资料移交表

移交日期：　　　　　　　　年　月　日　　　　　　　　单位：元　　　　　第　页

名称	年　度	数　量	起止号码	备　注
现金收入日记账				
现金支出日记账				
银行存款收入日记账				
银行存款支出日记账				
收据领用登记簿				
发票领用登记簿				
收　据				
现金支票				
转账支票				

单位负责人：　　　　　　移交人：　　　　　　监交人：　　　　　　接管人：

(5) 物品移交表格式，如表 8-25 所示。

表 8-25　物品移交表

移交日期：　　　　　　　　年　月　日　　　　　　　　　　　　　第　页

名　称	编　号	型　号	购入日期	单　位	数　量	备　注
文件柜						
装订机						
复印机						
打印机						
保险机						
照相机						
财务印章						

单位负责人：　　　　　　移交人：　　　　　　监交人：　　　　　　接管人：

(6) 出纳人员工作交接书格式,如图8-1所示。

交 接 说 明 书

因原出纳人员王××辞职,财务处已决定将出纳工作移交给李××接管。现办理如下交接手续:

一、交接日期:20××年××月××日

二、具体业务的移交

1. 库存现金:××月××日账面余额××元,实际相符,月记账余额与总账相符。

2. 库存国库券:××××元,经核对无误。

3. 银行存款余额××××元,经编制"银行存款余额调节表"核对相符。

三、移交的会计凭证、账簿、文件

1. 本年度现金日记账一本。

2. 本年度银行存款日记账两本。

3. 空白现金支票××张(×××号至×××号)。

4. ......

四、印鉴

1. ××公司财务处转讫印章一枚。

2. ××公司财务处现金收讫印章和付讫印章各一枚。

五、交接前后工作责任的划分

20××年××月××日前的出纳责任事项由王××负责;20××年××月××日起的出纳工作由李××负责。以上移交事项均经交接双方认定无误。

六、本交接书一式三份,双方各执一份,存档一份。

移交人:王××(签名盖章)

接管人:李××(签名盖章)

监交人:彭××(签名盖章)

财务处(公章):

×××公司

20××年××月××日

图8-1 出纳人员工作交接书

五、出纳交接应注意的事项

在进行出纳交接时,应注意以下内容:

(1) 出纳人员进行交接时,一般应由会计主管人员监交,必要时还可请上级领导监交。

(2) 监交过程中,如果移交人交代不清,或者接交人故意为难,监交人员应及时处理裁决。移交人不作交代,或者交代不清的,不得离职。否则,监交人和单位领导人均应负连带责任。

(3) 移交时,交接双方人员一定要当面看清、点数、核对,不得由别人代替。

(4) 交接后,接管的出纳人员应及时向开立账户的银行办理更换出纳人员印鉴的手续,检查保险柜的使用是否正常、妥善,保管现金、有价证券、贵重物品、公章等的条件和周围环境是否齐全。如果不够完善、安全,则要立即采取改善措施。

(5) 接管的出纳人员应继续使用移交的账簿，不得自行另立新账，以保持会计记录的连续性。对于移交的银行存折和未经使用的支票，应继续使用，不要把它搁置、浪费，以免单位遭受损失。

(6) 交接后，移交人员应对自己经办的已经移交资料的合法性、真实性承担法律责任，不能因为资料已经移交而推脱责任。

【课程实践三】

一、目的

通过练习，掌握固定资产盘盈、盘亏的账务处理方法。

二、资料

黄河公司在对固定资产的清查中，编制的"实存账存对比表"的内容如下：

(1) 在财产清查过程中，发现账外设备一台，该类设备的市场价格为 22 600 元，根据该设备的新旧程度估计其已提折旧为 5 600 元，经查明系记账差错所致。

(2) 在财产清查过程中，盘亏设备一台，其账面原价为 8 000 元，累计已提折旧为 2 000 元。已按规定程序上报待批。

(3) 上述盘亏的设备，经批准转为营业外支出处理。

(4) 因火灾毁损机床一台，其账面原价为 30 000 元，累计已提折旧为 13 000 元。已按规定程序上报待批。

(5) 上述毁损的机床，系火灾造成，保险公司已同意赔偿 9 000 元，残值变卖取得现金收入 500 元，其余损失经批准转为营业外支出处理。

三、要求

根据上述资料，编制会计分录。

【课程实践四】

一、目的

通过练习，掌握财产物资清查结果账务处理的方法。

二、资料

黄河公司在财产清查中发生下列业务：

(1) 盘亏设备一台，原值 50 000 元，已提折旧 10 000 元。经批准作营业外支出处理。

(2) A 商品盘亏 14 件，每件 200 元。经查明原因，既有仓库保管员保管不善所致，也与公司管理制度不健全有关。经批准，其中的 500 元由责任人赔偿，2 300 元列入管理费用。

(3) B 材料盘盈 5 公斤，每公斤 10 元。盘盈是因为计量不准造成，经批准冲减管理费用。

(4) 在对库存现金的清查中，库存现金盘盈 60 元。因原因不明，经批准转作营业外收入处理。

(5) 应收某单位所欠货款 3 000 元，现已查明该单位因发生火灾，使生产经营受到重大损失，所欠款已无法收回。经批准予以核销。

(6) 清查中，已查明应付某单位的购料款 5 800 元，因该单位撤销，已无法支付。经批准予以核销。

三、要求

根据上述资料，编制会计分录。

本 章 小 结

财产清查是指通过对库存现金、实物资产的实地盘点和对银行存款、往来款项的核对询证，查明库存现金、实物资产、银行存款和往来款项的实存数和账存数是否相符以及账实不符的原因，从而保证账实相符的一种会计核算方法。财产清查在企业资产管理中具有重要的作用。

财产清查根据不同的分类依据可以分为全面清查和局部清查，定期清查和不定期清查，内部清查和外部清查。

库存现金的清查一般采用实地盘点法，一般由主管会计或财务负责人和出纳人员共同清点出各种纸币的张数和硬币的个数，并填制库存现金盘点报告表。在实际工作中，企业银行存款日记账余额与银行对账单余额往往存在不一致的情况，如果存在未达账项，应编制银行存款余额调节表进行调节，并验证调节后余额是否相等。

实物数量确定方法有实地盘点法和技术推算法；实物的质量的检查方法有物理方法、化学方法等。对于实物资产的盘点结果，应如实登记盘存单。根据盘存单所记录的实存数额与账面结存余额核对，发现某些实物财产账实不符时，填制实存账存对比表。

往来款项的清查一般采用发函询证的方法进行核对。在核对前，企业应先检查自身往来账项账目的正确性及完整性，查明账上记录无误后，根据有关明细分类账的记录，按用户编制对账单，送交对方企业进行核对。往来款项清查结束，根据清查结果编制往来款项清查报告单。

为了反映和监督企业财产清查中发现的盘盈、盘亏和损毁数，企业应设置"待处理财产损溢"账户。其借方登记财产物资的盘亏、损毁或按照批复进行财产物资盘盈的转销，贷方登记财产物资的盘盈数或按照批复进行盘亏、损毁的转销。对于财产清查的损溢，企业应及时查明原因，在期末结账前处理完，处理后该账户一般应无余额。

习 题 八

一、单项选择题

1. 对银行已入账而企业未入账的未达账项，企业应当( )。

A. 根据银行对账单金额入账

B. 根据"银行存款余额调节表"和"银行对账单"入账

C. 在编制"银行存款余额调节表"时入账

D. 待有关原始凭证到达时入账

2. 清查中，当发现现金盘盈时，应贷记(　　)。

A. "其他应收款"科目

B. "待处理财产损溢——待处理流动资产损溢"科目

C. "库存现金"科目

D. "应收账款"科目

3. 企业在原材料清查中，发现原材料比账面余额短缺，在未查明原因之前，应借记的会计科目是(　　)。

A. 营业外支出　　　　　　　　　　B. 其他应收款

C. 待处理财产损溢　　　　　　　　D. 管理费用

4. 逐日或逐笔登记原材料收入、发出的数量和金额，并随时计算列出其结存数量和金额的存货盘存方法是(　　)。

A. 永续盘存制　　　　　　　　　　B. 定期盘存制

C. 权责发生制　　　　　　　　　　D. 收付实现制

5. 银行存款的清查，主要采用核对账目的方法。核对的账目是(　　)。

A. 银行存款日记账与银行存款总账　　B. 银行存款日记账与银行对账单

C. 银行存款日记账与现金日记账　　　D. 银行存款总账与银行对账单

6. 对于经查明确认无法支付的应付账款，经批准后应(　　)。

A. 计入营业外支出　　　　　　　　B. 计入管理费用

C. 计入营业外收入　　　　　　　　D. 计入其他业务收入

7. 对于应收而又长期收不回来的款项，经批准，应(　　)。

A. 冲减坏账准备　　　　　　　　　B. 计入管理费用

C. 计入营业外收入　　　　　　　　D. 计入营业外支出

8. 对于企业与银行之间的未达账项，可通过编制(　　)进行调整，以确定企业的银行存款日记账是否有错。

A. 账存实存对比表　　　　　　　　B. 银行存款余额调节表

C. 现金盘点报告表　　　　　　　　D. 盘存单

9. 财产清查中，查明盘亏的原材料属于定额内的自然损耗，应记入(　　)。

A. 不需要单独记账　　　　　　　　B. 管理费用

C. 营业外支出　　　　　　　　　　D. 销售费用

10. 下列资产项目，在财产清查中如发现账实不符，不需要通过"待处理资产损溢"科目核算的是(　　)。

A. 库存商品　　　　　　　　　　　B. 原材料

C. 库存现金　　　　　　　　　　　D. 应收账款

11. 对各项应收账款、应付账款的清查方法，一般采用(　　)。

A. 函证核对法　　　　　　　　　　B. 技术推算法

C. 实地盘点法　　　　　　　　　　D. 核对账目法

12. 财产清查中，查明盘亏、毁损的资产是由于有关责任人失职所致，应记入(　　)。

A. 其他应收款　　　　　　　　　　B. 管理费用

C. 营业外支出　　　　　　　　　　D. 销售费用

13. 对实物资产清查中编制的"实存账存对比表",是调整账簿记录的重要( )。

A. 原始凭证   B. 转账凭证

C. 记账凭证   D. 累计凭证

14. 对库存现金进行清查时,对其清查的结果应及时填列( )。

A. 账存实存对比表   B. 银行存款余额调节表

C. 现金盘点报告表   D. 盘存单

二、多项选择题

1. 财产清查的内容包括企业的( )。

A. 实物资产   B. 货币资金

C. 债权债务   D. 购销合同

2. 如果某项应付账款长期无法支付,经批准转销时应计入的账户有( )。

A. 营业外收入   B. 应付账款

C. 营业外支出   D. 应收账款

3. 下列项目中,企业进行全面清查的有( )。

A. 年终决算前   B. 企业进行清产核资时

C. 更换现金出纳时   D. 单位主要负责人调离时

4. 某企业仓库失窃,为查明损失,立即进行盘点。按照财产清查的范围与清查的时间划分,应属于( )。

A. 全面清查   B. 局部清查

C. 定期清查   D. 不定期清查

5. 下列账户中,经批准转销存货盘亏损失时,可能涉及的账户有( )。

A. 其他应收款   B. 管理费用

C. 营业外支出   D. 应收账款

6. 下列资产项目,在财产清查中发现盘盈时,需要通过"待处理资产损溢"科目核算的是( )。

A. 库存商品   B. 固定资产

C. 库存现金   D. 原材料

7. 下列项目中,造成企业银行存款日记账余额小于银行对账单余额的未达账项有( )。

A. 企业已收款入账,银行尚未收款入账

B. 企业已付款入账,银行尚未付款入账

C. 银行已收款入账,企业尚未收款入账

D. 银行已付款入账,企业尚未付款入账

8. "待处理资产损溢"科目贷方核算的内容有( )。

A. 财产盘亏、毁损的价值   B. 财产盘盈的价值

C. 批准转销的盘亏、毁损数   D. 批准转销的坏账损失

9. 下列项目中,可以作为原始凭证调整账簿记录的有( )。

A. 账存实存对比表   B. 银行存款余额调节表

C．现金盘点报告表　　　　　　　　D．未达账项登记表

10．财产物资的盘存制度有(　　　)。

A．永续盘存制　　　　　　　　　　B．权责发生制

C．实地盘存制　　　　　　　　　　D．收付实现制

11．银行存款日记账的余额与银行对账单的余额如果出现了不一致，其原因可能有(　　　)。

A．银行记账有误　　　　　　　　　B．企业记账有误

C．未达账项　　　　　　　　　　　D．双方使用的记账方法不同

12．对财产清查结果的账务处理中，经批准将其损失计入"营业外支出"的情况有(　　　)。

A．固定资产盘亏净损失　　　　　　B．因自然灾害造成的原材料损失

C．批准转销的坏账损失　　　　　　D．原材料定额内的自然损耗

13．下列账户中，经批准转销盘亏的固定资产的净损失时，可能涉及的账户有(　　　)。

A．其他应收款　　　　　　　　　　B．管理费用

C．营业外支出　　　　　　　　　　D．营业外收入

14．对财产清查结果的账务处理中，经批准将其计入"管理费用"的情况有(　　　)。

A．经批准转销的库存现金短缺　　　B．经批准转销的原材料盘盈

C．因自然灾害造成的原材料损失　　D．原材料定额内的自然损耗

三、判断题

1．编制银行存款余额调节表，双方余额相等后，即可据以补记银行存款账户的有关收付金额。　　　　　　　　　　　　　　　　　　　　　　　　　　　(　　)

2．实地盘存制，是指平时在账簿中逐笔登记各种财产的增加数和减少数，来确定各种财产物资的结存数量，并据以确定账实是否相符的一种盘存制度。　　　(　　)

3．"待处理财产损溢"科目属于损益类科目，所以期末应无余额。　　　(　　)

4．对库存现金的清查属于局部清查。　　　　　　　　　　　　　　(　　)

5．产生的未达账项应编制银行存款余额调节表，并据此对账簿记录进行调整。(　　)

6．从对财产物资的管理角度考虑，永续盘存制比实地盘存制的核算手续严密。(　　)

7．财产清查中，对于盘盈的存货，经上级批准转销时，一般贷记"管理费用"。(　　)

8．财产清查中，经批准转销的应收账款、应付账款，不需要通过"待处理资产损溢"科目核算。　　　　　　　　　　　　　　　　　　　　　　　　　　(　　)

9．对于清查中发现的固定资产的盘盈、盘亏，均应通过"待处理资产损溢"科目核算。　　　　　　　　　　　　　　　　　　　　　　　　　　　　　(　　)

10．企业财产清查中，盘盈的机器设备，应计入"以前年度损益调整"科目。(　　)

四、简答题

1．什么是财产清查？为什么要进行财产清查？

2．造成财产账面数与实存数不一致的原因有哪些？

3．如何对实物资产进行清查？可能会出现什么问题？如何解决？

4. 什么是"未达账项"？企业单位能否根据银行存款余额调节表将未达账项登记入账？为什么？

五、案例分析

以案为鉴：用公款打赏女主播　90 后会计终获刑

"都怪我，没能抵挡住网游的诱惑。"江苏省连云港市赣榆区纪委监委组织开展的全区财会人员专题警示教育大会上，在播放的专题片中，一个名为项上的年轻人讲述自己的错误行为时说道。

项上，男，1994 年 9 月出生，某国有公司赣榆分公司原出纳会计。作为年轻的 90 后，家中独子，从小学到高中，项上成绩一直很优秀，直到 2013 年顺利考入江苏科技大学后，他迷上了网络游戏，并且深陷其中不能自拔。"打网络游戏需要花钱买装备，而我上大学时，父母给的钱是有数的，除了吃饭之外，基本上没有余钱。当时正好出现了校园贷，而且手续简单，我很轻易地就拿到了第一笔校园贷 1 800 元，买了第一批游戏装备。"就这样，临近毕业时，欠款连本带息竟然高达 8 万元，父母不得不帮他还清贷款，项上也当着父母的面发誓，保证再也不碰网络游戏。

2017 年 10 月，项上通过招聘考试，被赣榆分公司录用为出纳会计。作为新入职的员工，项上也曾想好好工作，开始自己崭新的人生，拥有全新的生活。然而，这看似平静的生活，很快就被蠢蠢欲动的网瘾打破。2018 年 1 月，他又开始了网上的虚拟狂欢。然而，与大学时不同的是，他不再为没钱充值而犯愁，因为他盯上了公司的资金。

"第一次拿公司的钱，是在 2018 年 1 月。当时营业厅的同事交来一笔器材销售款 1 000 元，我开了收据，随手把钱放到抽屉里，时间一长，就忘了。后来，也没人过问，我就用来给网游充值了。"项上交代，公司从未对现金账进行过审核，他心里暗喜，便开始用收入现金不入账的方式，截留公款玩游戏。因为无人监管，他的胃口越来越大，开始采用虚列开支套取公款。为了不被发现，他将保管的公司现金不入账，虚报多报水电费金额，将公司应收款截留占有。他还利用管理漏洞，偷拿公司财务经理保管的网银盾，通过网银转账侵占公款，转账之后再将网银盾归还原处。

从 2019 年 4 月开始，项上成为一名网络女主播的忠实粉丝，他虚构"富二代"的身份给主播打赏。为了能有足够打赏资金，项上一次次地以各项费用支出名义套取公款。"打赏网络主播，就像玩真人互动的网络游戏一样，我每天都忍不住要给主播刷礼物。"

游戏充值数值还不算太大，一次几百到几千元，而打赏主播就没了上限，从几千、几万元甚至十几万元不等，就为了能够让他喜欢的主播排名靠前，而他跟这些主播连面都没见过，仅仅是为了一种虚无的满足感。就这样，从 2018 年 1 月到 2019 年 7 月，约 386 万元的公款被项上挥霍掉了。

"我知道欠债还钱的道理，更知道公司的钱是不能动的，但我还是没有管住自己的手。"2019 年 4 月，项上上演了最后的疯狂。他带着最近收取的未入账的约 4 万元现金，以及最后从公司套取的约 6 万元，打车来到湖南某处偏僻的山区，用他自己的话说，"不管以后怎么样，先过几天清静日子再说。"

法网恢恢，疏而不漏。项上的失踪、资金的缺口，终于引起了公司的注意，终至东窗事发。2019 年 8 月 20 日，连云港市赣榆区监委根据市监委指定管辖要求，对项上涉嫌职务违法线索予以初核。8 月 23 日，经赣榆区监委研究，对项上予以立案调查，随后项上被采取留置措施。2020 年 2 月 10 日，项上因犯职务侵占罪被赣榆区人民法院判处有期徒刑五年六个月。

项上违纪违法问题，给该公司敲响了警钟。省公司迅速进行整改，撤销县区级公司财务会计机构，由区市分公司履行相关职责，县区级公司报账；明确规定区公司严格规范财务操作规程，对涉及对公业务的营业款，要求必须交到公司的收入账户，不得以缴纳现金、微信或支付宝等形式转账到个人账户；营业款要求日清月结，禁止坐收坐支；所有的收款业务必须进专用系统开发票。目前，整改工作已经全面完成。

【问题】企业应如何通过财产清查避免挪用公款的发生？

六、业务题

1．业务题一

【目的】　通过练习，掌握对库存现金清查结果的账务处理方法。

【资料】　弘大公司 2020 年发生过下列库存现金清查的业务：

2020 年 8 月 15 日，弘大公司在对库存现金的清查中，发现库存现金实有数比"现金日记账"的账面余额多出 70 元。

经查，上述现金长款其中 50 元属于 A 公司，应予以退还；另外 20 元长款原因不明，经批准转作营业外收入处理。

2020 年 8 月 30 日库存现金清查中，发现库存现金实有数比现金日记账的账面余额少了 120 元。

经查，上述现金短缺因与出纳人员工作粗心有关，由出纳员赔偿 50 元；其余 70 元经领导批准计入管理费用。

【要求】　根据上述经济业务，编制会计分录。

2．业务题二

【目的】　通过练习，掌握"银行存款余额调节表"的编制方法。

【资料】　弘大公司 2020 年 8 月 31 日的银行存款日记账账面余额为 773 000 元，银行对账单企业存款余额为 754 200 元，经逐笔核对发现有以下未达账项：

8 月 29 日，企业委托银行代收外埠货款 30 000 元，银行已收妥入账，企业尚未接到银行的收款通知，企业尚未入账；

8 月 29 日，企业购买原材料，开出一张转账支票 1 700 元，企业已入账。持票人尚未到银行办理转账结算手续；

8 月 30 日，银行从公司账户中扣收短期借款利息 7 900 元，银行已入账，企业尚未收到银行的付款通知未入账；

8 月 30 日，企业送存一张转账支票，金额 5 000 元，企业已记账，银行尚未登入企业存款账户。

【要求】　根据以上未达账项，编制"银行存款余额调节表"。将有关数字填入表8-26 中。

表 8-26 银行存款余额调节表

2020 年 8 月 31 日   单位：元

项　目	金　额	项　目	金　额
企业银行存款日记账余额		银行对账单余额	
加：银行已收企业未收		加：企业已收银行未收	
减：银行已付企业未付		减：企业已付银行未付	
调节后的存款余额		调节后的存款余额	

3．业务题三

【目的】 通过练习，掌握存货盘盈、盈亏和毁损的账务处理方法。

【资料】 弘大公司期末，在对存货的清查中发生下列业务：(均不考虑增值税)

清查中盘亏 C 材料 10 公斤，实际单位成本 100 元；毁损 D 材料 40 公斤，实际单位成本 50 元。经查明盘亏 C 材料属于一般经营损失；毁损 D 材料是因洪水灾害造成，应由保险公司赔偿 500 元，其余损失计入营业外支出。

在财产清查中发现盘盈 E 材料 60 公斤，实际单位成本 25 元。经查明属于材料收发计量方面的错误，经批准冲减管理费用。

在财产清查中，盘亏库存商品 700 元，盘亏原材料 20 000 元。

经上级主管部门批准后，应作如下处理：库存商品盘亏的 700 元中，有 500 元为定额内自然损耗，列为管理费用，200 元为保管不善所致，责成有关责任人赔偿；原材料盘亏 20 000 元属于自然灾害造成，其中 13 000 元保险公司已同意赔偿，其余损失计入营业外支出。

【要求】 根据上述资料，分别编制批准前和批准后存货盘盈、盘亏的会计分录。

习题八参考答案

第九章 财务报告

【知识目标】

通过本章教学，学生可了解会计报表的意义和种类，了解企业财务报告的结构和基本的编制方法，能够读懂会计报告信息。

【能力目标】

掌握资产负债表、利润表、现金流量表、所有者权益(或股东权益)变动表和附注的结构、内容和编制方法，清晰各个科目之间的钩稽关系。

【案例导读】

2020 年，弘大公司由于经营管理和整体行业情况不佳，经营业绩大幅度下跌，弘大公司拟从银行获得贷款。弘大公司的主要负责人要求公司的财务负责人对该年度的财务数据进行调整，增加企业资产及利润，修改公司财务报表，从而帮助公司进行形象改进。财务负责人遂组织公司会计人员以虚做营业额、隐瞒费用和成本开支等方法调整了公司财务数据。该公司根据调整后的财务资料，于 2020 年 12 月贷款成功。

通过上述资料，试考虑：财务报告能为报告使用者提供什么信息？财务报告使用者如何通过财务报告获取信息？财务报表的重要性是什么？不同的财务报表内容能说明什么？

第一节 财务报告概述

财务报告是反映企业某一时间点的财务状况和一定时期的经营成果的会计信息，是反映企业管理层受托责任履行情况的书面报告。

一、财务报告的目的和作用

财务报告的目标是向财务会计报告使用者提供与企业财务状况、经营成果和现金流量等有关的会计信息，反映企业管理层受托责任履行情况，以帮助财务会计报告使用者做出经济决策。

财务报告对于不同的报告使用者作用不同，具体如下：

(1) 对企业管理者而言，通过财务报告可以全面、系统、概括地了解本企业的经营活动，考核预算和计划的执行情况，可以为企业进行预测、决策等加强经济管理行为提供依据。

(2) 对投资者和债权人而言，通过财务会计报告可以了解企业的财务状况、经营成果和资金变动情况，据此分析企业的盈利能力、偿付能力等，为其进行投资和贷款决策提供依据。

(3) 对国家行政管理部门而言，通过财务报告，可以了解不同行业的发展状况和趋势，为制定产业政策、加强宏观调控、加强检查和监督、维护经济秩序提供资料和依据。

与其他会计资料提供的信息相比，财务会计报告所提供的指标能更为综合、系统和全面地反映企业和行政事业单位的经济活动情况和结果。因此，财务会计报告是一种十分重要的经济资料。

二、财务报告的组成

财务报告包括财务报表和其他应当在财务报告中披露的相关信息和资料。财务报表是对企业财务状况、经营成果和现金流量的结构的表述。其中，财务报表至少应当包括资产负债表、利润表、现金流量表、所有者权益(或股东权益)变动表以及附注。

(1) 资产负债表是反映企业在某一特定日期财务状况的财务报表，按资产、负债和所有者权益分类、分项列示。

(2) 利润表是反映企业在一定时期经营成果的财务报表，按照各项收入、费用以及构成利润的各个项目分类、分项列示。

(3) 现金流量表是反映企业在一定期间现金和现金等价物流入、流出的财务报表。现金流量表按照经营活动、投资活动和筹资活动分类、分项列示。

(4) 所有者权益变动(或股东权益)表是反映企业所有者权益(或股东权益)的各组成部分当期增减变动情况的报表。它分别披露企业当期损益、直接计入所有者权益(或股东权益)的利得和损失，以及与所有者(股东)的资本交易导致的所有者权益(或股东权益)的变动情况。

(5) 附注是财务报表不可或缺的组成部分，是对资产负债表、利润表、现金流量表和所有者权益变动表等报表中列示项目的文字描述或明细资料，以及对未能在这些报表中列示的项目的说明。

财务报表与财务报告

三、财务报表的分类

企业的财务报表按照其反映的经济内容、企业资金运动的不同形态、报表编制时间、报表编制的主体等可分为不同的种类。

1. 按报表所反映的经济内容进行分类

财务报表按所反映的经济内容进行分类，可分为财务状况报表和经营成果报表。

(1) 财务状况报表是用来反映企业财务状况及资金运用、变动情况的报表，主要包括资产负债表和现金流量表。

资产负债表是总括反映企业在某一特定日期全部资产、负债和所有者权益数额及其结构情况的报表。现金流量表是反映企业在一定会计期间的现金流入和流出情况的会计报表。

(2) 经营成果报表，即利润表，是总括反映企业在一定期间的经营成果的会计报表。

2. 按企业资金运动的不同形态分类

财务报表按企业资金运动的不同形态分为静态财务报表和动态财务报表。

(1) 静态财务报表是反映企业在某一时日企业资金分布和来源情况的书面报告。它是根据各有关账户的期末余额编制的报表，如资产负债表。

(2) 动态财务报表是反映企业在一定时期资金运动结果的财务报表。它是根据各有关账户的本期发生额编制的报表，如利润表和现金流量表。

3. 按报表的编制时间分类

财务报表按报表的编制时间分为年度财务报表和中期财务报表。

(1) 年度财务报表是年度终了以后编制的，全面反映企业财务状况、经营成果及其分配、现金流量等方面的报表。

(2) 中期财务报表是指短于一年的会计期间编制的会计报表，如半年末报表、季报、月报。半年末报表是指每个会计年度的前六个月结束后对外提供的财务会计报告。季报是季度终了以后编制的报表。月报是月终编制的会计报表。

4. 按报表编制的主体分类

财务报表按报表编制的主体分为个别财务报表和合并财务报表。

(1) 个别财务报表是独立核算的法人单位根据账簿资料编制的，反映本企业财务状况、经营成果和现金流量的财务报表，如资产负债表、利润表和现金流量表。

(2) 合并财务报表是反映企业集团整体财务状况、经营成果和现金流量的财务报表，如合并资产负债表、合并利润表和合并现金流量表。

5. 其他分类方法

会计报表还有其他分类方法。例如，会计报表按其服务对象可分为外部报表和内部报表；会计报表按照会计报表编制单位可分为单位会计报表和汇总会计报表；会计报表按报表的主次可分为主表和附表，如利润表为主表，而利润分配表为利润表的附表。

四、财务报表的编制要求

(1) 财务报表应以企业的持续经营为基础进行编制。

企业应当以持续经营为基础，根据实际发生的交易和事项，按照《企业会计准则——基本准则》和其他各项会计准则的规定进行确认和计量，在此基础上编制财务报表。管理层应对是否能够持续经营进行评估，若某些重大不确定因素可能导致对主体持续经营产生严重怀疑，则应对不确定因素充分披露。但企业不能以附注披露代替确认和计量。以持续经营为基础编制财务报表不再合理的，企业应当采用其他基础编制财务报表，并在附注中披露这一事实。企业在当期已经决定或正式决定下一个会计期间进行清算或停止营业，表明其处于非持续经营状态，应当采用其他基础编制财务报表。例如，破产企业的资产应当采用可变现净值计量等，在附注中声明财务报表未以持续经营为基础列报，披露未以持续经营为基础的原因以及财务报表的编制基础。

(2) 财务报表的列报应当具有一致性。

列报一致性要求财务报表中的列报和分类应在各期间之间保持一致。除非准则要求改变，或主体的经营性质发生重大变化，改变后的列报应能够提供更可靠的且对财务报告使用者更相关的信息，同时不损害可比信息。

(3) 财务报表的重要性项目需单独进行列报。

性质或功能类似的项目，其所属类别具有重要性的，应当按其类别在财务报表中单独列报。性质或功能不同的项目，应当在财务报表中单独列报，但不具有重要性的项目除外。

如果项目的省略或误报会单独或共同影响内外部使用者做出经济决策，则该项目是重要的。重要性应当根据企业所处环境，从项目的性质和金额大小两方面加以判断。其中，项目的性质是指该项目是否属于企业日常活动，是否对企业的财务状况和经营成果具有较大影响等；项目金额大小的重要性，应当通过单项金额占资产总额、负债总额、所有者权益总额、营业收入总额、净利润等直接相关项目金额的比重加以确定。

本准则规定在财务报表中单独列报的项目，应当单独列报；其他会计准则规定单独列报的项目，应当增加单独列报项目。

(4) 财务报表中的资产项目和负债项目的金额、收入项目和费用项目的金额不得相互抵销，但满足抵销条件的除外。应单独列报资产和负债、收益和费用，以便使用者更易理解已发生的交易、其他事项的情况，以及评估主体未来的现金流量。

下列两种情况不属于抵销，可以净额列示：

① 资产项目按扣除减值准备后的净额列示，不属于抵销。例如，存货跌价准备与存货项目、应收账款计提的坏账准备与应收账款项目按抵减后的余额列报，不属于抵销。

② 非日常活动产生的损益，以收入扣减费用后的金额列示，不属于抵销。例如，非流动资产处置产生的利得与损失，按处置收入扣除该资产账面金额与相关销售费用后的余额列报，不属于抵销。若这些利得与损失是重要的，则应单独列报。

(5) 财务报告中应列报所有金额的前期比较信息。

当期财务报表的列报，至少应当提供所有列报项目上一可比会计期间的比较数据，以及与理解当期财务报表相关的说明，其他会计准则另有规定的除外。

当财务报表项目的列报发生变更时，应当对上期比较数据按照当期的列报要求进行调整，并在附注中披露调整的原因和性质，以及调整的各项目金额。对上期比较数据进行调整不切实可行(不切实可行是指企业在做出所有合理努力后仍然无法达到某项规定)的，应当在附注中披露不能调整的原因。

(6) 财务报表披露要求。

企业应当在财务报表的显著位置至少披露下列各项：

① 编报企业的名称。

② 资产负债表日或财务报表涵盖的会计期间。

③ 人民币金额单位。

④ 财务报表是合并财务报表的，应当予以标明。

企业至少应当按年编制财务报表。年度财务报表涵盖的期间短于一年的，应当披露年度财务报表的涵盖期间，以及短于一年的原因。

第二节　资产负债表

一、资产负债表概述

资产负债表是反映企业在某一特定日期的财务状况的报表，是企业经营活动的静态反映。资产负债表是根据"资产=负债+所有者权益"这一公式，依照一定的分类标准和一定的次序，将某一特定日期的资产、负债、所有者权益的具体项目予以适当的排列编制而成的。

资产负债表可以反映企业在某一特定日期所拥有或控制的经济资源、所承担的现时义务和所有者对净资产的要求权，帮助财务报表使用者全面了解企业的财务状况，分析企业的偿债能力等情况，从而为其做出经济决策提供依据。

二、资产负债表的结构

资产负债表的结构分为左右两方，左方表示资产，右方表示负债和所有者权益。

资产大体按资产的流动性大小排列，流动性大的资产如"货币资金""交易性金融资产"等排在前面，流动性小的资产如"长期股权投资""固定资产"等排在后面。负债一般按要求清偿时间的先后顺序排列，"短期借款""应付票据""应付账款"等需要在一年以内或者长于一年的一个正常营业周期内偿还的流动负债排在前面，"长期借款"等在一年以上才需偿还的非流动负债排在中间，在企业清算之前不需要偿还的所有者权益项目排在后面。

账户式资产负债表分为左右两方。左方为资产项目，大体按资产的流动性大小排列，流动性大的排在前面，流动性小的排在后面；右方为负债及所有者权益项目，一般按要求清偿时间的先后顺序排列。在企业清算之前不需要偿还的所有者权益项目排在后面。

账户式资产负债表中的资产各项目的合计等于负债和所有者权益各项目的合计，即资产负债表左方和右方平衡，可以反映资产、负债、所有者权益之间的内在关系，即资产=负债+所有者权益。其基本格式如表9-1所示。

表9-1 资产负债表(简表)

编制单位： 年 月 日 单位：元

资　产	期末余额	上年年末余额	负债和所有者权益（或股东权益）	期末余额	上年年末余额
流动资产：			流动负债：		
货币资金			短期借款		
交易性金融资产			应付票据		
应收票据			应付账款		
应收账款			预收款项		
预付款项			合同负债		
其他应收款			应付职工薪酬		
存货			应交税费		
合同资产			其他应付款		
一年内到期的非流动资产			一年内到期的非流动负债		
其他流动资产			其他流动负债		

资　产	期末余额	上年年末余额	负债和所有者权益 (或股东权益)	期末余额	上年年末余额
流动资产合计			流动负债合计		
非流动资产：			非流动负债：		
固定资产			长期借款		
在建工程			递延所得税负债		
无形资产			其他非流动负债		
开发支出			非流动负债合计		
长期待摊费用					
递延所得税资产					
其他非流动资产					
非流动资产合计			负债合计		
			所有者权益(或股东权益)：		
			实收资本(或股本)		
			资本公积		
			减：库存股		
			其他综合收益		
			专项储备		
			盈余公积		
			未分配利润		
			所有者权益(或股东权益)合计		
资产总计			负债和所有者权益 (或股东权益)总计		

三、资产负债表的编制

(一) 资产负债表项目的填列方法

资产负债表的各项目均需填列"上年年末余额"和"期末余额"两栏。资产负债表的"上年年末余额"栏内各项数字，应根据上年末资产负债表的"期末余额"栏内所列数字填列。

1. 根据总账科目余额填列

资产负债表中的有些项目可直接根据有关总账科目的期末余额填列，如"短期借款""资本公积"等项目；有些项目则需根据几个总账科目的期末余额计算填列，如"货币资金"项目，需根据"库存现金""银行存款"和"其他货币资金"三个总账科目的期末余额合计数填列。

2. 根据明细账科目余额计算填列

资产负债表中的有些项目需要根据明细账科目期末余额计算填列。

(1) "应收账款"项目需要根据"应收账款"和"预收账款"科目借方余额减去有关的坏账准备金额填列。

(2) "应付账款"项目需要根据"应付账款"和"预付账款"两个科目所属的相关明细科目的期末贷方余额计算填列。

(3) "预付款项"项目需要根据"预付账款"科目借方余额和"应付账款"科目借方余额减去与"预付账款"有关的坏账准备贷方余额计算填列。

(4) "预收款项"项目需要根据"应收账款"科目贷方余额和"预收账款"科目贷方余额计算填列。

(5) "开发支出"项目需要根据"研发支出"科目中所属的"资本化支出"明细科目期末余额计算填列。

(6) "应付职工薪酬"项目需要根据"应付职工薪酬"科目的明细科目期末余额计算填列。

(7) "一年内到期的非流动资产"和"一年内到期的非流动负债"项目需要根据有关非流动资产和非流动负债项目的明细科目余额计算填列。

(8) "未分配利润"项目需要根据"利润分配"科目中所属的"未分配利润"明细科目期末余额填列。未弥补的亏损在本项目内以"－"号填列。

3. 根据总账科目和明细账科目余额分析计算填列

(1) "长期借款"项目需要根据"长期借款"总账科目余额扣除"长期借款"科目所属的明细科目中将在一年内到期且企业不能自主地将清偿义务展期的长期借款后的金额计算填列。

(2) "其他非流动资产"和"其他非流动负债"项目需要根据有关其他非流动资产和其他非流动负债项目的科目余额扣除一年以内(含一年)收回或到期偿还的金额计算填列。

4. 根据有关科目余额减去其备抵科目余额后的净额填列

(1) 资产负债表中"应收票据""应收账款""长期股权投资""在建工程"等项目，应当根据"应收票据""应收账款""长期股权投资""在建工程"等科目的期末余额减去"坏账准备""长期股权投资减值准备""在建工程减值准备"科目期末余额后的净额填列。

(2) "投资性房地产"(采用成本模式计量)和"固定资产"项目，应当根据"投资性房地产""固定资产"科目的期末余额，减去"投资性房地产累计折旧""投资性房地产减值准备""累计折旧""固定资产减值准备"等备抵科目的期末余额，以及"固定资产清理"科目期末余额后的净额填列。

(3) "无形资产"项目应当根据"无形资产"科目的期末余额，减去"累计摊销""无形资产减值准备"等备抵科目余额后的净额填列。

(4) "在建工程"项目应当根据"在建工程"和"工程物资"的期末余额，减去"在建工程减值准备""工程物资减值准备"等备抵科目余额后的净额填列。

5. 综合运用上述填列方法分析填列

资产负债表中的"存货"项目,需要根据"原材料""库存商品""委托加工物资""周转材料""材料采购""在途物资""发出商品""材料成本差异"等总账科目期末余额的分析汇总数,再减去"存货跌价准备"科目余额后的净额填列。

(二) 资产负债表项目的填列说明

(1) 应收票据 = 应收票据 – 坏账准备。

(2) "其他应收款"项目反映企业除应收票据及应收账款、预付账款等经营活动以外的其他各种应收、暂付的款项。其公式如下:

$$其他应收款 = 应收利息 + 应收股利 + 其他应收款 – 坏账准备$$

(3) 其他应付款 = 应付利息 + 应付股利 + 其他应付款。

(4) 固定资产 = 固定资产科目期末余额 – 累计折旧 – 固定资产减值准备 + 固定资产清理(借方余额)。

(5) 在建工程 = 在建工程 – 在建工程减值准备 + 工程物资 – 工程物资减值准备。

(6) 存货 = 原材料 + 库存商品 + 委托加工物资 + 周转材料 + 材料采购 + 在途物资 + 发出商品 + 材料成本差异 – 存货跌价准备等。

(7) 其他应收款 = 应收利息 + 应收股利 + 其他应收款 – 坏账准备。

第三节 利 润 表

一、利润表概述

利润表又称损益表,是反映企业在一定会计期间的经营成果的报表。利润表反映企业在一定会计期间收入、费用、利润(或亏损)的金额和构成情况,为财务报表使用者全面了解企业的经营成果,分析企业的获利能力及盈利增长趋势,作出经济决策提供依据。

二、利润表的结构

利润表的结构包括单步式和多步式。

(1) 单步式利润表中,将当期所有的收入列在一起,所有的费用列在一起,然后将两者相减得出当期净损益。

(2) 多步式利润表中,通过对当期的收入、费用、支出项目按性质加以归类,按利润形成的主要环节列示一些中间性利润指标,分步计算当期净损益,以便财务报表使用者理解企业经营成果的不同来源。我国企业的利润表采用多步式。

利润表一般分为表头和表体两部分。

(1) 表头部分应列明报表名称、编制单位名称、编制日期、报表编号和计量单位。

(2) 表体部分为利润表的主体,列示了形成经营成果的各个项目和计算过程。

利润表金额栏分为"本期金额"和"上期金额"两栏，如表9-2所示。

表9-2 利 润 表

编制单位：　　　　　　　　　　＿＿＿＿年＿＿月＿＿日　　　　　　　　　单位：元

项　　目	本期金额	上期金额
一、营业收入		
减：营业成本		
税金及附加		
销售费用		
管理费用		
研发费用		
财务费用		
其中：利息费用		
利息收入		
加：其他收益		
投资收益(损失以"–"号填列)		
其中：对联营企业和合营企业的投资收益		
净敞口套期收益(损失以"–"号填列)		
公允价值变动收益(损失以"–"号填列)		
信用减值损失(损失以"–"号填列)		
资产减值损失(损失以"–"号填列)		
资产处置收益(损失以"–"号填列)		
二、营业利润(亏损以"–"号填列)		
加：营业外收入		
减：营业外支出		
三：利润总额(亏损总额以"–"号填列)		
减：所得税费用		
四、净利润(净亏损以"–"号填列)		
五、其他综合收益的税后净额		
(一) 不能重分类进损益的其他综合收益		
1. 重新计量设定受益计划变动额		
2. 权益法下不能转损益的其他综合收益		
……		
(二) 将重分类进损益的其他综合收益		
……		
六、综合收益总额		
七、每股收益		
(一) 基本每股收益		
(二) 稀释每股收益		

三、利润表的编制

利润表编制的原理是"收入 - 费用 = 利润"的会计平衡公式和收入与费用的配比原则。企业将经营成果的核算过程和结果编成报表，即形成利润表。

(一) 利润表项目的填列方法

第一步，计算营业利润：

营业利润 = 营业收入 - 营业成本 - 税金及附加 - 销售费用 - 管理费用 - 研发费用 - 财务费用 + 其他收益 + 投资收益(或减去投资损失) + 净敞口套期收益(或减去净敞口套期损失) + 公允价值变动收益(或减去公允价值变动损失) - 资产减值损失 - 信用减值损失 + 资产处置收益(或减去资产处置损失)

第二步，计算利润总额：

利润总额 = 营业利润 + 营业外收入 - 营业外支出

第三步，计算净利润(或净亏损)：

净利润 = 利润总额 - 所得税费用

第四步，以净利润(或净亏损)为基础，计算每股收益；

第五步，以净利润(或净亏损)和其他综合收益的税后净额为基础，计算综合收益总额。

(二) 填列说明

利润表各项目均需填列"本期金额"和"上期金额"两栏。其中，"上期金额"栏内各项数字应根据上年该期利润表的"本期金额"栏内所列数字填列。"本期金额"栏内各期数字，除"基本每股收益"和"稀释每股收益"项目外，应当按照相关科目的发生额分析填列。

(1) "营业收入"项目反映企业经营主要业务和其他业务所确认的收入总额。本项目应根据"主营业务收入"和"其他业务收入"科目的发生额分析填列。

(2) "营业成本"项目反映企业经营主要业务和其他业务所发生的成本总额。本项目应根据"主营业务成本"和"其他业务成本"科目的发生额分析填列。

(3) "税金及附加"项目反映企业经营业务应负担的消费税、城市维护建设税、资源税、土地增值税、教育费附加、房产税、车船税、城镇土地使用税、印花税等相关税费。本项目应根据"税金及附加"科目的发生额分析填列。

(4) "销售费用"项目反映企业在销售商品过程中发生的包装费、广告费等费用和为销售本企业商品而专设的销售机构的职工薪酬、业务费等经营费用。本项目应根据"销售费用"科目的发生额分析填列。

(5) "管理费用"项目反映企业为组织和管理生产经营发生的管理费用。本项目应根据"管理费用"科目的发生额分析填列。

(6) "研发费用"项目反映企业进行研究与开发过程中发生的费用化支出。该项目应根据"管理费用"科目下的"研发费用"明细科目的发生额分析填列。

(7) "财务费用"项目反映企业为筹集生产经营所需资金等而发生的筹资费用。本项目应根据"财务费用"科目的相关明细科目的发生额分析填列。

（8）"资产减值损失"项目反映企业各项资产发生的减值损失。本项目应根据"资产减值损失"科目的发生额分析填列。

（9）"信用减值损失"项目反映企业计提的各项金融工具减值准备所形成的预期信用损失。该项目应根据"信用减值损失"科目的发生额分析填列。

（10）"其他收益"项目反映计入其他收益的政府补助等。本项目应根据"其他收益"科目的发生额分析填列。

（11）"投资收益"项目反映企业以各种方式对外投资所取得的收益。本项目应根据"投资收益"科目的发生额分析填列。若为投资损失，则本项目以"－"号填列。

（12）"公允价值变动收益"项目反映企业应当计入当期损益的资产或负债公允价值变动收益。本项目应根据"公允价值变动损益"科目的发生额分析填列。若为净损失，则本项目以"－"号填列。

（13）"资产处置收益"项目反映企业出售划分为持有待售的非流动资产（金融工具、长期股权投资和投资性房地产除外）或处置组（子公司和业务除外）时确认的处置利得或损失，以及处置未划分为持有待售的固定资产、在建工程、生产性生物资产及无形资产而产生的处置利得或损失。债务重组中因处置非流动资产产生的利得或损失、非货币性资产交换中换出非流动资产产生的利得或损失也包括在本项目内。本项目应根据"资产处置损益"科目的发生额分析填列。若为处置损失，则以"－"号填列。

（14）"营业利润"项目反映企业实现的营业利润。若亏损，则本项目以"－"号填列。

（15）"营业外收入"项目反映企业发生的除营业利润以外的收益。本项目应根据"营业外收入"科目的发生额分析填列。

（16）"营业外支出"项目反映企业发生的除营业利润以外的损失。本项目应根据"营业外支出"科目的发生额分析填列。

（17）"利润总额"项目反映企业实现的利润。若为亏损，则本项目以"－"号填列。

（18）"所得税费用"项目反映企业应从当期利润总额中扣除的所得税费用。本项目应根据"所得税费用"科目的发生额分析填列。

（19）"净利润"项目反映企业实现的净利润。若为亏损，则本项目以"－"号填列。

（20）"其他综合收益的税后净额"项目反映企业根据企业会计准则规定未在损益中确认的各项利得和损失扣除所得税影响后的净额。

（21）"综合收益总额"项目反映企业净利润与其他综合收益（税后净额）的合计金额。

（22）"每股收益"项目包括基本每股收益和稀释每股收益两项指标，反映普通股或潜在普通股已公开交易的企业，以及正处在公开发行普通股或潜在普通股过程中的企业的每股收益信息。

第四节 现金流量表

一、现金流量表概述

现金流量表是指反映企业在一定会计期间现金和现金等价物流入和流出的报表。通过现金流量表，可以为报表使用者提供企业一定会计期间内现金和现金等价物流入和流出的信息，便于使用者了解和评价企业获取现金和现金等价物的能力，据以预测企业未来现金流量。

企业产生的现金流量分为三类。

1. 经营活动产生的现金流量

经营活动是指企业投资活动和筹资活动以外的所有交易或事项。对工商企业而言，经营活动流入的现金主要包括：① 销售商品、提供劳务收到现金；② 收到的税费返还；③ 收到其他与经营活动有关的现金。经营活动流出的现金主要包括：① 购买商品、接受劳务支付的现金；② 支付给职工以及为职工支付的现金；③ 支付的各项税费；④ 支付其他与经营活动有关的现金。

2. 投资活动产生的现金流量

投资活动是指企业长期资产的购建和不包括在现金等价物范围内的投资及其处置活动。其中，长期资产是指固定资产、在建工程、无形资产、其他资产等持有期限在1年或1个营业周期以上的资产。将"包括在现金等价物范围内的投资"排除在外，是因为已经将"现金等价物范围内的投资"视同现金。现金流量表中投资活动的特点是：① 既包括实物资产投资，也包括金融资产投资；② 既包括对外投资活动，也包括对内投资活动。投资活动产生的现金流量是全过程的，是从投资开始到投资收回全过程的现金流量。

对工商企业而言，投资活动流入的现金主要包括：① 收回投资收到的现金；② 取得投资收益收到的现金；③ 处置固定资产、无形资产和其他长期资产收回的现金净额；④ 处置子公司及其他营业单位收到的现金净额；⑤ 收到其他与投资活动有关的现金。投资活动流出的现金主要包括：① 购建固定资产、无形资产和其他长期资产支付的现金；② 投资支付的现金；③ 为取得子公司及其他营业单位支付的现金净额；④ 支付其他与投资活动有关的现金。

3. 筹资活动产生的现金流量

筹资活动是指导致企业资本及债务规模和构成发生变化的活动。这里所说的"资本"，包括实收资本(或股本)、资本溢价(或股本溢价)。这里的"债务"是指企业对外举债所借入的款项，如发行债券、向金融企业借入款项以及偿还债务等。但应付账款、应付票据等商业应付款属于经营活动，不属于筹资活动。

筹资活动流入的现金主要包括：① 吸收投资收到的现金；② 取得借款收到的现金；③ 收到其他与筹资活动有关的现金。筹资活动流出的现金主要包括：① 偿还债务支付的现金；② 分配股利、利润或偿还利息支付的现金；③ 支付其他与筹资活动有关的现金。

二、现金流量表的结构

现金流量表的基本结构分为两部分：第一部分为正表，第二部分为补充资料。

现金流量表的基本结构如表 9-3 所示。

表 9-3 现金流量表

编制单位：　　　　　　　　　　年　月　日　　　　　　　　单位：元

项　目	本期金额	上期金额
一、经营活动产生的现金流量：		
销售商品、提供劳务收到的现金		
收到的税费返还		
收到其他与经营活动有关的现金		
经营活动现金流入小计		
购买商品、接受劳务支付的现金		
支付给职工以及为职工支付的现金		
支付的各项税费		
支付其他与经营活动有关的现金		
经营活动现金流出小计		
经营活动产生的现金流量净额		
二、投资活动产生的现金流量：		
收回投资收到的现金		
取得投资收益收到的现金		
处置固定资产、无形资产和其他长期资产收回的现金净额		
处置子公司及其他营业单位收到的现金净额		
收到其他与投资活动有关的现金		
投资活动现金流入小计		
购建固定资产、无形资产和其他长期资产支付的现金		
投资支付的现金		
取得子公司及其他营业单位支付的现金净额		
支付其他与投资活动有关的现金		
投资活动现金流出小计		
投资活动产生的现金流量净额		
三、筹资活动产生的现金流量：		
吸收投资收到的现金		
取得借款收到的现金		
收到其他与筹资活动有关的现金		
筹资活动现金流入小计		
偿还债务支付的现金		
分配股利、利润或偿付利息支付的现金		
支付其他与筹资活动有关的现金		
筹资活动现金流出小计		
筹资活动产生的现金流量净额		
四、汇率变动对现金及现金等价物的影响		
五、现金及现金等价物净增加额		
加：期初现金及现金等价物余额		
六、期末现金及现金等价物余额		

正表有六项：一是经营活动产生的现金流量；二是投资活动产生的现金流量；三是筹资活动产生的现金流量；四是汇率变动对现金及现金等价物的影响；五是现金及现金等价物净增加额；六是期末现金及现金等价物余额。其中，经营活动产生的现金流量是按直接法编制的。

补充资料有三项：一是将净利润调节为经营活动产生的现金流量，也就是说，要在补充资料中采用间接法报告经营活动产生的现金流量信息；二是不涉及现金收支的重大投资和筹资活动；三是现金及现金等价物净变动情况。

正表中的第一项经营活动产生的现金流量净额与补充资料中的第一项经营活动产生的现金流量净额应当相符。正表中的第五项与补充资料中的第三项，存在钩稽关系，即正表中的数字是流入和流出的差额，补充资料中的数字是期末和期初数据的差额，计算依据不同，但结果应当一致，两者应当核对相符。

三、现金流量表的编制

（一）现金流量表的编制方法

在具体编制现金流量表时，可以采用工作底稿法或 T 形账户法编制，也可以直接根据有关账户记录分析填列。

1. 工作底稿法

采用工作底稿法编制现金流量表，是以工作底稿为手段，以利润表和资产负债表数据为基础，对每一项进行分析并编制调整分录，从而编制出现金流量表。

工作底稿法的程序是：

(1) 将资产负债表的期初数和期末数过入工作底稿的期初数栏和期末数栏。

(2) 对当期业务进行分析并编制调整分录。调整分录大体有这样几类：第一类涉及利润表中的收入、成本和费用项目及资产负债表中的资产、负债和所有者权益项目，通过调整将权责发生制下的收入、费用转换为收付实现制；第二类涉及资产负债表和现金流量表中的投资、筹资项目，反映投资和筹资活动的现金流量；第三类涉及利润表和现金流量表中的投资和筹资项目，目的是将利润表中有关投资和筹资方面的收入和费用列入现金流量表的投资、筹资现金流量中去。此外，还有一些调整分录并不涉及现金收支，只是为了核对资产负债表项目的期末数变动情况。

(3) 将调整分录过入工作底稿中的相应部分。

(4) 核对调整分录，借贷合计应当相等，资产负债表项目期初数加减调整分录中的借贷金额以后，应当等于期末数。

(5) 根据工作底稿中的现金流量表项目部分编制正式的现金流量表。

2. T 形账户法

T 形账户法是以 T 形账户为手段，以利润表和资产负债表数据为基础，对每一项目进行分析并编制调整分录，从而编制现金流量表。

采用 T 形账户法编制现金流量表的程序如下：

(1) 为所有的非现金项目(包括资产负债表项目和利润表项目)分别开设 T 形账户，并将各自的期末、期初变动数过入各 T 形账户。

(2) 开设一个大的"现金及现金等价物"T 形账户，每边分为经营活动、投资活动和筹资活动三个部分，左边记现金流入，右边记现金流出。与其他账户一样，过入期末、期初变动数。

(3) 以利润表项目为基础，结合资产负债表分析每一个非现金项目的增减变动，并据此编制调整分录。

(4) 将调整分录过入各 T 形账户，并进行核对，该账户借贷相抵后的余额与原先过入的期末、期初变动数应当一致。

(5) 根据大的"现金及现金等价物"T 形账户编制正式的现金流量表。

(二) 现金流量表的编制说明

1. 经营活动产生的现金流量

在我国，企业经营活动产生的现金流量应当采用直接法填列。直接法是指通过现金收入和现金支出的主要类别列示经营活动的现金流量。周转快、金额大、期限短项目的现金流入和现金流出，可以按照净额列报。

有关经营活动的现金流量的信息，可以通过企业会计的记录取得，也可以通过对利润表中的营业收入、营业成本以及其他项目进行调整后取得，如当期存货及经营性应收和应付项目的变动，固定资产折旧、无形资产摊销、计提资产减值准备等其他非现金项目，以及属于投资活动或筹资活动现金流量的其他非现金项目。

(1) "销售商品、提供劳务收到的现金"项目反映企业销售商品、提供劳务实际收到的现金(包括应当向购买者收取的增值税销项税额)，包括本期销售商品、提供劳务收到的现金，以及前期销售商品、提供劳务在本期收到的现金和本期预售的款项，减去本期退回本期销售的商品和前期销售本期退回的商品支付的现金。企业的销售材料和代购代销业务收到的现金，也在本项目反映。本项目可以根据"库存现金""银行存款""应收账款""应收票据""预收账款""主营业务收入"等账户的记录分析填列。

根据账户记录分析计算该项目的金额，通常可以采用公式：

销售商品、提供劳务收到的现金 = 主营业务收入 + 应交税费(增值税销项税额) + (应收账款年初余额 − 应收账款年末余额) + (应收票据年初余额 − 应收账款年末余额) + (预收账款年末余额 − 预收账款年初余额) + 本年收回前期已核销坏账 − 非现金资产抵债而减少的应收账款和应收票据 − 票据贴现利息等

(2) "收到的税费返还"项目反映企业收到返还的各种税费，包括收到返还的增值税、消费税、营业税、关税、所得税、教育费附加等。本项目可以根据"库存现金""银行存款""营业外收入""其他应收款"等账户的记录分析填列。

(3) "收到其他与经营活动有关的现金"项目反映企业除了上述各项目以外所收到的其他与经营活动有关的现金，如罚款、流动资产损失中由个人赔偿的现金、经营租赁等。若某项其他与经营活动有关的现金流入金额较大，应单列项目反映。本项目可以根据"库存现金""银行存款""营业外收入"等账户的记录分析填列。

(4) "购买商品、接受劳务支付的现金"项目反映企业购买商品、接受劳务实际支付的现金(包括增值税进项税额),包括本期购买材料、商品、接受劳务支付的现金,以及本期支付前期购买商品、接受劳务的未付款项以及本期预付款项,减去本期发生的购货退回收到的现金。企业代购代销业务支付的现金,也在本项目反映。本项目可以根据"库存现金""银行存款""应付账款""应付票据""预付账款""主营业务成本""其他业务成本"等账户的记录分析填列。

根据账户记录分析计算该项目的金额,通常可以采用公式:

购买商品、接受劳务支付的现金 = 主营业务成本 + 应交税费(增值税进项税额) + (存货年末余额 – 存货年初余额) + (应付账款年初余额 – 应付账款年末余额) + (应付票据年初余额 – 应付票据年末余额)+(预付款项年末余额 – 预付款项年初余额) – 当期列入生产成本、制造费用的职工薪酬 – 当期列入生产成本、制造费用的折旧费和固定资产修理费等

(5) "支付给职工以及为职工支付的现金"项目反映企业实际支付给职工以及为职工支付的现金,包括本期实际支付给职工的工资、奖金、各种津贴和补贴等,以及为职工支付的其他费用。企业代扣代缴的职工个人所得税,也在本项目反映。但企业支付给离退休人员的各项费用及支付给在建工程人员的工资及其他费用除外。企业支付给离退休人员的各项费用(包括支付的统筹退休金以及未参加统筹的退休人员的费用),在"支付其他与经济活动有关的现金"项目反映;支付给在建工程人员的工资及其他费用,在"构建固定资产、无形资产和其他长期资产支付的现金"项目反映。本项目可根据"应付职工薪酬""库存现金""银行存款"等账户的记录分析填列。

企业为职工支付的养老、失业等社会保险基金、补充养老保险、住房公积金,支付给职工的住房困难补助,以及企业支付给职工或为职工支付的其他福利费用等,应按职工的工作性质和服务对象分别在本项目和"构建固定资产、无形资产和其他长期资产支付的现金"项目反映。

根据账户记录分析计算该项目的金额,通常可以采用公式:

支付给职工以及为职工支付的现金 = 生产成本、制造费用、管理费用中的职工薪酬 + (应付职工薪酬年初余额 – 应付职工薪酬年末余额) – [应付职工薪酬(在建工程)年初余额 – 应付职工薪酬(在建工程)年末余额]

(6) "支付的各项税费"项目反映企业按规定支付的各种税金,包括企业本期发生并支付的税费,以及本期支付以前各期发生的税费和本期预交的税费,包括所得税、增值税、营业税、消费税、印花税、房产税、土地增值税、车船税、教育费附加、矿产资源补偿费等,但不包括计入固定资产价值、实际支付的耕地占用税,也不包括本期退回的增值税、所得税。本期退回的增值税、所得税在"收到的税费返还"项目反映。本项目可根据"应交税费""库存现金""银行存款"等账户的记录分析填列。

根据账户记录分析计算该项目的金额,通常可以采用公式:

支付的各项税费 = 当期所得税费用 + 税金及附加(增值税已交税费) –

(应交所得税期末余额 – 应交所得税期初余额)

(7) "支付其他与经济活动有关的现金"项目反映除上述项目外所支付的其他与经营活动有关的现金,如经营租赁支付的租金,支付的罚款、差旅费、业务招待费、保险费等。若其他与经营活动有关的现金流出金额较大,则应单列项目反映。本项目可根据"库存现

金""银行存款""管理费用""营业外支出"等账户记录分析填列。该项目通常可以采用下面的公式进行计算：

$$支付其他经营活动有关的现金 = 其他管理费用 + 销售费用$$

2. 投资活动产生的现金流量

(1)"收回投资收到的现金"项目反映企业出售、转让或到期收回除现金等价物以外的交易性金融资产、长期股权投资而收到的现金，以及收回长期债权投资本金而收到的现金。它不包括长期债权投资收回的利息，以及收回的非现金资产。本项目可根据"其他权益工具投资""债权投资""长期股权投资""库存现金""银行存款"等账户的记录分析填列。

(2)"取得投资收益收到的现金"项目反映企业因各种投资而收到的现金股利、利润、利息，以及从子公司、联营企业和合营企业分回的利润而收到的现金。本项目可以根据"库存现金""银行存款"等账户的记录分析填列。

(3)"处置固定资产、无形资产和其他长期资产收回的现金净额"项目反映企业出售、报废固定资产、无形资产和其他长期资产收到的现金，减去为处置这些资产而支付的有关费用后的净额。若收回的现金净额为负数，则应在"支付其他与投资活动有关的现金"项目反映。本项目可根据"固定资产清理""库存现金""银行存款"等账户的记录分析填列。

(4)"处置子公司及其他营业单位收到的现金净值"项目反映企业处置子公司及其他营业单位取得的现金，减去相关费用以及子公司及其他营业单位持有的现金和现金等价物后的净额。本项目可根据"长期股权投资""银行存款""库存现金"等账户的记录分析填列。

(5)"收到其他与投资活动有关的现金"项目反映企业除了上述各项目以外，收到的其他与投资活动有关的现金流入。例如，企业收回购买股票和债券时支付的已宣告但尚未领取的现金股利或已到付息期但尚未领取的债券利息。若其他与投资活动有关的现金流入金额较大，应单列项目反映。本项目可根据"应收股利""应收利息""银行存款""库存现金"等账户的记录分析填列。

(6)"购建固定资产、无形资产和其他长期资产支付的现金"项目反映企业本期购买、建造固定资产，取得的无形资产和其他长期资产实际支付的现金，以及用现金支付的由在建工程和无形资产负担的职工薪酬，不包括为购建固定资产而发生的借款利息资本化部分，以及融资租入固定资产支付的租赁费。企业支付的借款利息和融资租入固定资产支付的租赁费，在筹资活动产生的现金流量中反映。本项目可根据"固定资产""在建工程""无形资产""库存现金""银行存款"等账户的记录分析填列。

(7)"投资支付的现金"项目反映企业进行各种性质的投资所支付的现金，包括企业取得的除现金等价物以外的权益性投资和债券性投资所支付的现金，以及支付的佣金、手续费等交易费用，但取得子公司及其他营业单位支付的现金净额除外。本项目可根据"可供出售金融资产""持有至到期投资""长期股权投资""库存现金""银行存款"等账户的记录分析填列。

(8)"取得子公司及其他营业单位支付的现金净额"项目反映企业购买子公司及其他

营业单位购买价中以现金支付的部分，减去子公司以及其他营业单位持有的现金和现金等价物后的净额。本项目可根据"长期股权投资""库存现金""银行存款"等账户的记录分析填列。

（9）"支付其他与投资活动有关的现金"项目反映企业除上述各项以外所支付的其他与投资活动有关的现金流出，如企业购买股票时实际支付的价款中包含的已宣告而尚未领取的现金股利，购买债券时支付的价款中包含的已到期但尚未领取的债券利息等。若某项其他与投资活动有关的现金流出金额较大，则应单列项目反映。本项目可根据"应收股利""应收利息""银行存款""库存现金"等账户的记录分析填列。

3. 筹资活动产生的现金流量

（1）"吸收投资收到的现金"项目反映企业以发行股票、债券等方式筹集资金实际收到的款项，减去直接支付的佣金、手续费、宣传费、咨询费、印刷费等发行费用后的净额。本项目可以根据"实收资本（或股本）""库存现金""银行存款"等账户的记录分析填列。

（2）"取得借款收到的现金"项目反映企业举借各种短期、长期借款实际收到的现金。本项目可以根据"短期借款""长期借款""库存现金""银行存款"等账户的记录分析填列。

（3）"收到其他与筹资活动有关的现金"项目反映企业除上述各项目外所收到的其他与筹资活动有关的现金流入等。若某项其他与筹资活动有关的现金流入金额较大，则应单列项目反映。本项目可以根据"银行存款""库存现金""营业外收入"等账户的记录分析填列。

（4）"偿还债务支付的现金"项目反映企业偿还债务本金所支付的现金，包括偿还金融企业的借款本金、偿还债券本金等。企业支付的借款信息和债券利息在"分配股利、利润或偿付利息支付的现金"项目反映，不包括在本项目内。本项目可以根据"短期借款""长期借款""应付债券""库存现金""银行存款"等账户的记录分析填列。

（5）"分配股利、利润或偿付利息支付的现金"项目反映企业实际支付的现金股利、支付给其他投资单位的利润或用现金支付的借款利息、债券利息等。本项目可以根据"应付股利""应付利息""财务费用""库存现金""银行存款"等账户的记录分析填列。

（6）"支付其他与筹资活动有关的现金"项目反映企业除上述各项目外所支付的其他与筹资活动有关的现金流出，如融资租入固定资产支付的租赁费等。若某项其他与筹资活动有关的现金流出金额较大，则应单列项目反映。本项目可以根据"营业外支出""长期应付款""银行存款""库存现金"等账户的记录分析填列。

4. 汇率变动对现金及现金等价物的影响

当该项目反映企业外币现金流量以及境外子公司的现金流量折算为人民币时，企业所采用的现金流量发生日的即期汇率或按照系统合理的方法确定的、与现金流量发生日即期汇率近似汇率折算的人民币金额与"现金及现金等价物的净增加额"中的外币现金净增加额按期末汇率折算的人民币金额之间的差额。

在编制现金流量表时，可逐笔计算外币业务发生的汇率变动对现金的影响，也可不必逐笔计算而采用简化的计算方法，即通过现金流量表补充资料中"现金及现金等价物净增加额"数额与现金流量表中"经营活动产生的现金流量净额""投资活动产生的现金流量净额""筹资活动产生的现金流量净额"三项之和比较，其差额即为"汇率变动对现金及现金等价物的影响"项目的金额。

5. 现金流量表补充资料

除现金流量表反映的信息外，企业还应在附注中披露将净利润调节为经营活动产生的现金流量、不涉及现金收支的重大投资和筹资活动、现金及现金等价物净变动情况等信息。

(1) 将净利润调节为经营活动产生的现金流量。现金流量表采用直接法反映经营活动产生的现金流量，同时，企业还应采用间接法反映经营活动产生的现金流量。间接法是指以本期净利润为起点，通过调整不涉及现金的收入、费用、营业外收支以及经营性应收、应付等项目的增减变动，调整不属于经营活动的现金收支项目，据此计算并列报经营活动产生的现金流量的方法。在我国，现金流量表补充资料应采用间接法反映经营活动产生的现金流量情况，以对现金流量表中采用直接法反映的经营活动现金流量进行核对和补充说明。

当采用间接法列报经营活动产生的现金流量时，需对四大类项目进行调整：① 实际没有支付现金的费用；② 实际没有收到现金的收益；③ 不属于经营活动的损益；④ 经营性应收、应付项目的增减变动。

(2) 不涉及现金收支的重大投资和筹资活动，反映在一定会计期间内影响企业资产和负债但不形成该期现金收支的所有重大投资和筹资活动的信息。这些投资和筹资活动是企业的重大理财活动，对以后各期的现金流量会产生重大影响，因此，应单列项目在补充资料中反映。

(3) 现金及现金等价物净变动情况，反映企业一定会计期间现金及现金等价物的期末余额减去期初余额后的净增加额(或净减少额)，是对现金流量表中"现金及现金等价物净增加额"项目的补充说明。该项目的金额应与现金流量表中"现金及现金等价物净增加额"的金额相符。

现金流量表编制口诀

第五节 所有者权益变动表

一、所有者权益变动表概述

所有者权益变动表是指反映构成所有者权益各组成部分当期增减变动情况的报表。

通过所有者权益变动表既可以为报表使用者提供所有者权益总量增减变动的信息，也能为其提供所有者权益增减变动的结构性信息，特别是能够让报表使用者理解所有者权益增减变动的根源。

二、所有者权益变动表的结构

(1) 在所有者权益变动表上，企业至少应当单独列示反映下列信息的项目：

① 综合收益总额。

② 会计政策变更和差错更正的累积影响金额。

③ 所有者投入资本和向所有者分配利润等。

④ 提取的盈余公积。

⑤ 实收资本、其他权益工具、资本公积、其他综合收益、专项储备、盈余公积、未分配利润的期初和期末余额及其调节情况。

(2) 所有者权益变动表以矩阵的形式列示:

① 纵向列示导致所有者权益变动的交易或事项,即所有者权益变动的来源,对定时期所有者权益的变动情况进行全面反映。

② 横向列示按照所有者权益各组成部分,即实收资本、其他权益工具、资本公积、库存股、其他综合收益、盈余公积、未分配利润,列示交易或事项对所有者权益各部分的影响,如表 9-4 所示。

三、所有者权益变动表的编制

(一) 所有者权益变动表项目的填列方法

(1) 所有者权益变动表各项目均需填列 "本年金额" 和 "上年金额" 两栏。

所有者权益变动表 "上年金额" 栏内各项数字,应根据上年度所有者权益变动表 "本年金额" 栏内所列数字填列。上年度所有者权益变动表规定的各个项目的名称和内容同本年度不一致的,应对上年度所有者权益变动表各项目的名称和数字按照本年度的规定进行调整,填入所有者权益变动表的 "上年金额" 栏内。

(2) 所有者权益变动表 "本年金额" 栏内各项数字一般应根据 "实收资本(或股本)" "其他权益工具" "资本公积" "库存股" "其他综合收益" "盈余公积" "未分配利润" 以前年度损益调整科目的发生额分析填列。

(3) 企业的净利润及其分配情况作为所有者权益变动的组成部分,不需要单独编制利润分配表列示。

(二) 所有者权益变动表的主要项目说明

(1) "会计政策变更" "前期差错更正" 项目,分别反映企业采用追溯调整法处理的会计政策变更的累积影响金额和采用追溯重述法处理的会计差错更正的累积影响金额。

(2) "本年增减变动金额" 项目如下:

① "综合收益总额" 项目反映净利润和其他综合收益扣除所得税影响后的净额相加后的合计金额。

② "所有者投入和减少资本" 项目反映企业当年所有者投入的资本和减少的资本。其中, "所有者投入的普通股" 项目反映企业接受投资者投入形成的实收资本(或股本)和资本溢价或股本溢价。

③ "利润分配" 项目反映企业当年的利润分配金额。

④ "所有者权益内部结转" 项目反映企业构成所有者权益的组成部分之间当年的增减变动情况。例如:

a. "资本公积转增资本(或股本)" 项目反映企业当年以资本公积转增资本或股本的金额。

b. "盈余公积转增资本(或股本)" 项目反映企业当年以盈余公积转增资本或股本的金额。

c. "盈余公积弥补亏损" 项目反映企业当年以盈余公积弥补亏损的金额。

编制单位：

表9-4 所有者权益变动表

年度

单位：元

项目	本年金额									上年金额								
	实收资本（或股本）	其他权益工具			资本公积	减：库存股	其他综合收益	盈余公积	未分配利润	所有者权益合计	实收资本（或股本）	其他权益工具			资本公积	减：库存股	其他综合收益	盈余公积	未分配利润	所有者权益合计
		优先股	永续债	其他								优先股	永续债	其他						
一、上年末余额																				
加：会计政策变更																				
前期差错更正																				
二、本年初余额																				
三、本年增减变动金额（减少以"－"号填列）																				
（一）综合收益总额																				
（二）所有者投入和减少资本																				
1. 所有者投入的普通股																				
2. 其他权益工具持有者投入资本																				
（三）利润分配																				
1. 提取盈余公积																				
2. 对所有者（或股东）的分配																				
（四）所有者权益内部结转																				
1. 资本公积转增资本（或股本）																				
2. 盈余公积转增资本（或股本）																				
……																				
四、本年末余额																				

第六节 附 注

一、附注概述

附注是对资产负债表、利润表、现金流量表和所有者权益变动表等报表中列示项目的文字描述或明细资料，以及对未能在这些报表中列示的项目的说明等。

附注主要起到两方面的作用：

(1) 附注的披露是对资产负债表、利润表、现金流量表和所有者权益变动表列示项目含义的补充说明，以帮助财务报表使用者更准确地把握其含义。例如，通过阅读附注中披露的固定资产折旧政策的说明，使用者可以掌握报告企业与其他企业在固定资产折旧政策上的异同，以便进行更准确的比较。

(2) 附注提供了对资产负债表、利润表、现金流量表和所有者权益变动表中未列示项目的详细或明细说明。

二、附注的主要内容

附注是财务报表的重要组成部分。根据企业会计准则的规定，企业应当按照如下顺序披露附注的内容：

(1) 企业的基本情况。

① 企业注册地、组织形式和总部地址。

② 企业的业务性质和主要经营活动，如企业所处的行业、所提供的主要产品或服务、客户的性质、销售策略、监管环境的性质等。

③ 母公司以及集团最终母公司的名称。

④ 财务报告的批准报出者和财务报告批准报出日。

⑤ 营业期限有限的企业，还应当披露有关营业期限的信息。

(2) 财务报表的编制基础。

财务报表的编制基础是指财务报表是在持续经营基础上还是非持续经营基础上编制的。企业一般是在持续经营基础上编制财务报表的，清算、破产属于非持续经营基础。

(3) 遵循企业会计准则的声明。

企业应当声明编制的财务报表符合企业会计准则的要求，真实、完整地反映了企业的财务状况、经营成果和现金流量等有关信息，以此明确企业编制财务报表所依据的制度基础。如果企业编制的财务报表只是部分地遵循了企业会计准则，附注中不得做出这种表述。

(4) 重要会计政策和会计估计。

根据财务报表列报准则的规定，企业应当披露采用的重要会计政策和会计估计。不重要的会计政策和会计估计可以不披露。

(5) 会计政策和会计估计变更以及差错更正的说明。

企业应当按照会计政策、会计估计变更和差错更正会计准则的规定，披露会计政策和会计估计变更以及差错更正的有关情况。

(6) 报表重要项目的说明。

企业应当以文字和数字描述相结合的方式披露报表重要项目的构成或当期增减变动情况，并且报表重要项目的明细金额合计应当与报表项目金额相衔接。在披露顺序上，一般应当按照资产负债表、利润表、现金流量表、所有者权益变动表及其项目列示的顺序。

(7) 或有和承诺事项、资产负债表日后非调整事项、关联方关系及其交易等需要说明的事项。

(8) 有助于财务报表使用者评价企业管理资本的目标、政策及程序的信息。

课 程 实 践

【课程实践一】

一、目的

通过练习，掌握资产负债表有关项目的编制方法。

二、资料

黄河公司 2020 年末部分总账账户和明细账户期末余额如表 9-5 和表 9-6 所示。

表 9-5　部分总账账户期末余额

账户名称	借方/元	贷方/元	账户名称	借方/元	贷方/元
库存现金	50 000		库存商品	200 000	
银行存款	400 000		生产成本	80 000	
应收账款	410 000		固定资产	100 000	
预付账款	50 000		累计折旧		250 000
原材料	145 000	10 000	短期借款	50 000	
在途物资	100 000		应付账款	20 000	400 000
			预收账款	10 000	60 000
			应付利息		80 000

表 9-6　部分明细账户期末余额

总账科目	明细科目	借方余额/元	贷方余额/元
应收账款		410 000	
	A 公司	450 000	
	B 公司		40 000
预收账款			50 000
	C 公司		60 000
	D 公司	10 000	
预付账款		40 000	
	甲公司	50 000	
	乙公司		10 000
应付账款			380 000
	丙公司		400 000
	丁公司	20 000	

三、要求

根据上述所给账户余额资料，填写下列空白处的资产负债表(见表 9-7)项目。

表 9-7　简化资产负债表

编制单位：黄河公司　　　　　　　　2020 年 12 月 31 日　　　　　　　　计量单位：人民币元

资　产	金　额	负债或所有者权益	金　额
货币资金		短期借款	
交易性金融资产		应付利息	
应收账款		应付账款	
预付账款		预收账款	
存货		其他流动负债	10 000
流动资产合计		流动负债合计	
固定资产		非流动负债合计	500 000
其他非流动资产合计	425 000	负债合计	
		所有者权益合计	
资产总额		负债及所有者权益合计	630 000

【课程实践二】

一、目的

练习会计分录和利润表的编制。

二、资料

黄河公司 2020 年 12 月发生如下一些经济业务：

(1) 购入材料一批，价款 100 000 元，增值税税款 17 000 元，价税合计 117 000 元，货款未付。另外企业用现金支付运杂费等 5 000 元。材料已验收入库。

(2) 根据销货合同，为销售 B 产品而提前预收某客户的购货定金 200 000 元。

(3) 本年一批 A 产品，价款 500 000 元，增值税税款 85 000 元，价税合计 585 000 元。全部款项已通过银行存款收讫。

(4) 根据购销合同实现对 B 产品的销售，结算总价款 500 000 元，增值税税款 85 000 元，价税合计 585 000 元。两个月前已预收该笔货款 200 000 元，余款约定 1 个月后收讫。

(5) 本年销售的 B 产品属于应税消费品，适用的消费税税率为 10%。请计算并结转本年应负担的消费税。

(6) 对外销售材料一批，价款 100 000 元，增值税税率 17%，价税合计 117 000 元，已通过银行存款转账收讫。

(7) 收到股票投资(为交易性目的而持有)的现金股利收入 10 000 元，已存入银行。该股利以前未确认。

(8) 结转本年已售产品的生产成本。其中，A 产品 300 000 元，B 产品 250 000 元。

(9) 结转本年所售原材料的购入成本 60 000 元。

(10) 批准转销本年因火灾造成的财产损失 500 000 元。其中，可获得保险理赔 400 000 元，由责任人赔偿 10 000 元，净损失 90 000 元转入营业外支出。

(11) 本年应负担的短期银行借款利息共 10 000 元，没有支付。

(12) 用银行存款支付本年广告费 10 000 元。

(13) 开出转账支票支付本年的办公费 30 000 元、董事会费 20 000 元、电话费 20 000 元、业务招待费 50 000 元。

(14) 因债权人原因，有一笔确实无法支付的应付账款 110 000 元，经批准予以核销。

(15) 根据发料汇总表结转本年应负担的材料费 200 000 元。其中，生产性耗料 150 000元，行政管理用耗料 50 000 元。

(16) 根据工资汇总表结转本年应负担的工资费用 250 000 元。其中，生产工人工资150 000 元，生产管理人员工资 10 000 元，行政管理人员工资 90 000 元。

(17) 计提本年应负担的固定资产折旧 50 000 元。其中，生产性设备应提折旧 30 000 元，行政管理用固定资产应提折旧 20 000 元。

(18) 结转本年实现的主营业务收入、其他业务收入、投资收益和营业外收入，以计算本年损益。

(19) 结转本年发生的主营业务成本、税金及附加、销售费用、其他业务成本、管理费用、财务费用和营业外支出，以计算本年损益。

(20) 根据上述资料计算并结转本年应负担的所得税费用(假设无纳税调整事项)，所得税税率为 25%。

(21) 将本年应负担的所得税费用转入本年利润。

(22) 将本年实现的税后净利润转入利润分配账户。

三、要求

(1) 根据上述经济业务中的相关资料编写会计分录。

(2) 根据上述经济业务中的相关资料编制 2020 年 12 月份的利润表(见表9-8)。

表9-8 利 润 表

编制单位：黄河公司　　　　　　　　　　2020 年 12 月　　　　　　　　　　计量单位：人民币元

报 表 项 目 名 称	金 额
一、营业收入	
减：营业成本	
税金及附加	
销售费用	
管理费用	
财务费用	
资产减值损失	
加：公允价值变动收益(损失以"−"号填列)	
投资收益(损失以"−"号填列)	
二、营业利润(亏损以"−"号填列)	
加：营业外收入	
减：营业外支出	
其中：非流动资产处置损失	
三、利润总额(亏损总额以"−"号填列)	
减：所得税费用	
四、净利润(净亏损以"−"号填列)	

【课程实践三】

一、资料

(1) 黄河公司 2020 年 12 月 31 日资产负债表(简表)如表 9-9 所示。

表 9-9　资产负债表(简表)

编制单位：兴隆公司　　　　　　　　2020 年 12 月 31 日　　　　　　　　单位：元

资产	期末数	负债和所有者权益	期末数
货币资金	105 000	短期借款	210 000
交易性金融资产	30 000	应付账款	85 000
应收账款	30 000	预收账款	20 000
预付账款	25 000	应付职工薪酬	65 000
其他应收款	10 000	应交税费	30 000
存货	300 000	实收资本	600 000
固定资产	700 000	盈余公积	50 000
		未分配利润	140 000
总计	1 200 000	总计	1 200 000

(2) 该公司"应收账款"所属明细账户期末余额均在借方，"预收账款"所属明细账户期末余额均在贷方，"坏账准备"账户期末贷方余额为 1 000 元。

(3) 该公司"累计折旧"总分类账户贷方余额为 180 000 元，"固定资产减值准备"总分类账户贷方余额为 20 000 元。

(4) 该公司年初未分配利润 10 000 元，本年实现净利润 200 000 元。

二、要求

依据上述资料，计算：

(1) "应收账款"总分类账户的期末余额。

(2) "固定资产"总分类账户的期末余额。

(3) 本年已分配利润数额。

(4) 流动资产项目合计金额。

(5) 所有者权益项目合计金额。

本 章 小 结

会计报表是企业会计核算重要组成部分，编制会计报表是会计核算专门方法之一。本章主要内容有资产负债表，利润表及利润分配表、现金流量表，以及附注。通过本章的学习，读者能够掌握有关的重要概念，各种会计报表的结构和编制的方法，特别是资产负债表和利润表的编制。

资产负债表是反映企业某一特定日期的全部资产、负债和所有者权益及其构成情况的报表，它是一张静态的报表。资产负债表的格式使用较多的是账户式。其基本结构是左方反映资产情况,右方反映负债及所有者权益情况。它的编制有的根据总分类账户的期末余额填列,有的可以直接填列,有的需要整理、汇总、计算后填列。

利润表是反映企业在某一时期内经营活动成果的报表,它是一张动态的报表。利润表的格式一般采用多步式,其基本结构分为四段。它的编制根据收入、费用类账户的净发生额和其他有关资料填列。

现金流量表是反映企业在某一会计年度内,先进流入与流出情况的报表,它也是一张动态报表。现金流量表的基本内容分为三部分:经营活动的现金流量、投资活动的现金流量和筹资活动的现金流量。它的编制根据资产负债表、利润表及其他有关账簿资料分析、汇总后填列。

所有者权益变动表是反映构成所有者权益的各组成部分当期的增减变动情况的报表。当期损益、直接计入所有者权益的利得和损失以及与所有者的资本交易导致的所有者权益的变动,应当分别列示。

在财务报表之外,另用附注的方式,用文字对报表有关项目作必要的解释,来帮助报表使用者理解财务报表的内容。

习 题 九

一、单项选择题

1. 甲公司 2020 年 3 月 1 日"银行存款"科目余额为 100 万元,"库存现金"科目余额为 0.2 万元,"其他货币资金"科目余额为 500 万元。12 日提取现金 5 万元,赊销商品 116 万元,收到银行承兑汇票 100 万元。则 2020 年 3 月 31 日甲公司资产负债表中"货币资金"项目填列的金额为(   )万元。

A. 600.2　　　B. 716.2　　　C. 816.2　　　D. 722.2

2. 下列各项中,不属于"利润表"中应列示的项目是(   )。

A. 其他收益　　　　　　　B. 其他综合收益的税后净额

C. 资产处置收益　　　　　D. 递延收益

3. 某企业"应付账款"科目年末贷方余额 20 000 元,其中:"应付账款——甲公司"明细科目贷方余额 17 500 元,"应付账款——乙公司"明细科目贷方余额 2 500 元;"预付账款"科目月末借方余额 15 000 元。其中:"预付账款——A 工厂"明细科目借方余额 25 000 元,"预付账款——B 工厂"明细科目贷方余额 10 000 元。假定不考虑其他因素,该企业年末资产负债表中"应付账款"项目的金额为(   )元。

A. 10 000　　　B. 15 000　　　C. 20 000　　　D. 30 000

4. 某企业采用计划成本核算材料,2020 年 12 月 31 日结账后有关科目余额为"材料采购"科目余额为 140 000 元(借方),"原材料"科目余额为 2 400 000 元(借方),"周转材料"科目余额为 1 800 000 元(借方),"库存商品"科目余额为 1 600 000 元(借方),"生产成本"科目余额为 600 000 元(借方),"材料成本差异"科目余额为 120 000 元(贷方),"存货跌价准备"科目余额为 210 000 元(贷方)。假定不考虑其他因素,该企业 2020 年 12 月 31 日资产负债表中"存货"项目的金额为(   )元。

A. 6 330 000　　　B. 6 000 000　　　C. 6 210 000　　　D. 6 540 000

5. 某企业年末"应收账款"科目的借方余额为 1 000 万元,其中,"应收账款"明细账有借方余额 1 200 万元,贷方余额 200 万元,年末计提坏账准备后与应收账款有关的"坏账准备"科目的贷方余额为 80 万元。不考虑其他因素,则该企业年末资产负债表中"应收账款"项目的金额为(　　)万元。

　　A. 1 200　　　　　B. 1 000　　　　　C. 920　　　　　D. 1 120

6. 某公司 2020 年 6 月 30 日编制资产负债表时,长期借款明细账情况如下:向 A 银行借款 2 000 万元(借款期 3 年,借款日 2018 年 1 月 1 日);向 B 银行借款 5 000 万元(借款期 5 年,借款日 2016 年 1 月 1 日);向 C 银行借款 200 万元(借款期 2 年,借款日 2019 年 1 月 1 日);假定不考虑其他因素且上述长期借款到期企业不能自主地将清偿义务展期,则 2020 年 6 月 30 日资产负债表中"长期借款"项目应填列的金额为(　　)万元。

　　A. 200　　　　　B. 7 200　　　　　C. 7 000　　　　　D. 0

7. 下列关于资产负债表的填列方法中,不正确的是(　　)。

A. 货币资金应当根据"库存现金""银行存款"和"其他货币资金"总账科目的期末余额合计数填列

B. 固定资产填列金额为固定资产的账面价值和企业尚未清理完毕的固定资产清理净损益之和

C. 资本公积应当根据"资本公积"科目期末余额填列

D. 应付债券应当根据"应付债券"科目期末余额填列

8. 下列各项中,不应当在资产负债表"存货"项目反映的是(　　)。

A. 委托代销商品　　　　　　　　　B. 发出商品

C. 生产成本　　　　　　　　　　　D. 工程物资

9. 2020 年 12 月 31 日,"无形资产"科目借方余额为 200 万元,"累计摊销"科目贷方余额为 40 万元,"无形资产减值准备"科目贷方金额 20 万元。不考虑其他因素,资产负债表中"无形资产"项目应填列的金额为(　　)万元。

　　A. 200　　　　　B. 140　　　　　C. 160　　　　　D. 180

10. 甲公司 2020 年 5 月取得主营业务收入 1 000 万元,其他业务收入 100 万元,发生主营业务成本 550 万元,其他业务成本 25 万元,税金及附加 200 万元,管理费用 500 万元,信用减值损失 50 万元,投资收益 480 万元,公允价值变动损失 200 万元,资产处置收益 20 万元,营业外收入 100 万元,营业外支出 50 万元,甲公司适用的企业所得税税率为 25%。假定没有纳税调整事项,则甲公司当月利润表中的"净利润"项目金额为(　　)万元。

　　A. 125　　　　　B. 93.75　　　　　C. 525　　　　　D. 393.75

11. 下列各项中,不属于所有者权益变动表中应单独列示的项目是(　　)。

A. 提取盈余公积　　　　　　　　　B. 库存股

C. 综合收益总额　　　　　　　　　D. 盈余公积补亏

12. 下列关于企业财务报告附注的表述中不正确的是(　　)。

A. 附注是对财务报表的文字描述和说明

B. 附注主要作用是对报表中未能列示项目的说明

C. 企业未能在财务报告中说明的内容必须在附注中加以披露

D. 附注是企业财务报表的组成部分

二、多项选择题

1. 下列各项中，会使资产负债表中"负债"项目金额增加的有( )。

A. 计提坏账准备　　　　　　　B. 计提存货跌价准备

C. 借入短期借款　　　　　　　D. 计提短期借款利息

2. 下列资产负债表项目中，根据总账余额直接填列的有( )。

A. 持有待售负债　　　　　　　B. 资本公积

C. 其他应收款　　　　　　　　D. 在建工程

3. 下列会计科目的期末余额，不应在资产负债表"未分配利润"项目列示的有( )。

A. 应付股利　　　　　　　　　B. 盈余公积

C. 利润分配——未分配利润　　D. 在建工程

4. 下列关于我国企业利润表的表述正确的有( )。

A. 利润表应按照多步式进行列示

B. 利润表应按照账户式进行列示

C. 利润表反映企业在一定会计期间的经营成果

D. 利润表反映企业在特定时点的经营成果

5. 下列各项中，属于所有者权益变动表中"所有者权益内部结转"项目的有( )。

A. 提取盈余公积　　　　　　　B. 资本公积转增资本

C. 盈余公积转增资本　　　　　D. 盈余公积弥补亏损

6. 下列项目中，上市公司应在其财务报表附注中披露的有( )。

A. 有助于财务报表使用者评价企业管理资本的目标、政策及程序的信息

B. 需要说明的关联方关系及其交易

C. 需要说明的或有事项

D. 企业的业务性质和主要经营活动

7. 编制资产负债表时，应根据总账科目和明细账科目余额分析计算填列的项目有( )。

A. 应付票据　　　　　　　　　B. 长期借款

C. 长期股权投资　　　　　　　D. 其他非流动负债

8. 下列各项中，应列入资产负债表"其他应付款"项目的有( )。

A. 计提的短期借款利息　　　　B. 宣告分派的现金股利

C. 应支付的罚款支出　　　　　D. 应付短期租入固定资产租金

三、判断题

1. 财务报表附注是对资产负债表、利润表、现金流量表和所有者权益变动表等报表中列示项目的文字描述或明细资料，以及对未能在这些报表中列示项目的说明等。 ( )

2. 资产负债表是反映企业在一定会计期间的经营成果的报表。 ( )

3. 我国资产负债表采用账户式结构，按其资产与负债的流动性大小排列，流动性大的在前面，流动性小的在后面。 ( )

4. 资产负债表中"预付款项"项目应当根据预付账款的总账余额减对应的坏账准备

科目期末余额后的净额填列。　　　　　　　　　　　　　　　　　　　　　　（　　）

5. 资产负债表中"固定资产"项目根据"固定资产"科目的期末余额减去"累计折旧"和"固定资产减值准备"科目的期末余额后的金额，以及"固定资产清理"科目的期末余额填列。　　　　　　　　　　　　　　　　　　　　　　　　　　　　　　（　　）

6. 企业交纳的印花税不通过应交税费科目核算，所以资产负债表中"应交税费"项目不包括印花税。　　　　　　　　　　　　　　　　　　　　　　　　　　　　　（　　）

7. 所有者权益，是指企业资产扣除负债后的剩余权益，反映企业某一会计期间股东(投资者)拥有的净资产的总额。　　　　　　　　　　　　　　　　　　　　　　　（　　）

8. 在资产负债表中存货跌价准备应作为存货的抵减额在存货项目中列示。　（　　）

9. 通过利润表，可以考核企业一定会计期间的经营成果，分析企业的盈利能力及未来发展趋势。　　　　　　　　　　　　　　　　　　　　　　　　　　　　　　　（　　）

10. 所有者权益变动表能够反映所有者权益各组成部分累计增减变动情况，有助于报表使用者理解所有者权益增减变动的原因。　　　　　　　　　　　　　　　　　（　　）

11. 所有者权益变动表能够反映所有者权益各组成部分当期增减变动情况，有助于报表使用者理解所有者权益增减变动的原因。　　　　　　　　　　　　　　　　　（　　）

四、简答题

1. 什么是财务报表？财务报表有哪些？
2. 编制财务报表有哪些要求？
3. 试述资产负债表的定义，结构及其作用。
4. 试述利润表的定义、结构和编制方法。
5. 试述现金流量表的定义、结构和编制方法。

五、案例分析

发掘格力电器报表的秘密：销售返利

虽然企业财务报告的主要目标是公允反映企业的盈利能力和财务状况，但现实的企业财务报告中往往充满了伪装、假象、甚至是谎言。许多情况下，企业财务报告呈现出来的企业经营状况是管理层想让你看见的，比如，许多不怎么赚钱的公司会用各种把戏美化财务报表，让你误认为公司是赚钱的、或诱使你相信企业高增长的故事会无限期地持续下去，而极少数很赚钱的公司却把利润隐蔽地掩盖了起来。本文讨论了格力电器如何通过销售返利来巧妙地建立起自己的利润蓄水池。读懂格力财务报表有三个关键：资产负债表——其他流动负债之销售返利；利润表——销售费用的大幅变动；现金流量表——销售活动收到的现金。这三个项目分别构成了格力电器财报的两大异象：

(1) 592 亿销售返利在三大日电中独树一帜。截至 2018 年中，格力其他流动负债中有 592 亿的销售返利存量，而美的集团的销售返利只有 192.7 亿。海尔未披露返利明细，但其他流动负债仅 2 347 万，返利不会超过这个数字。

(2) 相比同业，格力电器的销售费用率波动异常剧烈。在 2011—2017 年间，美的集团的销售费用率区间为 11.06%～14.76%，青岛海尔销售费用率波动区间为 12.04%～17.93%，而格力电器波动区间为 10.49%～23.54%。这两大异象的落脚点都可归结于销售返利。销售返利是指经销商在一定时期内累计购买货物达到一定数量，或者由于市场价格下降等原因，公司给予经销商相应的价格优惠或补偿。

在具体内容上包括四块：打款贴息、提货奖励、淡季奖励、年终返利。格力的销售返利机制在生产端，可以有效化解空调企业生产和销售的季节性矛盾，平滑产销波动；在销售端，可以有效提高经销商的忠诚度和积极性，起到良好的激励效果；在资金端可以免费引入产业链杠杆，减少营运资本投入。在财务上，格力的销售返利可以起到丰年储粮，荒年赈灾的作用。原因在于，格力电器的销售返利带有极大的不确定性，预计下期返利金额须根据承担义务所需支出的最佳估计数来确定，而这个"最佳估计数"就是格力电器财报的终极奥义，也是其隐藏利润、调节利润的有力工具。事实上，格力电器的返利可以划分成两个部分：一部分是经营性返利；另一部分是超额计提的返利。2017 年末，格力电器其他流动负债中有 595 亿销售返利。销售返利/空调内销收入达到 52%，美的集团这一指标约7%，海尔不足 5%。一般来说，一家公司的销售返利最多一两年就结转。

从格力经销商的自述来看，年销售返利率约 13.6%，返利滚动兑现。格力这么高的返利营收比显然是不符合商业逻辑的，显然其中相当大一部分是虚的负债。同时，与将返利作为销售折扣的处理相比，格力关于返利的记账方法在大量计提期间，导致高毛利率和高销售费用率；而在返利净兑现期，带来低毛利率和低销售费用率。也就是说格力电器每年返利净计提额的波动，加剧了格力电器毛利率和销售费用率的波动。

总而言之，格力电器开创的销售返利政策巧妙地缓解了空调生产、仓储与销售之间的季节性矛盾，强化了格力对销售公司和经销商的控制，更隐藏了大量的利润和净资产。正如董明珠所说，销售返利是格力电器的核按钮，是其他空调厂商难以复制的重要竞争力。

习题九参考答案

第十章　会计核算形式

【知识目标】

通过本章学习，学生可了解会计核算形式的概念和种类，熟悉记账凭证核算形式、汇总记账凭证核算形式、科目汇总表核算形式的优缺点和适用范围。

【能力目标】

掌握记账凭证核算形式、汇总记账凭证核算形式、科目汇总表核算形式的核算步骤和要求。

【案例导读】

弘大公司是一家新兴的软件公司，主要业务是开发教学管理软件。该公司在世界各地有多家分公司，业务繁多。在账务处理上，各国和各地区的分公司根据业务量和自身特点，采取不同的会计核算形式。对于现金和银行存款，采取多栏式库存现金日记账和多栏式银行存款日记账登记总分类账。对于转账业务，可以根据转账凭证逐笔登记总分类账，也可根据转账凭证编制转账凭证科目汇总表，登记总分类账。

第一节　会计核算形式及其种类

在会计实务工作中，会计凭证、账簿以及会计报表不是彼此孤立、互不联系的，而是按一定的形式相互结合，形成一个完整的会计核算体系。为了使记账工作有序地进行，保证账簿记录能够满足企业内部、外部会计信息使用者的需要，就应将凭证、账簿和报表有机地结合起来。会计核算形式就是在会计核算中，会计凭证、账簿组织和记账程序及方法有机结合的组织方式。账簿组织是指账簿的种类、格式和各种账簿之间的相互关系。记账程序和记账方法是指凭证的整理、传递、账簿的登记和根据账簿编制财务会计报告的程序和方法。

由于各个企业的业务性质、规模大小、组织方式各不相同，经济业务数量不一，因此它们的账簿组织和记账程序也就有区别，即应当设置的账簿种类、格式和各种账簿之间的相互关系以及与之相适应的记账程序和记账方法不完全相同。不同的账簿组织、记账程序和记账方法相互结合在一起，就构成了不同的会计核算形式(也称账务处理程序)。选择适当的会计核算形式是做好会计工作的一个重要条件，对于保证会计工作的质量，提高会计工作的效率以及正确、及时地编制财务会计报告起着重要的作用。

每个企业都应该根据自己经营管理及会计业务的数量等情况，选择适当的会计核算形式。一般来说，合理、适当的会计核算形式应该符合以下要求：

(1) 应该与本单位的组织规模大小、经济业务的繁简程度、经营管理和记账分工的特点相适应。会计核算必须与经营管理的要求密切配合，为本单位经营管理及外部有关方面提供必要的会计信息。因此，各企业在选择会计核算形式时，要认真研究本单位在经营管理上的具体要求，并根据这些要求来设计、设置所需要的凭证、账簿、会计处理程序等，以便通过会计核算，能正确、及时地反映企业的财务状况和经营状况。

(2) 应该满足投资人、债权人以及国家宏观调控的需要和其他有关方面的要求。在市场经济的运行机制中，国家行政职能将从以行政手段对企业进行管理变为主要以经济和法律的手段进行宏观调控，指导经济的运行。会计工作也必须适应市场经济体制，所提供的会计信息除了满足企业内部经营管理的需要外，还必须符合投资人、债权人以及国家宏观管理的需要以及其他方面的需要。通过合理地组织企业会计工作，正确、及时和完整地提供会计信息，保证会计信息的真实可靠、相互可比。

(3) 在保证会计工作质量的前提下，力求简化核算手续，节约核算时间和核算费用，提高会计工作的效率。

目前，我国各类企业采用的会计核算形式有下列几种：

① 记账凭证核算形式。

② 汇总记账凭证核算形式。

③ 科目汇总表核算形式。

④ 日记总账核算形式。

⑤ 多栏式日记账核算形式。

⑥ 通用日记账核算形式。

以上六种会计核算形式既有共同点，又有各自的特点，目前采用前三种会计核算形式较多。其中，记账凭证核算形式是最基本的一种，其他会计核算形式都是由此发展、演变而来的。在实际工作中，各经济单位可根据实际需要选择其中一种会计核算形式，也可将多种会计核算形式的优点结合起来使用，以满足本单位经营管理的需要。

各单位会计核算形式不尽相同，但基本模式总是不变的。其基本模式如图 10-1 所示。

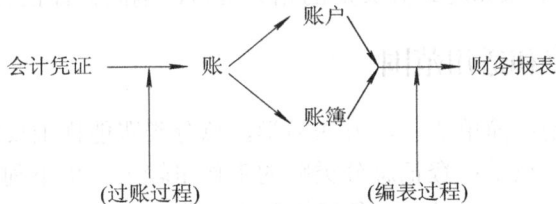

图 10-1 会计核算形式

选择什么样的会计核算形式最好

第二节 记账凭证核算形式

一、记账凭证核算形式的设计要求

记账凭证核算形式是最基本的一种会计核算形式。它的特点是直接根据记账凭证逐笔登记总分类账。在记账凭证核算形式下，应当设置现金日记账、银行存款日记账、明细分类账和总分类账。其中，日记账和总账可采用三栏式；明细分类账可根据需要采用三栏式、数量金额式和多栏式；记账凭证一般使用收款凭证、付款凭证和转账凭证三种格式，也可采用通用记账凭证。

二、记账凭证核算形式的基本内容

记账凭证核算形式的基本内容如图 10-2 所示。

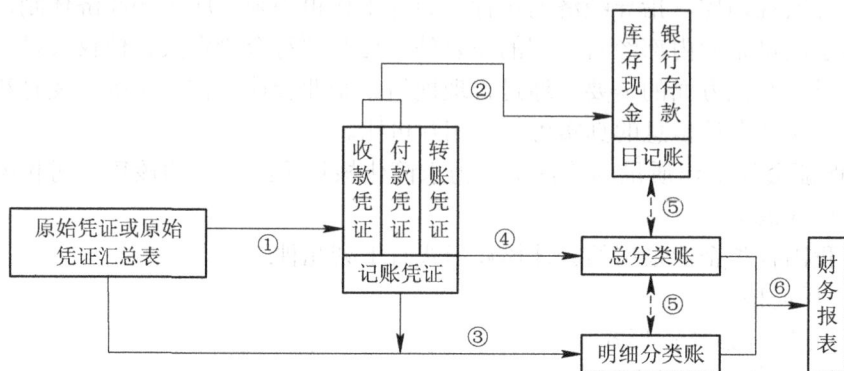

图 10-2　记账凭证核算形式

图 10-2 中：

① 根据原始凭证或原始凭证汇总表填制记账凭证。

② 根据收款凭证和付款凭证逐笔登记现金日记账和银行存款日记账。

③ 根据原始凭证、原始凭证汇总表或记账凭证登记各种明细分类账。

④ 根据记账凭证逐笔登记总分类账。

⑤ 月末，将现金日记账、银行存款日记账的余额，以及各种明细分类账的余额合计数，分别与总分类账中相关账户的余额核对相符。

⑥ 月末，根据核对无误的总分类账和明细分类账的相关资料，编制会计报表。

三、记账凭证核算形式的优缺点和适用范围

记账凭证核算形式的主要优点是：简单明了，方法易学，总分类账能详细反映经济业务状况，方便会计核对与查账。其缺点是：登记总分类账的工作量较大，也不利于分工。因此，这种核算形式一般适用于规模较小、经济业务较简单的企业。

第三节　汇总记账凭证核算形式

一、汇总记账凭证核算形式的设计要求

汇总记账凭证核算形式的基本特点是：根据记账凭证，编制汇总记账凭证，据以登记总账。采用这种会计核算形式，主要设置现金日记账、银行存款日记账、总分类账和明细

分类账。其中，现金日记账和银行存款日记账采用三栏式；总分类账可以是三栏式，也可以是多栏式；明细分类账可采用三栏式、数量金额式或多栏式。

汇总记账凭证应分为汇总收款凭证、汇总付款凭证和汇总转账凭证三种，并分别根据收款、付款、转账三种记账凭证汇总填制。汇总记账凭证要定期填制，间隔天数视业务量多少而定，一般为每隔 5 天或 10 天，每月汇总编制一张，月终结出合计数，据以登记总分类账。

汇总收款凭证和汇总付款凭证均应以"库存现金"和"银行存款"账户为中心设置，因为这两个账户的收付发生状况反映了库存现金存量和银行存款存量的变动状况，单位应及时掌握。具体来说，汇总收款凭证应根据库存现金和银行存款的收款凭证分别以该两账户的借方设置，并按与该两账户对应的贷方账户归类汇总。汇总付款凭证则方向相反。若是库存现金和银行存款之间相互划转的业务，则按汇总转账凭证处理。

汇总转账凭证一般按有关账户的贷方分别设置，并以对应科目的借方账户归类汇总。因此，汇总转账凭证只能是一贷一借或一贷多借，而不能相反。这样既反映了经营过程中各种存量变动情况，又与单位资金运动方向一致。为简化会计核算，若在一个会计期间内某一贷方科目的转账凭证不多，则可直接根据转账凭证登记总分类账。

二、汇总记账凭证核算形式的基本内容

汇总记账凭证核算形式如图 10-3 所示。其中：

① 根据原始凭证或原始凭证汇总表填制收款凭证、付款凭证和转账凭证。

② 根据收款凭证和付款凭证逐笔登记现金日记账和银行存款日记账。

③ 根据收款凭证、付款凭证、转账凭证和原始凭证(或原始凭证汇总表)逐笔登记各明细分类账。

④ 根据收款凭证、付款凭证和转账凭证定期编制汇总收款凭证、汇总付款凭证和汇总转账凭证。

⑤ 月终，根据汇总收款凭证、汇总付款凭证和汇总转账凭证登记总分类账。

⑥ 月终，现金日记账的余额和银行存款日记账的余额及各明细分类账的余额合计数，与总分类账有关账户的余额核对相符。

⑦ 月终，根据总分类账、明细分类账资料编制会计报表。

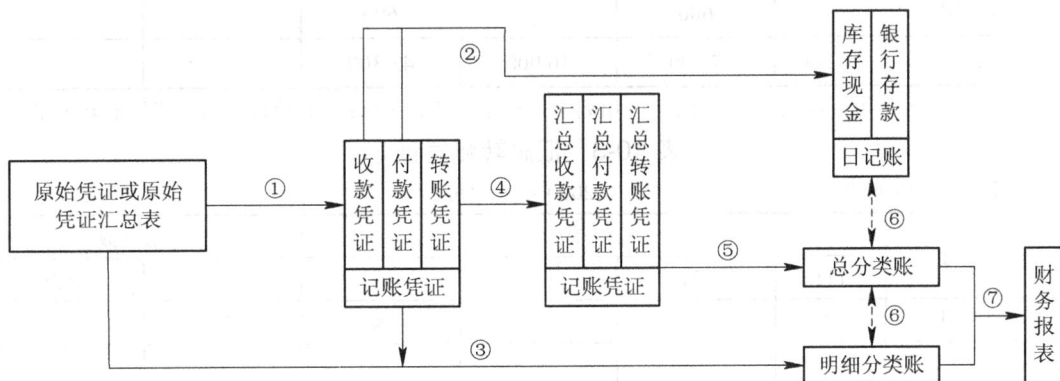

图 10-3 汇总记账凭证核算形式

三、汇总记账凭证核算形式的优缺点和适用范围

汇总记账凭证核算形式的优点是：可以大大简化总分类账的登记工作，能明确反映账户之间的对应关系，且既易于及时掌握资金运动状况，又简便了记账凭证的整理归类。其缺点是：记账凭证的汇总是按有关账户的借方或贷方而不是按经济业务性质归类汇总的，不利于会计核算分工。这种会计核算形式一般使用于规模较大、业务较多的企业。

现以生产企业为例，简要说明汇总记账凭证的编制和总分类账登记的方法，如表 10-1～表 10-4 所示。

表 10-1 汇总收款凭证

借方科目：银行存款　　　　　　　　2020 年 9 月份　　　　　　　　汇收第×号

贷方科目	金　额				总账页数	
	(1)	(3)	(3)	合计	借方	贷方
主营业务收入	6 500	6 300	8 900	21 700	略	略
应收账款	8 000			8 000		
其他货币资金			2 000	2 000		
合计	14 500	6 300	10 900	31 700		

注：① 填列上旬记账凭证共×张；② 填列中旬记账凭证共×张；③ 填列下旬记账凭证共×张。

表 10-2 汇总付款凭证

贷方科目：银行存款　　　　　　　　2020 年 9 月份　　　　　　　　汇付第×号

借方科目	金　额				总账页数	
	(1)	(3)	(3)	合计	借方	贷方
应付账款	5 000	4 500		9 500	略	略
其他货币资金	11 200			11 200		
库存现金		2 000		2 000		
在途物资	10 000		10 000	20 000		
管理费用		600		600		
合计	26 200	7 100	10 000	43 300		

注：① 填列上旬记账凭证共×张；② 填列中旬记账凭证共×张；③ 填列下旬记账凭证共×张。

表 10-3 汇总转账凭证

贷方科目：其他应收款　　　　　　　　2020 年 9 月份　　　　　　　　汇转第×号

借方科目	金　额				总账页数	
	(1)	(3)	(3)	合计	借方	贷方
管理费用	×	×	×	×	×	×
合计						

注：① 填列上旬记账凭证共×张；② 填列中旬记账凭证共×张；③ 填列下旬记账凭证共×张。

表 10-4　总分类账

会计科目：银行存款　　　　　　　　　　　　　　　　　　　　　　　　　　第××页

201×年		凭证号数	摘要	对方账户	借方	贷方	借或贷	余额
月	日							
9	1		期初余额				借	150 000
	30	汇收×		主营业务收入	21 700			
	30	汇收×		应收账款	8 000			
	30	汇收×		其他货币资金	2 000			
	30	汇付×		应付账款		9 500		
	30	汇付×		其他货币资金		11 200		
	30	汇付×		库存现金		2 000		
	30	汇付×		在途物资		20 000		
	30	汇付×		管理费用		600		
9	30		本月发生额及余额		31 700	43 300	借	138 400

第四节　科目汇总表核算形式

一、科目汇总表核算形式的特点和核算要求

科目汇总表核算形式的主要特点是：定期编制科目汇总表，并据以登记总分类账。采用这种会计核算形式，对凭证和账簿的要求及记账程序与前两种会计核算形式基本相同。科目汇总表的性质和作用，与汇总记账凭证相似，但两者的结构和编制的方法不同。科目汇总表不分别对应科目进行汇总，而是将所有科目的本期借方、贷方发生额汇总在一张科目汇总表内，然后据以登记总账。为了便于汇总，必须注意以下几点：

(1) 每一张收款凭证一般应填列一个贷方科目；每一付款凭证一般应填列一个借方科目；转账凭证则应填列一个借方科目和一个贷方科目，一式二联，一联为借方科目转账凭证，一联为贷方科目转账凭证。

(2) 为了便于登记总账，科目汇总表上的科目排列应按总分类账上科目排列的顺序来定。

(3) 科目汇总表汇总的时间不宜过长，业务量多的单位可每天汇总一次，一般间隔最长不超过 10 天，以便对发生额进行试算平衡，及时了解资金运动状况。

二、科目汇总表核算形式的核算步骤

科目汇总表核算形式如图 10-4 所示。其中：

① 根据原始凭证或原始凭证汇总表编制收款凭证、付款凭证和转账凭证。

② 根据收款凭证、付款凭证登记现金日记账、银行存款日记账。

③ 根据原始凭证或原始凭证汇总表、收款凭证、付款凭证、转账凭证登记各种明细分类账。

④ 根据收款凭证、付款凭证、转账凭证，每日或定期编制科目汇总表。

⑤ 根据科目汇总表，每日或定期登记总分类账。

⑥ 月终，现金日记账、银行存款日记账和明细分类账分别与总分类账核对。

⑦ 月终，根据总分类账和明细分类账资料编制会计报表。

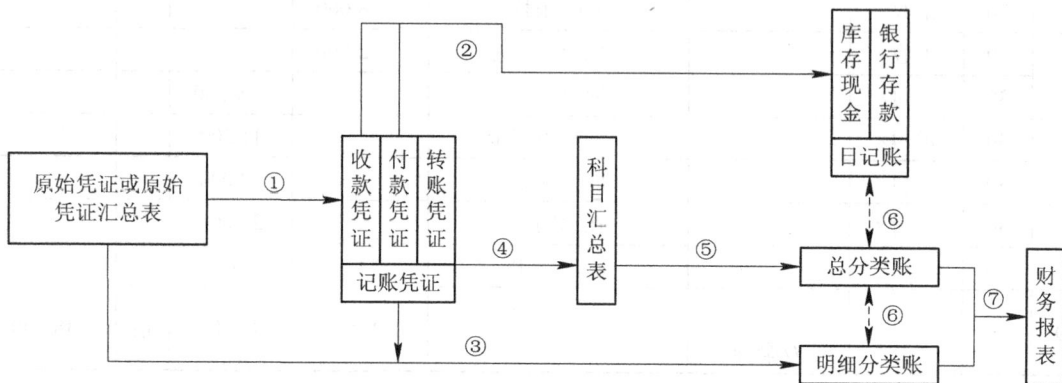

图 10-4　科目汇总表核算形式

三、科目汇总表核算形式的优缺点和适用范围

科目汇总表核算形式的优点是：汇总手续较为简单，不仅可以简化总分类账的登记，还可以每天或定期就科目汇总表进行试算平衡，便于及时发现问题，采取措施。其缺点是：科目汇总表反映不出账户的对应关系，不便于了解经济业务的内容。通常，这种核算形式适用于经济业务频繁的单位。

现简要说明科目汇总表的编制及其过账的方法，如表 10-5 和表 10-6 所示。

表 10-5　科目汇总表

2020 年 9 月 1 日至 10 日　　　　　　　　　　　　　　　　　　　　　第×号

会计科目	总账页数	本期发生额		记账凭证起止号数
		借方	贷方	
库存商品		5 000		
在途物资		8 000		
原材料			7 000	
生产成本	（略）	7 000		
银行存款		22 000	22 500	（略）
应收账款			12 000	
应付账款		9 500		
主营业务收入			10 000	
合计		51 500	51 500	

表 10-6　总 分 类 账

会计科目：银行存款　　　　　　　　　　　　　　　　　　　　　　第 26 号

201×年		凭证号数	摘要	借方	贷方	借或贷	余额
月	日						
9	1		月初余额			借	200 000
	10	科汇×		22 000	22 500	借	199 500
9	31		本月发生额及余额	52 300	49 500	借	202 800

选择当会计的种种理由

课 程 实 践

【课程实践一】

星巴克的会计核算形式

一、资料

星巴克(Starbucks)是美国一家连锁咖啡公司的名称。该公司 1971 年成立，为全球最大的咖啡连锁店。其总部坐落于美国华盛顿州西雅图市。除咖啡外，星巴克亦有茶、蛋糕等商品。星巴克在全球范围内已经拥有近 12 000 家分店，遍布北美洲、南美洲、欧洲、中东及太平洋地区。

星巴克大力开拓亚洲市场。在强大的资本后盾支持下，星巴克的经营一飞冲天，以每天新开一家分店的速度快速扩张。自 1992 年上市以来，其销售额平均每年增值 20%，利润平均增长率则达到 30%。经过 10 多年的发展，星巴克已从昔日西雅图一条小小的"美人鱼"进化到今天遍布全球 40 多个国家和地区，连锁店达到 10 000 多家的"绿巨人"。星巴克的股价攀升了 22 倍，收益之高超过了通用电气、百事可乐、可口可乐、微软及 IBM 等大型公司。

星巴克公司在世界各地有多家分店，因此业务繁多。在账务处理上，各国和各地区分店根据业务量和自身特点，采取不同的会计核算形式。对于现金和银行存款，采取多栏式库存现金日记账和多栏式银行存款日记账登记总分类账。对于转账业务，可以根据转账凭证逐笔登记总分类账，也可根据转账凭证编制转账凭证科目汇总表，登记总分类账。

二、要求

请结合上述案例分析：

(1) 星巴克公司的分支店采用了哪两种账务处理程序？

(2) 选择采用何种账务处理程序和星巴克公司分支点的业务量有没有关系？

【课程实践二】

计算机与会计的联系

IT技术已经在许多领域得到了广泛应用，会计也不例外。计算机在会计中的应用，虽然没有从根本上改变会计作为经济信息系统的本质，却对会计学科产生了深远影响。这种影响体现在会计数据处理工具和会计信息载体的变革等诸多方面。

虽然计算机运用于会计工作发展得如火如荼，但问题在于是会计向计算机让步，还是计算机向会计让步，抑或还有其他选择。

一个典型例子是目前的反记账反结账之争。国内关于财务软件是否应设置反记账反结账功能的讨论由来已久，归纳起来不外乎以下两种观点。

一种观点认为，按照现行会计法和有关规定，实行会计信息化后的处理应该与手工一样，因此反对在财务软件中设置反记账、反结账功能。当手工条件下账簿记录发生错误时，不准涂改、挖补、刮擦或用药水消除字迹，不准重新抄写。而在会计信息化下，《会计核算软件基本功能规范》也规定："在已经输入的原始凭证审核通过或者相应记账凭证审核通过或者登账后，原始凭证确需修改，会计核算软件在留有痕迹的前提下，可以提供修改和对修改后的机内原始凭证与相应的记账凭证是否相符进行校验的功能"，"发现已经输入并已审核通过或者登账的记账凭证有错误的，可以采用红字冲销法或者补充更正法进行更正"等。这种观点认为，如果允许财务软件反记账反结账，至少存在以下弊端：一是易造成数据错误、账务混乱；二是为提供虚假信息及违法犯罪大开方便之门。

另一种观点认为，反记账反结账功能已在许多财务软件中使用，从使用效果看，反记账反结账功能在纠错、降低审计风险、帮助会计人员熟悉会计软件等方面有较多优势。这种观点也承认该功能对会计信息正确性带来隐患，但强调这种隐患可以通过设置操作人员权限、操作时间和范围来解决。

分析以上两种观点，反记账反结账之争实质是会计与计算机关系之争，换句话说，就是究竟会计需要原封不动地被计算机复制，还是计算机按自己处理数据的特点改造会计。第一种观点以有关法规规定为理由，认为不应设置反记账反结账功能，但却没有考虑到计算机本身处理数据的特点。从一个极端来说，在计算机广泛应用的今天，即使财务软件不设置这些功能，企业要达到这个结果也是非常容易的。因为财务软件数据存放在数据库，企业只需在记账或结账前对数据库备份(现行财务软件为防止数据混乱或数据丢失都有备份功能)，以后再根据需要将备份文件恢复引入就可以达到反记账反结账的效果，因此取消反记账反结账功能以确保会计信息真实的效果其实很难达到。而第二种观点则考虑到会计软件差错处理的方便性，从目前情况来看，大多数财务软件都保留了反记账反结账功能。区别在于有的把菜单隐藏起来，需要时由专人激活打开(比如用友U8软件)，有的则可直接通过快捷键运行反记账反结账功能(如金蝶KIS)。

反记账反结账之争使我们不得不重新考虑会计与计算机的关系问题。就会计本身来说，会计是从手工处理环境下产生和发展起来的，有关理论和方法也大多与手工处理环境相适应，即使算盘和机械这些新技术新方法的出现也没有对会计产生多少影响。而计算机从产生到现在不过 60 多年，把计算机引入会计领域的时间也才 50 多年，会计多年形成的理论和方法体系并没有考虑计算机(虽然有学者研究会计信息化问题，但很少突破传统会计范围)，这也是目前会计信息化存在诸多问题的原因。由于会计没有根据计算机处理数据的特点改造自身，当计算机浪潮冲击到会计时，我们难免匆忙应对，甚至乱了阵脚。

目前会计信息化应用存在的误区，就是对会计与计算机的关系定位存在两种极端行为：一种是以会计为中心，很少考虑计算机；另一种是以计算机为中心，忽略会计。第一种极端最直接的体现是目前在我国市面上销售的财务软件的功能设置，这些财务软件在程序设计时就"简单复制手工系统"，而没有将会计思想融会贯通到计算机程序设计中，所以我们看到一些本应改进的传统会计方法仍被计算机一成不变地复制。毫无疑问，财务软件的功能需符合企业核算过程要求，如果抛开这一点，财务软件"源于手工"就无从谈起，也就失去了会计信息化本身的意义。但财务软件功能也并非手工核算过程在计算机中的"翻版"，否则，会计信息化"强于手工"的特点就得不到体现，也就不可能实现真正意义的会计信息化。我们有时听到企业会计人员抱怨"总账与明细账核对不符"等，对于这些情况，会计人员会求助于软件公司，而软件公司的技术人员对这些情况一般都以"是用户自己方面的原因，用户使用没有按软件规定操作，造成数据错乱，这不是软件本身问题"为由将责任推给用户，但这些情况有时的确不是客户问题，而是软件设计问题造成的。

第一种极端是以会计为中心忽略计算机。例如，有一个问题：设 A 企业某月份有 5 笔销售业务，每笔成交金额为 10 万元，但是在月末有一笔业务因产品质量问题被客户退货。这在手工会计中比较简单的业务，在会计信息化下利用财务软件期末编制利润表取"主营业务收入"的本期发生额时却有问题。如果取贷方发生数显然是错误的，因为有一笔退款，这时主营业务收入是 50 万元；如果取借方发生数也错，应取贷方发生数减去那笔销售退回的 10 万元，但是这在财务软件中设置公式却比较麻烦，因为这个公式只能在当月使用，下个月当业务变动时又要改动公式，非常麻烦，这与会计信息化的初衷相距较远。对于这种情况，如果在编制记账凭证时采用变通方法将销售退回用"红字"登记在主营业务收入贷方，然后公式设置为只从贷方取数就行了，但问题是：这种操作违背了会计制度的规定，因为会计制度规定企业应按冲减的营业收入借记"主营业务收入""应交税费——应交增值税(销项税额)"科目，贷记"银行存款""应收账款"等科目。从这个例子可以看出，在会计信息化中全部照搬会计手工做法显然行不通，计算机的应用要按照预定的程序执行，而会计在手工条件下的某些操作规程可能就不适合计算机处理，需要变通。

第二种极端是以计算机为中心的现象。这在当前会计信息化进程里更为普遍。不少会计人员认为只要会计全面信息化后，会计工作就轻松了，管理也就上去了，所有工作计算机都能处理。在他们眼里，计算机无所不能。这种极端观点夸大了计算机的能力，对会计信息化工作是非常有害的。按照著名的"木桶理论"，在"强势计算机，弱势会计"的组合架构下，利用所谓的新技术开发设计的"财务软件"只能完成最简单最低级的会计簿记工作，有时甚至连手工簿记的某些内容都无法实现。这种情况下就更不要说什么成本的自动核算、财务分析、财务预测等问题了。现在很多高校开设会计电算化课程，大多侧重于如何用计算机来实现会计核算，还有些高校教材通篇程序设计，这些现象给人的感觉就是在会计信息化实施过程中计算机因素要大于会计因素。这也很容易理解，当会计与计算机放在一起时，现代感的计算机显然更易吸引人们的眼球，自然在两者关系中也就占据了上风。我们还能见到许多财务软件厂商在做广告或是推介其产品时，强调运用他们的产品能给企业带来多少效益，而对企业能否真的达到这个效果却较少提及。当一个企业实施 ERP 失败后，厂商给的理由是企业管理有问题，员工素质有问题等。虽然这些也是实施 ERP 失败的因素，但是笔者始终认为，失败与厂商过分夸大软件功能、认为计算机无所不能有更为密切的关系。

会计信息化中会计与计算机的关系定位不应该走两个极端，否则对信息化建设有百害而无一利。在会计与计算机的关系定位问题上，会计是主导，计算机是工具。虽然目前 IT 技术发展一日千里，但计算机不能越俎代庖，而会计为了更好地利用计算机，需要按计算机的特点重新考虑一些会计问题。在这方面，会计的责任更大。会计需要针对计算机提出和解决一些在 IT 环境下适合于会计的理论问题，探索一些适应计算机环境的会计发展新方法。这些成果将有助于会计信息系统的开发设计，反过来也将对传统的会计理论与方法带来冲击和影响。一句话，会计软件行业需要反思如何更好地适应和应用计算机。

【课程实践三】

一、目的

熟悉科目汇总表的编制方法。

二、资料

黄河公司在 2020 年 12 月发生如下经济业务：

(1) 购入甲材料 2 000 千克，单价 14 元，买价 28 000 元；乙材料 5 000 千克，单价 9 元，买价 45 000 元。应交增值税进项税额 12 410 元。全部款项已经用银行存款支付。

(2) 用银行存款 6 000 元支付下年度报刊订阅费。

(3) 技术科王亮公出归来，报销差旅费 1 420 元。(注：王亮公出前已从企业财务部门借款)

(4) 收到王亮退回借款余款 80 元。

(5) 用银行存款购入需要安装的 M 设备 1 台，买价 100 000 元，运输费 3 000 元。

(6) 用银行存款 7 000 元支付购入上述甲、乙两种材料的运费。按材料的重量比例分配。

(7) 甲、乙两种材料按计划成本入库。其中：甲材料计划成本为 31 200 元；乙材料的计划成本为 52 000 元。

(8) 计算并结转甲、乙两种材料的成本差异。

(9) 从银行提取现金 85 000 元，准备发放工资。

(10) 用现金 85 000 元发放工资。

(11) 安装 M 设备消耗甲材料计划成本 4 000 元，用存款支付外聘技术人员安装费 5 800 元。

(12) 材料仓库发出材料计划成本 42 000 元。其中，生产 S 产品耗用甲材料计划成本 12 000 元；乙材料计划成本 18 000 元；生产车间一般性耗用甲材料计划成本 2 000 元；乙材料计划成本 6 000 元；企业管理部门耗用乙材料计划成本 4 000 元。

(13) 用现金 500 元购买企业管理部门用办公用品。

(14) 企业管理部门发生邮费 313 元，用现金支付。

(15) 销售 S 产品一批，价款 280 000 元，增值税销项税额 47 600 元。货款尚未收到。

(16) 用银行存款为上述购买本企业 S 产品的单位代垫运输费 2 400 元。

(17) 提取本月固定资产折旧 6 500 元。其中，生产车间使用设备折旧额为 4 500 元；企业管理部门使用设备折旧额为 2 000 元。

(18) 分配本月职工工资 79 200 元。其中，生产 S 产品工人工资 50 000 元；生产车间管理人员工资 18 000 元；企业管理人员工资 11 200 元。

(19) 按以上各类人员工资总额的 14% 提取职工福利费。

(20) 计提应由本月负担的借款利息 1 500 元。

(21) 假定本企业销售的 S 产品为应纳税消费品，税率为 5%。

(22) 用银行存款 4 919 元支付产品展销费。

(23) 用银行存款 5 500 元支付水电费。其中，车间耗用 3 000 元；企业管理部门耗用 2 500 元。

(24) 经计算，本月发出材料应分担的成本差异为节约差 1 340 元。其中，生产 S 产品应负担 900 元；生产车间应负担 200 元；企业管理部门应负担 120 元；在建工程 M 设备应负担 120 元。

(25) M 设备安装完毕，经验收合格交付使用，结转实际成本 112 680 元。

(26) 将本月发生的制造费用 35 820 元结转入产品生产成本。

(27) 本月完工的 S 产品实际成本为 121 920 元，已办理验收入库手续。

(28) 按规定计提固定资产减值准备 20 000 元。(提示：应借记"营业外支出"账户)

(29) 结转本月销售产品成本 100 000 元。

(30) 经批准，将年中盘盈的固定资产净值 4 000 元转作营业外收入。

(31) 经批准，将经过清查确认的确实无法收回的应收账款 30 000 元转作坏账损失。

(32) 按规定提取坏账准备 200 元。

(33) 将本月实现的"主营业务收入"280 000 元和"营业外收入"4 000 元结转入"本年利润"账户。

(34) 将本月发生的"主营业务成本"100 000 元、"税金及附加"14 000 元、"营业费用"4 919 元、"管理费用"23 581 元、"财务费用"1 500 元和"营业外支出"20 000 元结转入"本年利润"账户。

(35) 按照 33% 的税率计算出本月应交所得税为 39 600 元。

(36) 将计算出来的应交所得税 39 600 元结转入"本年利润"账户。

(37) 按规定的比例提取法定盈余公积金 8 040 元。

(38) 经批准，向股东分配股利 28 000 元。

(39) 将"本年利润"账户中确认的净利润 80 400 元结转入"利润分配——未分配利润"账户。

(40) 将"利润分配——提取盈余公积"和"利润分配——应付普通股股利"账户的本年发生额结转入"利润分配——未分配利润"账户。

三、要求

(1) 为每一笔经济业务编制会计分录(编制分录前，先标明应填制何种专用记账凭证，并采用五种编号方法按业务发生顺序对专用记账凭证进行连续编号)。

(2) 编制完会计分录以后，统计出本题中填制的现金收款凭证、现金付款凭证、银行存款收款凭证、银行存款付款凭证和转账凭证各为多少份。

(3) 黄河公司采用科目汇总表核算组织程序，请对各种记账凭证汇总一次，编制科目汇总表。

本 章 小 结

账务处理程序是会计凭证、账簿组织、记账程序和记账方法相互结合的方式。账务处理程序多种多样，各单位应根据国家统一会计制定的要求，结合本单位的实际情况，设计合适的账务处理程序。

记账凭证账务处理程序是最基本的一种。它的特点是根据记账凭证逐笔登记总分类账，在总分类账中能清晰反映每笔经济业务发生的情况，但登账工作量较大。

汇总记账凭证账务处理程序的特点是：根据记账凭证定期编制汇总记账凭证，再据以登记总分类账，简化了登记总分类账的工作量。而且，汇总记账凭证是按照账户的对应关系进行汇总的，在总分类账中能清晰反映出发生的经济业务，便于对经济业务进行分析检查。但是，编制汇总记账凭证的工作量较大。在实际工作中，大多数单位采用科目汇总表账务处理程序。

科目汇总表账务处理程序的特点是：根据记账凭证定期编制科目汇总表，再据以登记总分类账，大大简化了登记总分类账的工作量。而且，科目汇总表本身兼有试算平衡的作用，可以及时发现填制凭证和汇总过程中的错误，从而保证记账工作的质量。但是，从总分类账记录中无法反映本期发生额是由哪些经济业务引起的，给查账工作带来诸多不便。

习 题 十

一、单项选择题

1. 记账凭证核算组织程序下登记总分类账的根据是(   )。

A. 记账凭证
B. 汇总记账凭证
C. 科目汇总表
D. 原始凭证

2. 在下列核算组织程序中，被称为最基本的会计核算组织程序的是(   )。

A. 记账凭证核算组织程序
B. 汇总记账凭证核算组织程序
C. 科目汇总表核算组织程序
D. 日记总账核算组织程序

3. 汇总收款凭证是按(   )。

A. 收款凭证上的借方科目设置的
B. 收款凭证上的贷方科目设置的
C. 付款凭证上的借方科目设置的
D. 付款凭证上的贷方科目设置的

4. 汇总付款凭证是按(   )。

A. 收款凭证上的借方科目定期汇总
B. 收款凭证上的贷方科目定期汇总

C．付款凭证上的借方科目定期汇总　　　　D．付款凭证上的贷方科目定期汇总

5．汇总转账凭证是按(　　)。

A．收款凭证上的贷方科目设置的　　　　B．付款凭证上的贷方科目设置的

C．转账凭证上的贷方科目设置的　　　　D．转账凭证上的借方科目设置的

6．汇总记账凭证核算组织程序的特点是(　　)。

A．根据各种汇总记账凭证直接登记明细分类账

B．根据各种汇总记账凭证直接登记总分类账

C．根据各种汇总记账凭证直接登记日记账

D．根据各种记账凭证上直接登记总分类账

7．科目汇总表的基本的编制方法是(　　)。

A．按照不同会计科目进行归类定期汇总

B．按照相同会计科目进行归类定期汇总

C．按照借方会计科目进行归类定期汇总

D．按照贷方会计科目进行归类定期汇总

8．科目汇总表核算组织程序的特点是(　　)。

A．根据各种记账凭证直接登记总分类账

B．根据科目汇总表登记总分类账

C．根据汇总记账凭证登记总分类账

D．根据科目汇总表登记明细分类账

9．日记总账核算组织程序的特点是(　　)。

A．根据各种记账凭证直接逐笔登记总分类账

B．根据各种记账凭证直接逐笔登记日记总账

C．根据各种记账凭证直接逐笔登记明细分类账

D．根据各种记账凭证直接逐笔登记日记账

二、多项选择题

1．会计循环的主要环节有(　　)。

A．设置账户　　　　B．填制会计凭证　　　　C．成本计算

D．登记账簿　　　　E．编制会计报表

2．在会计循环中，属于会计主体日常会计核算工作内容的有(　　)。

A．根据原始凭证填制记账凭证　　　　B．根据编制的会计分录登记分类账

C．编制调整分录并予以过账　　　　D．根据分类账记录编制结账前试算表

E．编制结账分录并登记入账

3．在会计循环中，属于会计主体会计期末会计核算工作内容的有(　　)。

A．编制结账前试算表　　　　B．编制调整分录并予以过账

C．编制结账后试算表　　　　D．编制结账分录并登记入账

E．编制会计报表

4．记账凭证核算组织程序的优点有(　　)。

A．在记账凭证上能够清晰地反映账户之间的对应关系

B．在总分类账上能够比较详细地反映经济业务的发生情况

C．总分类账登记方法易于掌握

D．可以减轻总分类账登记的工作量

E．账页耗用较少

5．为便于编制汇总收款凭证，日常编制收款凭证时，分录形式最好是(　　)。

A．一借一贷　　　　　B．一借多贷　　　　　C．多借一贷

D．多借多贷　　　　　E．多借两贷

6．为便汇总转账凭证的编制，日常编制转账凭证时，分录形式最好是(　　)。

A．一借一贷　　　　　B．一贷多借　　　　　C．一借多贷

D．多借多贷　　　　　E．一借两贷

7．科目汇总表核算组织程序的优点有(　　)。

A．可以进行账户发生额的试算平衡　　　　B．可减轻登记总账的工作量

C．能够保证总分类账登记的正确性　　　　D．适用性比较强

E．可清晰地反映账户之间的对应关系

三、判断题

1．每一个会计循环一般都是在一个特定的会计期间内完成的。　　　　　(　　)

2．记账凭证核算组织程序是最基本的一种会计核算组织程序。　　　　　(　　)

3．汇总记账凭证是根据各种专用记账凭证汇总而成的。　　　　　　　　(　　)

4．汇总收款凭证、汇总付款凭证和汇总转账凭证应每月分别编制一张。　(　　)

5．多借多贷的会计分录会使账户之间的对应关系变得模糊不清。　　　　(　　)

6．编制汇总记账凭证的作用是可以对总分类账进行汇总登记。　　　　　(　　)

7．科目汇总表也是一种具有汇总性质的记账凭证。　　　　　　　　　　(　　)

8．可以根据科目汇总表的汇总数字登记相应的总分类账。　　　　　　　(　　)

9．科目汇总表的汇总结果体现了所有账户发生额的平衡相等关系。　　　(　　)

10．日记总账是一种兼具序时账簿和分类账簿两种功能的联合账簿。　　(　　)

11．各种核算组织程序下采用的总分类账均为借、贷、余三栏式。　　　(　　)

12．填制专用记账凭证是各种核算组织程序所共有的账务处理步骤。　　(　　)

四、简答题

1．试述会计组织核算程序的意义。

2．试述确定会计组织核算程序的要求。

3．试比较各种会计组织核算程序的基本内容、特点及其适用范围。

五、案例分析

丁丁是一名大学生，他决定利用暑假期间勤工俭学，开办一家经营商品推销、少儿暑假寄托、教育等业务的服务公司。7月1日，丁丁成立了开心服务公司，利用自己的积蓄租了一套租赁期为两个月的房间，每月租金300元，先预付500元，同时，借来现金2 000元。

该服务公司7月份发生以下业务：

(1) 支付广告费100元。

(2) 租用办公桌一张，月租金 50 元，预付 30 元，余款到 8 月 31 日租赁期满与 8 月份租金一并付清。

(3) 现款购入各种少儿读物 1 130 套，共计 460 元。

(4) 现款购入数把儿童椅子，总成本 1 000 元。

(5) 在丁丁外出联系业务时请了一名临时工来帮忙，月薪为 300 元。

(6) 支付各种杂费 50 元。

(7) 推销商品佣金收入 1 640 元。

(8) 入托少儿的学杂费收入 1 500 元。

(9) 7 月份，丁丁个人支用服务所现金 300 元。

8 月份，该所取得 3 100 元的现金收入，且均收到现金。其中，托费收入 1 700 元，其余均为佣金收入。费用开支保持不变，丁丁个人支用服务所现金 300 元。8 月 31 日暑假结束，丁丁将少儿读物全部送给孩子们，并将数把椅子出售得款 600 元。同时归还借款。

请你帮丁丁设计一套合理的账务组织核算程序，完整地记录开心服务公司的全部经济业务，并计算确定丁丁的经营是否成功，简要评述开心服务所 7、8 月份月初与月末的现金变动状况。

习题十参考答案

第十一章 会计工作组织

【知识目标】

通过本章教学，学生可了解会计工作管理体制的主要内容，明确会计工作的组织形式，掌握会计机构设置和会计人员从业资格的有关要求，掌握会计法规体系的构成内容。

【能力目标】

了解正确组织会计工作的意义和组织会计工作的内容，熟悉会计机构、会计人员的设置、会计人员的职权、会计人员的条件、会计法规和会计工作的组织形式，明确单位会计电算化的机构组织和岗位设置。

【案例导读】

安然(Enron)是美国最大的能源交易商，是全球最大的能源巨头公司之一，在 2001 年《财富》世界 500 强排名第 7 位。其 2000 年的销售额高达 1 000 亿美元，每股股价曾高达 80 美元。但自 2001 年 10 月中旬该公司宣布巨额季度亏损和可疑的资产负债表后，其股份一路下滑，跌至每股股份不足 1 美元。安然股份的大幅下跌最主要的原因是债权人和投资者失去信心，因为他们怀疑安然所出示并经审计的财务资料是虚假的。在安然事件发生前后，为安然公司提供审计服务的主审计师邓肯销毁了大量与安然有关的业务文件。案情暴露后，邓肯辩解是安达信的律师暗示他这样做的，他本人只是在履行别人的建议而已；而安达信则称：这是个别人所为。尽管双方互相推诿责任，但在 2002 年 6 月 15 日，经过美国联邦大陪审团 10 天的激烈辩论后，安达信仍然被认定在销毁安然公司文件一案中的妨碍司法罪成立。上述案例正显示了会计档案管理的重要性。

第一节 会计工作组织概述

一、会计工作组织的定义及意义

所谓会计工作组织，就是根据国家制定的会计法规，结合本单位的特点，制定与执行本单位会计制度，设置本单位会计机构，配备本单位会计人员，以保证有效地进行会计工作的活动。

正确地组织会计工作对于会计单位经营活动的良好运行具有十分重要的意义。这是因为会计单位发生的所有经济业务都要通过会计这个经济信息系统加以反映和控制；良好的会计工作组织，可以让会计单位的财务状况和经营成果及时而准确地通过会计这个经济信息系统反映给决策者。就会计工作本身来讲，它也是非常严密细致的，若会计信息系统在任何一个环节出现错误、遗漏，都会使全部核算结果发生差错，从而可能导致错误的经济决策。

二、会计工作组织的内容

会计工作的组织包括：① 会计机构的设置；② 会计人员的配备；③ 会计制度的制定与执行。

值得注意的是，本章的内容主要围绕会计单位的会计工作组织展开。放在更为宏观的层面，我们还会看到政府对会计单位会计工作的行政组织与管理。比如，国家财政部设有会计管理司，管理全国的会计工作，主要负责拟定全国性的会计法令、规章、制度、规划和组织会计人员的业务培训、会计职称考试等。各省、自治区、直辖市财政厅设有会计管理处，管理本地区的会计工作。

三、会计工作组织实施时应注意的问题

各单位组织会计工作时应注意以下问题：

(1) 必须按照国家对会计工作的统一要求来组织会计工作。会计工作的组织受各种法规、制度的制约，比如《中华人民共和国会计法》《企业会计准则》《会计基础工作规范》《中华人民共和国总会计师条例》《会计专业职务试行条例》《会计档案管理办法》《会计电算化管理办法》等。

(2) 根据各会计单位生产经营管理特点来组织会计工作。各会计单位应根据自身的特点，确定本单位的会计制度，对会计机构的设置和会计人员的配备作出切合实际的安排。

(3) 在保证会计工作质量的前提下，讲求工作效率，节约工作时间和费用。

第二节　会计机构和会计人员

一、会计机构

会计机构是组织领导和直接从事会计工作的职能部门。

建立和健全会计机构，是加强会计工作、保证会计工作顺利进行的前提。为此，各单位必须单独设置会计机构。

由于会计核算工作和财务管理工作之间的关系十分密切，所以往往把两者合并在一起，设置一个财务会计机构，统一办理财务管理工作和会计核算工作。

尽管任何单位都需要设立会计机构，但在具体设计时，除了遵守相关法规的要求外，还要遵循一个基本原则——量体裁衣。若单位规模小，会计业务简单，则可不单独设置会计机构，而应在有关机构中配备会计人员并指定会计主管人员，或根据《代理记账管理暂行办法》委托会计师事务所或者持有代理记账许可证书的其他代理记账机构进行代理记账，

以保证会计工作的正常进行。而规模大的会计单位必须单独设置会计机构，会计机构内必须建立明确的职责分工。比如，设置财务组、存货组、工资组、成本费用组等，分别进行不同经济业务的核算。

二、会计人员

(一) 会计人员的设置

设置会计机构后，就应当配备会计人员及机构负责人。不具备单独设置会计机构条件的，应当在有关机构中配备专职会计人员，还应当在专职会计人员中指定会计主管人员。

会计机构负责人、会计主管人员应具备以下必要条件：坚持原则、廉洁奉公；具有会计专业技术资格；主管一个会计单位或者会计单位内会计工作的一个重要方面的时间不少于二年；熟悉国家财经法律、法规和方针、政策，掌握本行业业务管理的有关知识；有较强的组织能力；身体状况能够适应本职工作的要求；等等。

国有大中型会计单位在人员配备上执行总会计师制度。国务院 1990 年发布的《总会计师条例》第二条规定：全民所有制大中型企业单位设置总会计师；事业单位和业务主管部门根据需要，经批准可以设置总会计师。其职责是严格维护财经纪律、精打细算、开辟财源。总会计师是会计单位的行政领导成员，组织领导本单位的财务、成本，以及预算管理、会计核算和会计监督等方面的工作，参与本会计单位重要经济问题的分析和决策。

由于各单位规模大小和业务量不同，因此会计人员的配备也不尽相同，一般以岗位来配备会计人员。大、中型工业企业主要设置会计主管、出纳、资金、材料、固定资产、工资、往来结算、成本、利润核算岗位和总账报表、稽核、综合分析等岗位。这些岗位可以一人一岗，也可以一人多岗或一岗多人。

每个岗位的会计人员在工作中既要各负其责，又要同其他岗位的会计人员密切配合、互相协调，以保证会计工作顺利进行。

(二) 会计人员的职责和权限

为了充分发挥会计人员的作用，国务院于 1978 年 9 月颁布了《会计人员职权条例》。随后，又于 1985 年 1 月以法律形式《中华人民共和国会计法》对会计人员的职责和权限作出了明确的规定。

1. 会计人员的职责

会计人员主要承担五个方面的职责。

(1) 进行会计核算。

会计人员必须按照会计制度的规定，切实做好会计工作。会计人员必须以实际发生的经济业务为原始依据，做好记账、算账、报账工作，做到手续齐全、内容真实、数字准确、账目清楚、日清月结，并按规定及时地向单位内外有关各方提供会计信息。

(2) 实行会计监督。

会计人员对会计实务中不真实、不合法的事件有反映和处理的责任。会计人员必须以国家财经法纪为准绳，对本单位经济活动实行会计监督，维护国家财经法纪。对于不真实、不合法的原始凭证，应当拒绝受理；对于违反国家财经法纪的收支，应当制止或拒绝办理；对于贪污舞弊、行贿受贿、偷税漏税等犯罪行为和严重损失浪费行为，应当制止、揭露和斗争，并向单位领导、上级主管部门或审计机关报告。

会计人员还必须监督本单位各项规章制度和计划的贯彻执行情况。

(3) 拟订本单位办理会计事务的具体办法。

国家统一的会计法规、制度是各单位处理会计事务的基本依据。会计单位应根据国家统一的会计法规和制度结合本单位的具体情况，建立、健全本单位内部适用的会计规章制度，拟定办理会计事务的具体办法。例如，制订会计人员岗位责任制、内部牵制制度、稽核制度、费用开支和报销制度等。

(4) 参与拟订经济计划和业务计划，编制并考核、分析财务预算或财务计划的执行情况。经济计划和业务计划是会计单位从事经济活动和业务活动的重要依据，也是会计人员编制各种财务预算或财务计划的重要依据。会计人员参与拟订经济计划、业务计划，不仅可以起到参谋作用，还有利于编制各种财务预算或财务计划。

会计人员不仅要根据经济计划和业务计划编制切实可行的财务预算或财务计划，还应当考核、分析财务预算或财务计划的执行情况，提出改善经营管理、提高经济效益的建议和措施。

(5) 办理其他会计事务，如会计档案的保管等。

会计法还从法律上保护并鼓励会计人员为维护国家利益和社会公众利益坚持原则，履行自己的职责。其 29 条规定："单位领导和其他人员对依照本法履行职责的会计人员进行打击报复的，给予行政处分；构成犯罪的，依法追究刑事责任。"

2. 会计人员的权限

与职责相对应，会计人员在执行会计核算的过程中也被赋予了三个方面的权限。

(1) 有权要求本单位有关部门、人员认真执行国家的有关方针政策，遵守国家财经纪律和财务会计法规。如有违反，会计人员有权拒绝付款、报销或执行，并向本单位领导、上级主管部门或税务部门报告；否则会计人员也应当承担责任。

(2) 有权参与本单位制订定额、编制计划、签订经济合同，参加有关生产经营管理会议；有权要求本单位有关部门、人员提供同财务会计工作有关的情况和资料。

(3) 有权监督、检查本单位有关部门的财务收支、资金使用和财产保管、收发计量、检验等情况。

(三) 会计人员的条件及专业技术职称

会计人员应当具备的条件或素质是经济管理工作对会计人员提出的要求。会计人员除了要求具备良好的政治思想素质外，还必须符合下列条件：

(1) 熟悉法规。会计人员应当熟悉国家财经法规和统一的财务会计制度，以身作则，坚持原则，维护各方利益。

(2) 熟悉业务。会计人员应当熟悉会计专业的理论和技术方法，包括会计核算、财务管理、会计监督以及会计制度设计方面的知识和技能。

(3) 热爱工作。会计人员应当热爱本职工作，认真履行应尽的职责。

(4) 秉公办事。会计人员处理会计事务时，应当讲求职业道德，实事求是，客观公正，廉洁奉公。

为了调动会计人员的积极性，鼓励他们钻研业务，不断提高业务水平，充分发挥会计人员的作用，对于具备相应条件的会计人员，根据学识水平、业务能力和工作业绩，并通过全国会计专业技术资格统一考试合格，授予会计员、助理会计师(初级职称)、会计师(中级职称)、高级会计师(高级职称)的技术职称。

三、会计工作的交接

会计人员一旦发生更换，就必须办理交接手续，财政部于1996年6月发布的《会计基础工作规范》对其交接手续进行了比较明确的规定。

1. 对离任会计人员的规定

离任会计人员必须遵照如下步骤办理移交手续：
(1) 已经受理的经济业务尚未填制会计凭证的，应填制完毕。
(2) 尚未登记的账目应登记完毕，并在最后一笔余额后加盖经办人员印章。
(3) 整理应移交的各项材料，对未了事项写出书面材料。
(4) 编制移交清册。

2. 对接替会计人员的规定

对接替工作的人员，相应的接替手续如下：
(1) 现金、有价证券必须与会计账簿记录保持一致，不一致时，移交人员必须限期查清。
(2) 会计凭证、账簿、报表和其他会计资料必须完整无缺，否则，必须查清原因并在移交清册中注明，由移交人员负责。
(3) 银行存款账户余额与银行对账单核对，如不一致，应编制银行存款余额调节表，各种财产物资和债权债务的明细账与总账余额必须相符，必要时要进行抽查。
(4) 移交人员经管的票据、印章和其他实物等必须交接清楚。

3. 对交接工作进行监督的人员规定

对于一般会计人员的交接，由单位会计机构负责人、会计主管人员负责监交；对于会计机构负责人、会计主管人员的交接，由单位领导人负责监交，必要时可由上级主管部门派人会同监交。

四、会计工作的组织方式

会计工作的组织方式在实践中主要存在两种：一是集中核算；二是非集中核算。

1. 集中核算

集中核算就是把整个会计单位的主要会计工作集中在会计单位的一级会计部门进行，各级基层单位只定期将原始凭证和汇总凭证送交单位会计部门，由会计部门进行系统、全面的核算，包括登记各种账簿、计算成本、编制会计报表。

实行集中核算形式可以减少核算层次，精减会计人员。但在单位规模大、业务量多的情况下不利于各部门及时利用核算资料进行日常考核和分析，不利于控制经济活动进程。因此，这种形式仅适用于规模小、业务量少的企业和行政事业单位。

2. 非集中核算

非集中核算又称分散核算，就是会计单位各项经济技术指标要逐级分解，落实到分厂、车间乃至工段，实行分级管理，分级考核；单位会计部门也要建立厂部、车间各级会计机构，进行分级核算，厂部在分厂、车间核算的基础上，进行全面、系统的核算。例如，工业企业会计部门把车间成本核算工作分散在各车间进行。各车间设置和登记生产费用明细账，月终时要计算各自的产品成本，并向会计部门编报车间成本报表。

非集中核算适用于规模较大的企业会计单位或设有总厂、分厂的企业会计单位。

需要注意的是，集中核算和非集中核算是相对的。就同一个企业来说，对于各生产车间，一般实行非集中核算；对于其他部门，一般实行集中核算。但无论实行哪一种组织形式，各部门对货币资金和债权、债务的结算业务，都应当通过会计部门集中办理。

第三节　内部会计管理

建立健全会计单位内部会计管理制度，加强内部会计管理，是贯彻执行会计法规、制度，保证单位会计工作有序进行的重要措施，是会计工作组织的一项重要内容。

一、内部会计管理的原则

建立内部会计管理制度，加强内部会计管理时，应遵循以下原则：

(1) 合法合规性原则。内部会计管理应当执行国家的法规和统一的会计制度。

(2) 符合实际原则。内部会计管理应当体现本单位的生产经营、业务管理的特点和要求。

(3) 规范化原则。内部会计管理应当全面、科学和合理规范本单位的各项会计工作，建立健全会计基础工作，实行定期检查。

(4) 不相容职务相分离原则。内部会计管理应坚持不相容职务相分离的原则，如负责保管资产的人员不得兼任会计记录工作，以防止对资产的贪污盗窃行为。

二、内部会计管理的主要内容

内部会计管理是一项复杂而系统的工作，涉及面广，内容多。按照《会计基础工作规范》的要求，会计单位应建立内部会计管理体系，实行如下主要内部会计管理：

(1) 岗位责任管理：包括会计人员的工作岗位设置、各工作岗位的职责和标准设定以及岗位轮换等。

(2) 账务处理程序管理：具体包括会计科目及其明细科目的设置和使用，会计凭证格式的审核和传递，会计核算方法的确定等。

(3) 内部牵制：涉及组织分工，出纳岗位的职责和限制条件等。

(4) 稽核：包括稽核工作的组织形式、具体分工、职责、权限等。

(5) 原始记录管理：具体包括原始记录的填制、格式、审核，原始记录填制人的责任，原始记录的签署、传递和汇集。

(6) 定额管理：包括确定定额管理的范围、定额的制订和修订、定额的执行、定额的考核和奖惩。

(7) 计量验收管理：具体包括计量检测手段和方法、计量验收管理的标准、计量验收人员的责任和奖惩。

(8) 财产清查管理：涉及财产清查的范围和组织、财产清查的期限和方法、对财产清查中发现问题的处理、对财产管理人员的奖惩。

(9) 财务收支审批管理：具体包括财务收支审批人员和审批权限、财务收支审批程序、财务收支审批人员的责任。

(10) 成本核算管理：包括确定成本核算的对象、方法、程序和开展成本分析等。

应当强调，各会计单位建立哪些内部会计管理制度，实行哪些内部会计管理，主要取决于会计单位内部的经营管理需要，不同类型、规模和业务的会计单位其内部会计管理要求是不完全一致的。

第四节 会 计 法 规

一、会计法规概述

会计法规是有关会计方面的法律、法规、条例、准则和制度的总称。它是以一定的会计理论为基础，根据国家财经方针和政策制定的会计工作应当遵循的各项原则和方法方面的法规。会计法规具有强制性、约束性、指导性和规范性。

制定和完善会计法规体系，对于依法从事会计工作，规范会计行为，充分发挥会计在国民经济管理中的作用，实现国民经济管理的总目标，维护社会主义市场经济秩序等都具有十分重要的意义。

我国会计法规体系可以分为三个层次：第一层次是基本法，即会计法；第二层次是会计准则；第三层次是会计制度。

二、会计法

会计法是规范会计行为的根本大法。它是最高层次的会计法规，是制定会计准则和会计制度的法律依据。它体现着国家对所有会计行为的基本的、强制性的要求。

《中华人民共和国会计法》(简称会计法)颁布于 1985 年，同年 5 月 1 日施行。随着我国经济体制的改革的深入发展，为了进一步促进社会主义市场经济的繁荣，分别于 1993 年 12 月和 1999 年 10 月对会计法进行了修订。

制定会计法的目的是以法管理会计工作，保障会计人员依法行使职权，充分发挥会计在经济管理中的作用，促进社会主义经济的发展。

会计法共分七章五十二条，主要内容包括：总论；会计核算；公司、企业会计核算的特别规定；会计监督；会计机构和会计人员；法律责任和附则。其中：

(1) 总论部分，对制定会计法的目的、适用范围、各单位领导和会计人员的权利和义务做了法律规定。

(2) 会计核算和公司、企业会计核算的特别规定部分，对会计核算的内容、标准和程序做了法律规定。

(3) 会计监督部分，对会计监督的内容以及外部监督做了法律规定。

(4) 会计机构和会计人员部分，对会计机构设置和会计人员的配置原则、会计人员的职权范围、任免做了法律规定。

(5) 法律责任部分，对单位行政领导、其他有关人员和会计人员违反会计法应给予的处分或惩罚做了法律规定。

三、会计准则

会计准则是根据会计法制定，是从事会计核算工作的准绳，又是制定会计制度的依据。

会计准则对会计各项会计业务处理程序和方法作出了统一的规定。由于会计准则主要是针对会计核算而制定，所以会计准则又称会计核算准则。我国于 1992 年 11 月经国务院批准，财政部颁布了我国第一个会计准则——企业会计准则。2006 年 2 月对已颁布的企业会计准则进行了全面修订和完善。

企业会计准则的颁布和实施，规范了所有企业的会计核算工作，保证了会计信息质量。同时，使我国会计与国际通行的会计惯例接轨，实现了我国会计的国际化。

我国的会计准则分为基本准则和具体准则两个层次。

(1) 基本准则对会计核算的一般要求和会计核算的主要方面作出了规定，即对有关会计确认、计量、记录和报告的基本原则和一般要求作出的规定。它包括四个方面的内容：① 会计的基本前提；② 会计的一般原则；③ 会计要素准则；④ 会计报表准则。

(2) 具体准则是根据基本准则的要求，对经济业务的会计处理及其程序所作的具体规定。它是运用性准则，具有针对性强、便于操作的特点。我国具体准则共 38 项，包括三个方面的内容：① 基本业务准则；② 会计报表具体准则；③ 特殊行业、特殊业务准则。

有关基本准则内容已在第二章中详述，具体准则将在相关会计专业课程中介绍，在此不作阐述。

四、会计制度

会计制度是进行会计工作所应当遵循的规则、方法和程序的总称。它是根据会计准则制定的。

会计制度有广义和狭义之分。广义的会计制度是指有关会计方面的全部会计制度，包括会计工作制度、会计人员管理制度、会计核算制度等。狭义的会计制度是指会计核算制度。由于会计核算制度是会计制度的主要组成部分，因而习惯上把会计制度理解为会计核算制度。例如：财政部制定的《企业会计制度》就是会计核算制度。其主要内容包括两部分：① 会计科目表和会计科目使用说明；② 会计报表的种类和格式及其编制说明。此外，还包括附录部分，是主要会计事项的分录举例。

我国的会计制度分为企业会计制度和预算会计制度，分别适用于所有的企业单位和行政、事业单位，并由财政部统一制定。

企业会计制度在 2001 年以前执行行业会计制度。财政部从 1992 年 12 月起根据《企业会计准则》按工业、商业、运输业、建筑施工业、金融业等行业和股份制公司陆续颁布了十四个分行业和公司制的全国性的会计制度，各企业根据行业性质采用相应会计制度进行会计核算。2000 年 12 月财政部颁布了《企业会计制度》，规定"除不对外筹集资金、经营规模较小的企业，以及金融保险企业以外，在中华人民共和国境内设立的企业(含公司，下同)，执行本制度"。后又陆续颁布了《金融企业会计制度》《小企业会计制度》二个会计制度。三个会计制度形成我国目前的企业会计核算制度体系。

预算会计制度包括《财政总预算会计制度》《事业单位会计制度》和《行政单位会计制度》。其中，财政总预算会计制度适用于中央、省、市、县、乡五级总预算会计核算；事业单位会计制度适用于科学研究机构、大专院校等各级各类国有事业单位会计核算；行政单位会计制度适用于国家政府机关的会计核算。三个预算会计制度于 1998 年 1 月起在全国范围内统一实施。

五、会计法、会计准则和会计制度之间的关系

会计法、会计准则和会计制度都是为了规范会计行为，充分发挥会计在国民经济管理中的作用而制定。它们相互联系、互相制约，有机地结合在一起，共同构成会计法规体系。

会计法是最高层次的会计法规，是约束一切会计行为的根本大法，统驭会计准则，为制定会计准则等其他层次会计法规提供法律依据。会计准则是第二层次的会计法规，是根据会计法制定的，也是制定会计制度的依据，起作承上启下的作用。会计制度是操作性会计法规，是根据会计准则制定的，是组织和处理会计业务的具体规定。

第五节　会计档案管理

一、会计档案的含义

会计档案是按规定保存和备查的会计资料，包括会计凭证、会计账簿、会计报表，以及财务成本计划、重要的经济合同等。会计档案是记录和反映经济业务的重要史料和证据，它对于追查和明确历史上的经济责任、积累会计信息都有重要意义。

为了统一全国的会计档案管理制度，规范和加强会计档案的管理，财政部和国家档案管理局于 1984 年 6 月联合发布了《会计档案管理办法》，统一规定了会计档案的立卷、归档、保管、调阅和销毁办法。各单位应当根据国家的统一规定，制定并执行本单位的会计档案管理办法。

会计档案的归档保管

二、会计档案的管理规定

1. 保管

各单位每年形成的会计档案，应由会计部门按照归档要求整理立卷或装订成册。当年会计档案，在会计年度终了后，一般由本单位会计部门保管一年；期满后，应由会计部门编造清册全部移交本单位的档案部门保管，不得自行封包保存。

2. 调阅

各单位保存的会计档案应为本单位积极提供利用，向外单位提供利用时，档案原件原则上不得借出，如有特殊需要，须经审批，但不得拆散原卷册，并应限期归还。

3. 保管期限

各种会计档案保管期限根据档案类型的差异而分为永久保管与定期保管两类。定期保管期限分为 3 年、5 年、10 年、15 年和 25 年五种。各种会计档案的保管期限，从会计年度终了后的第一天算起，具体由《会计档案管理办法》规定。企业单位和建设单位会计档案的保管期限会计制度规定如表 11-1 所示。

表 11-1　企业单位和建设单位会计档案的保管期限

序号	档案名称	保管期限	备　注
一	会计凭证		
1	原始凭证	30 年	
2	记账凭证	30 年	
二	会计账簿		
3	总账	30 年	
4	明细账	30 年	
5	日记账	30 年	
6	固定资产卡片		固定资产报废清理后保管 5 年
7	其他辅助性账簿	30 年	
三	财务会计报告		
8	月度、季度、半年度财务会计报告	10 年	
9	年度财务会计报告	永久	
四	其他会计资料		
10	银行存款余额调节表	10 年	
11	银行对账单	10 年	
12	纳税申报表	10 年	
13	会计档案移交清册	30 年	
14	会计档案保管清册	永久	
15	会计档案销毁清册	永久	
16	会计档案鉴定意见书	永久	

4．销毁

会计档案保管期满，需要销毁时，由本单位档案部门提出意见，会同会计部门共同鉴定；编造会计档案销毁清册；报经本单位领导或上级主管部门批准之后方可销毁。

各单位按规定销毁会计档案时，应由档案管理部门和会计部门共同派员监销。监销人在销毁档案以前，应认真进行清点核对，销毁后，在销毁清册上签名盖章。

三、会计电算化单位的会计档案管理

实现会计电算化的单位，必须建立电算化会计档案管理制度，主要内容包括：

(1) 电算化会计档案，包括存储在计算机硬盘中的会计数据、其他磁性介质或光盘存储的会计数据和计算机打印出来的书面形式的会计数据等。

(2) 电算化会计档案管理要做好防磁、防火、防潮和防尘工作，重要会计档案要准备双份，存放在不同的地点。

(3) 电算化会计档案管理是重要的会计基础工作，要严格按照财政部有关规定的要求对会计档案进行管理，由专人负责。

(4) 采用磁性介质保存的会计档案，要定期进行检查，定期进行复制，防止由于磁性介质损坏，而使会计档案丢失。

(5) 电算化会计软件的全套资料以及会计软件程序视同会计档案，其保管期限截止该软件停止使用或有重大更改之后的五年。

第六节　单位会计电算化的机构组织和岗位设置

一、单位会计电算化的机构组织

实现会计电算化的单位应根据工作的特点和实际要求，合理设置会计部门的组织机构。目前，会计电算化的组织机构主要有两种形式：会计部门独立设置电算化小组形式和单位信息化领导小组形式。

(一) 会计部门独立设置电算化小组形式

这种组织机构是目前我国单位会计电算化采用的普遍形式。其机构组织如图11-1所示。

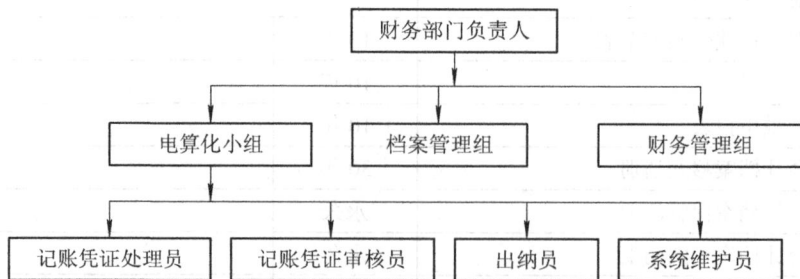

图 11-1　单位会计电算化的机构组织

在这种组织形式下，各小组接受会计部门负责人的领导。会计部门单独配备计算机硬件设备和机房设施，完全由会计部门负责计划组织会计电算化信息系统的软件选购、系统的使用和维护工作。这种单位一般以会计电算化为主，其他业务核算基本为手工处理。

（二）单位信息化领导小组形式

这种组织机构是在办公自动化程度较高的大型企业单位中会计电算化采用的形式。其机构组织如图 11-2 所示。

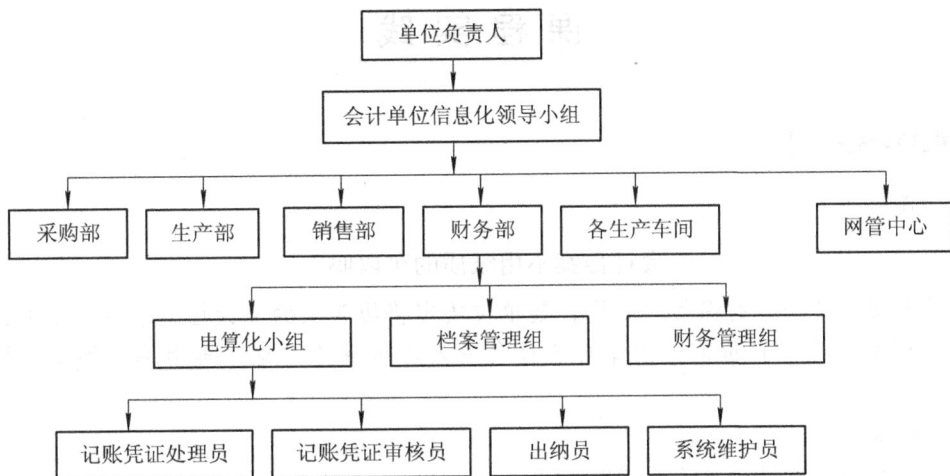

图 11-2　单位信息化领导小组机构组织

这种组织形式下，信息系统的总体规划、设备配置、软件选用由单位统一管理，系统使用过程中的软件、硬件维护由网管中心负责，各部门设置计算机网络终端。会计部门主要负责会计数据收集、整理、输入及系统运行，在单位信息化领导小组领导下，按照会计电算化工作规划进行分步开展工作。会计部门内部组织机构的设置取决于电算化的程度，一般可以比照独立设置电算化小组组织方式进行设置。

二、单位会计电算化的岗位设置

会计电算化后会计人员设置与手工会计核算有很大的不同，人员设置应按以下方面设置。

（1）信息主管：负责技术规划、网络通信、会计软件、操作与维护等工作。

（2）维护人员：负责日常计算机会计系统的软件、硬件维护，包括整理硬盘、清除病毒、更换配件、备份数据、档案管理等。

（3）操作人员。会计电算化后每一位会计人员都是操作人员，主要工作是将凭证输入计算机，经审核人员在计算机内审核后记账，输出账簿、报表等会计资料。操作人员岗位根据单位实际设置，最基本的岗位应设置有：

① 会计岗位：负责凭证的录入、输出和凭证的记账、月末结账、年终转账工作。

② 审核岗位：负责对录入凭证的审核、复核工作。

③ 出纳岗位：负责现金、银行存款的收付及日记账登记。

(4) 档案管理人员：负责对系统的文档资料、各种数据磁盘、系统磁盘和各类凭证账表的存档保管工作。

(5) 财务管理人员：负责进行会计信息的分析、整理、参与决策和管理工作。

会计应知的财经类高校学报

课程实践

【课程实践一】

一、资料

会计档案不用纸质的可以吗？

为了方便会计档案的保管和查询，某单位决定将历年来的会计档案录在光盘上，并认为原会计档案已无保存价值，由单位会计负责人签署销毁意见，再由单位档案机构负责销毁。

二、要求

分析该企业这种做法是否正确？

【课程实践二】

一、资料

银行账户管理

(一) 银行账户的分类

根据《银行账户管理办法》规定，企业、行政事业单位开立的存款账户，包括以下几种类型：

(1) 基本存款账户。凭当地中国人民银行核发的开户许可证，只能在银行开立一个基本存款账户，用以办理日常转账结算和现金支付。工资、奖金等现金的支取，只能通过这个账户办理。

(2) 一般存款账户。在基本存款账户以外的银行取得借款的，与基本存款账户不在同一地点的附属非独立核算单位，经开户银行审核同意，可开立一般存款账户。这个账户只能办理转账结算和现金缴存，不能办理现金支取。

(3) 临时存款账户。外地临时机构为临时经营活动的需要，经开户银行审核同意，可开立临时存款账户。这个账户可办理转账结算，并根据国家现金管理的规定办理现金收付。

(4) 专用存款账户。有关基本建设、更新改造以及特定用途需要专户管理的资金，经开户银行审核同意，可开立专用存款账户。

企业、行政事业单位，开立银行存款账户必须填报"存款账户开户申请书"，经开户银行审核同意。银行存款账户开立后，企业、行政事业单位必须认真贯彻执行国家政策、法令，遵守银行信贷、结算和现金管理等有关规定。各种收支款项结算凭证，要如实填明款项来源和用途，不得弄虚作假，不得套取现金，不得套购物资；银行存款账户必须有足够的资金保证支付，不准签发空头的和远期的付款结算凭证；要及时地、正确地登记"银行存款日记账"，按期认真与"银行存款对账单"核对，并按月编制"银行存款余额调节表"。

(二) 银行账户的使用

根据《银行账户管理办法》和《违反银行结算制度处罚规定》等法规，使用银行账户应注意以下内容：

(1) 存款人可以自主选择银行，银行也可以自愿选择存款人开立账户，任何单位和个人不得干预存款人在银行开立或使用账户。

(2) 存款人在其账户内有足够资金保证支付。

(3) 银行应依法为存款人保密，维护存款人的资金自主支配权，不代任何单位和个人查询、冻结、扣划存款人账户内存款，但国家法律规定和国务院授权中国人民银行总行的监督项目除外。

(4) 存款人不准签发空头或远期支票，不允许套取银行信用。

(5) 存款人申请改变账户名称的，应撤销原账户，再开立新账户。

(6) 存款人撤销账户，必须与开户银行核对账户余额，经开户银行审查同意后办理销户手续。存款人销户时，应交回各种重要空白凭证和开户许可证。否则，所造成的后果应由存款人承担责任。

(7) 银行在办理结算过程中，必须严格执行银行结算办法的规定，及时办理结算凭证，不准延误、积压结算凭证；不准挪用、截留客户和他行的结算资金；不准拒绝受理客户和他行的正常业务。

(8) 存款人不得在多家银行机构开立基本存款账户，也不得在同一家银行的几个分支机构开立一般存款账户。

(9) 存款人应认真贯彻执行国家的政策法令，遵守银行信贷结算和现金管理规定。银行检查时，开户单位应提供账户使用情况的有关资料。

(10) 存款人不得违反开户银行严格的执行制度、执行纪律而转移基本存款账户，如果存款人转移基本存款账户，中国人民银行不得对其核发开户许可证。

(11) 存款人的账户只能办理存款人本身的业务活动，不得出租和转让账户。

(12) 正确、及时记载和银行的往来账户，并定期核对。如果发现不符，应及时与银行联系，查对清楚。

(三) 申请基本存款账户的条件

根据《银行账户管理办法》的规定，下列存款人可以申请开立基本存款账户：

(1) 企业法人。

(2) 企业法人内部单独核算的单位。

(3) 县级(含)以上军队、武警单位。

(4) 社会团体、外国驻华机构。

(5) 外地常设机构、私营企业、个体经济户、承包户和个人。

(6) 单位附设的食堂、招待所、幼儿园。

(7) 管理财政预算资金和预算外资金的财政部门。

(8) 实行财政预算管理的行政机关、事业单位。

(四) 申请基本存款账户所需提供的文件

1．开户许可证

存款人在银行开立基本存款账户，实行由中国人民银行当地分支机构核发开户许可证制度。因此，存款人开立基本存款账户，必须凭中国人民银行当地分支机构核发的开户许可证开立账户。开户许可证由中国人民银行总行统一制作。开户许可证一式两本(正、副本)。正本由开户单位留存，副本由开户银行存查。其具体格式如表 11-2 所示。

表 11-2　中国人民银行开户许可证

开户许可证	开户注意事项
银行管证字(　)第　号 存款人名称： 申请账户性质： 基本账户开户行： 基本账户账号： 所有制性质： 经营范围： 法人代表： 营业执照编号： 统一标识代码： 　　经审核，该存款人符合开户条件，准予在我行开立存款账户。 　　　　　　　　　　开户银行(盖章) 　　　　　　　　年　　月　　日	(略) 中国人民银行制发

2．其他证明文件

存款人申请开立基本存款账户，除了必须具备"开户许可证"以外，还应向开户银行出具下列证明文件之一：

(1) 个人的居民身份证和户口簿。

(2) 承包双方签订的承包协议。

(3) 单位对附设机构同意开户的证明。

(4) 当地工商行政管理机关核发的企业法人执照或营业执照正本。

(5) 驻地有关部门对外地常设机构的批文。

(6) 军队军以上、武警部队财务部门的开户证明。

(7) 中央或地方编制委员会、人事、民政等部门的批文。

(五) 开设基本存款账户的程序

开设基本存款账户的程序如下：

(1) 填制开户申请表，开户申请表一式三联。其中，第一联由中国人民银行当地分支机构留存；第二联由开户银行留存；第三联由存款人保管，待销户时作为重新开户的证明。
其具体格式如表 11-3 所示。

表 11-3　中国(　　)银行开户申请表

申请开户 单位全称			地址		
单位性质			经营范围		
申请开户 单位公章 法人代表	(签章) 　年　　月　　日		开户银行 审查意见	(签字盖章) 　年　　月　　日	
账户性质		账号	联系电话	联系人	
营业执照	发证机关			开户时间 　年　　月　　日	
	编号				

(2) 提供开户证明，并送交盖有存款人印章的"印鉴卡"。印鉴卡一式两张，一张留存
开户银行，一张开户单位留存。其格式如表 11-4 所示。

表 11-4　中国(　　)银行印鉴卡

户　名		账　号	
地　址	联系电话	联系人	
启用日期	注销日期		
申请开户单位印鉴		银行印鉴	
单位财务专用章	财务主管签章		
	出纳人员签章		
印鉴使用说明：			

(3) 开户银行审核。

(4) 开户银行同意后，将申请材料送交中国人民银行当地分支机构审核。

(5) 审核无误后，填制开户许可证。

(6) 退回开户证明。

(六) 其他银行账户的开立

(1) 验资账户的开立，凭工商行政管理机关出具的企业名称预先核准通知书，填写开
户申请书，提出开立验资账户的申请。验资账户不计息，不得购买支票及其他结算凭证，
不得用于往来结算。

(2) 其他账户的开立，其他账户的开立参考基本存款账户的开立程序办理。

（七）账户名称的变更

变更账户名称的具体手续如下：

(1) 单位申请变更账户名称，应向银行交验上级主管部门批准的正式函件。企业单位和个体工商户需要向银行交验工商行政管理部门登记注册的新执照，经银行调查属实后，根据不同情况变更账户名称，或者撤销原账户并开立新账户。

(2) 若开户单位由于人事变动等原因，需要更换单位财务专用章、财务主管印鉴或出纳人员印鉴的，只需填写"更换印鉴申请书"并出具有关证明，待银行审查同意后，重新填写印鉴卡片，并注销原预留的印鉴卡片。

（八）银行账户的合并、撤销

单位申请合并、撤销账户，经同开户银行核对存(贷)款账户余额全部无误后，办理销户手续，同时交回各种重要空白凭证。销户后由于未交回重要空白凭证而产生的一切责任，由销户单位全部承担。单位申请撤销(转)银行账户审批表的格式，如表 11-5 所示。

表 11-5　单位申请撤销(转)银行账户审批表

单位基本情况	单位全称		地 址		
	开户行		账 号	账户性质	
	经济性质		经济类型	核算形式	
	法人代表		财务负责人	联系电话	
	有关文件		证件文号	注册资本	
销户或转户理由	单位(公章) 　　年　月　日				
开户银行审核意见	财务管理专用章 　负责人：签章 　经办人：签章 　　年　月　日		预留银行印鉴		
人民银行审核意见	财务管理专用章 负责人：签章 经办人：签章 　　　年　月　日				

（九）违反账户使用规定的处罚

根据《银行账户管理办法》的规定，开户银行一旦违反账户使用规定，将受到以下处罚：

(1) 若单位出租和转让账户的，开户银行应秉法责令其纠正，并按规定对该行为发生的金额处以 5%且不低于 1 000 元的罚款，没收出租账户的非法所得。

(2) 若单位违反开立基本账户的规定，应责令限期撤销其账户，并处以 5 000～10 000 元的罚款。

二、要求

熟悉上述账户管理的法律规定。

【课程实践三】

一、资料

中华人民共和国会计法

第一章 总 则

第一条 为了规范会计行为，保证会计资料真实、完整，加强经济管理和财务管理，提高经济效益，维护社会主义市场经济秩序，制定本法。

第二条 国家机关、社会团体、公司、企业、事业单位和其他组织(以下统称单位)必须依照本法办理会计事务。

第三条 各单位必须依法设置会计账簿，并保证其真实、完整。

第四条 单位负责人对本单位的会计工作和会计资料的真实性、完整性负责。

第五条 会计机构、会计人员依照本法规定进行会计核算，实行会计监督。

任何单位或者个人不得以任何方式授意、指使、强令会计机构、会计人员伪造、变造会计凭证、会计账簿和其他会计资料，提供虚假财务会计报告。任何单位或者个人不得对依法履行职责、抵制违反本法规定行为的会计人员实行打击报复。

第六条 对认真执行本法，忠于职守，坚持原则，做出显著成绩的会计人员，给予精神的或者物质的奖励。

第七条 国务院财政部门主管全国的会计工作。县级以上地方各级人民政府财政部门管理本行政区域内的会计工作。

第八条 国家实行统一的会计制度。国家统一的会计制度由国务院财政部门根据本法制定并公布。国务院有关部门可以依照本法和国家统一的会计制度制定对会计核算和会计监督有特殊要求的行业实施国家统一的会计制度的具体办法或者补充规定，报国务院财政部门审核批准。中国人民解放军总后勤部可以依照本法和国家统一的会计制度制定军队实施国家统一的会计制度的具体办法，报国务院财政部门备案。

第二章 会 计 核 算

第九条 各单位必须根据实际发生的经济业务事项进行会计核算，填制会计凭证，登记会计账簿，编制财务会计报告。任何单位不得以虚假的经济业务事项或者资料进行会计核算。

第十条 下列经济业务事项，应当办理会计手续，进行会计核算：

(一) 款项和有价证券的收付；

(二) 财物的收发、增减和使用；

(三) 债权债务的发生和结算；

(四) 资本、基金的增减；

（五）收入、支出、费用、成本的计算；

（六）财务成果的计算和处理；

（七）需要办理会计手续、进行会计核算的其他事项。

第十一条　会计年度自公历 1 月 1 日起至 12 月 31 日止。

第十二条　会计核算以人民币为记账本位币。业务收支以人民币以外的货币为主的单位，可以选定其中一种货币作为记账本位币，但是编报的财务会计报告应当折算为人民币。

第十三条　会计凭证、会计账簿、财务会计报告和其他会计资料，必须符合国家统一的会计制度的规定。使用电子计算机进行会计核算的，其软件及其生成的会计凭证、会计账簿、财务会计报告和其他会计资料，也必须符合国家统一的会计制度的规定。任何单位和个人不得伪造、变造会计凭证、会计账簿及其他会计资料，不得提供虚假的财务会计报告。

第十四条　会计凭证包括原始凭证和记账凭证。办理本法第十条所列的经济业务事项，必须填制或者取得原始凭证并及时送交会计机构。会计机构、会计人员必须按照国家统一的会计制度的规定对原始凭证进行审核，对不真实、不合法的原始凭证有权不予接受，并向单位负责人报告；对记载不准确、不完整的原始凭证予以退回，并要求按照国家统一的会计制度的规定更正、补充。原始凭证记载的各项内容均不得涂改；原始凭证有错误的，应当由出具单位重开或者更正，更正处应当加盖出具单位印章。原始凭证金额有错误的，应当由出具单位重开，不得在原始凭证上更正。记账凭证应当根据经过审核的原始凭证及有关资料编制。

第十五条　会计账簿登记，必须以经过审核的会计凭证为依据，并符合有关法律、行政法规和国家统一的会计制度的规定。会计账簿包括总账、明细账、日记账和其他辅助性账簿。会计账簿应当按照连续编号的页码顺序登记。会计账簿记录发生错误或者隔页、缺号、跳行的，应当按照国家统一的会计制度规定的方法更正，并由会计人员和会计机构负责人(会计主管人员)在更正处盖章。使用电子计算机进行会计核算的，其会计账簿的登记、更正，应当符合国家统一的会计制度的规定。

第十六条　各单位发生的各项经济业务事项应当在依法设置的会计账簿上统一登记、核算，不得违反本法和国家统一的会计制度的规定私设会计账簿登记、核算。

第十七条　各单位应当定期将会计账簿记录与实物、款项及有关资料相互核对，保证会计账簿记录与实物及款项的实有数额相符、会计账簿记录与会计凭证的有关内容相符、会计账簿之间相对应的记录相符、会计账簿记录与会计报表的有关内容相符。

第十八条　各单位采用的会计处理方法，前后各期应当一致，不得随意变更；确有必要变更的，应当按照国家统一的会计制度的规定变更，并将变更的原因、情况及影响在财务会计报告中说明。

第十九条　单位提供的担保、未决诉讼等或有事项，应当按照国家统一的会计制度的规定，在财务会计报告中予以说明。

第二十条　财务会计报告应当根据经过审核的会计账簿记录和有关资料编制，并符合本法和国家统一的会计制度关于财务会计报告的编制要求、提供对象和提供期限的规定；其他法律、行政法规另有规定的，从其规定。财务会计报告由会计报表、会计报表附注和财务情况说明书组成。向不同的会计资料使用者提供的财务会计报告，其编制依据应当一致。有关法律、行政法规规定会计报表、会计报表附注和财务情况说明书须经注册会计师审计的，注册会计师及其所在的会计师事务所出具的审计报告应当随同财务会计报告一并提供。

第二十一条　财务会计报告应当由单位负责人和主管会计工作的负责人、会计机构负责人(会计主管人员)签名并盖章；设置总会计师的单位，还须由总会计师签名并盖章。单位负责人应当保证财务会计报告真实、完整。

第二十二条　会计记录的文字应当使用中文。在民族自治地方，会计记录可以同时使用当地通用的一种民族文字。在中华人民共和国境内的外商投资企业、外国企业和其他外国组织的会计记录可以同时使用一种外国文字。

第二十三条　各单位对会计凭证、会计账簿、财务会计报告和其他会计资料应当建立档案，妥善保管。会计档案的保管期限和销毁办法，由国务院财政部门会同有关部门制定。

第三章　公司、企业会计核算的特别规定

第二十四条　公司、企业进行会计核算，除应当遵守本法第二章的规定外，还应当遵守本章规定。

第二十五条　公司、企业必须根据实际发生的经济业务事项，按照国家统一的会计制度的规定确认、计量和记录资产、负债、所有者权益、收入、费用、成本和利润。

第二十六条　公司、企业进行会计核算不得有下列行为：

(一) 随意改变资产、负债、所有者权益的确认标准或者计量方法，虚列、多列、不列或者少列资产、负债、所有者权益；

(二) 虚列或者隐瞒收入，推迟或者提前确认收入；

(三) 随意改变费用、成本的确认标准或者计量方法，虚列、多列、不列或者少列费用、成本；

(四) 随意调整利润的计算、分配方法，编造虚假利润或者隐瞒利润；

(五) 违反国家统一的会计制度规定的其他行为。

第四章　会 计 监 督

第二十七条　各单位应当建立、健全本单位内部会计监督制度。单位内部会计监督制度应当符合下列要求：

(一) 记账人员与经济业务事项和会计事项的审批人员、经办人员、财物保管人员的职责权限应当明确，并相互分离、相互制约；

(二) 重大对外投资、资产处置、资金调度和其他重要经济业务事项的决策和执行的相互监督、相互制约程序应当明确；

(三) 财产清查的范围、期限和组织程序应当明确；

(四) 对会计资料定期进行内部审计的办法和程序应当明确。

第二十八条　单位负责人应当保证会计机构、会计人员依法履行职责，不得授意、指使、强令会计机构、会计人员违法办理会计事项。会计机构、会计人员对违反本法和国家统一的会计制度规定的会计事项，有权拒绝办理或者按照职权予以纠正。

第二十九条 会计机构、会计人员发现会计账簿记录与实物、款项及有关资料不相符的，按照国家统一的会计制度的规定有权自行处理的，应当及时处理；无权处理的，应当立即向单位负责人报告，请求查明原因，作出处理。

第三十条 任何单位和个人对违反本法和国家统一的会计制度规定的行为，有权检举。收到检举的部门有权处理的，应当依法按照职责分工及时处理；无权处理的，应当及时移送有权处理的部门处理。收到检举的部门、负责处理的部门应当为检举人保密，不得将检举人姓名和检举材料转给被检举单位和被检举人个人。

第三十一条 有关法律、行政法规规定，须经注册会计师进行审计的单位，应当向受委托的会计师事务所如实提供会计凭证、会计账簿、财务会计报告和其他会计资料以及有关情况。任何单位或者个人不得以任何方式要求或者示意注册会计师及其所在的会计师事务所出具不实或者不当的审计报告。财政部门有权对会计师事务所出具审计报告的程序和内容进行监督。

第三十二条 财政部门对各单位的下列情况实施监督：

(一) 是否依法设置会计账簿；

(二) 会计凭证、会计账簿、财务会计报告和其他会计资料是否真实、完整；

(三) 会计核算是否符合本法和国家统一的会计制度的规定；

(四) 从事会计工作的人员是否具备从业资格。

在对前款第(二)项所列事项实施监督，发现重大违法嫌疑时，国务院财政部门及其派出机构可以向与被监督单位有经济业务往来的单位和被监督单位开立账户的金融机构查询有关情况，有关单位和金融机构应当给予支持。

第三十三条 财政、审计、税务、人民银行、证券监管、保险监管等部门应当依照有关法律、行政法规规定的职责，对有关单位的会计资料实施监督检查。前款所列监督检查部门对有关单位的会计资料依法实施监督检查后，应当出具检查结论。有关监督检查部门已经作出的检查结论能够满足其他监督检查部门履行本部门职责需要的，其他监督检查部门应当加以利用，避免重复查账。

第三十四条 依法对有关单位的会计资料实施监督检查的部门及其工作人员对在监督检查中知悉的国家秘密和商业秘密负有保密义务。

第三十五条 各单位必须依照有关法律、行政法规的规定，接受有关监督检查部门依法实施的监督检查，如实提供会计凭证、会计账簿、财务会计报告和其他会计资料以及有关情况，不得拒绝、隐匿、谎报。

第五章　会计机构和会计人员

第三十六条 各单位应当根据会计业务的需要，设置会计机构，或者在有关机构中设置会计人员并指定会计主管人员；不具备设置条件的，应当委托经批准设立从事会计代理记账业务的中介机构代理记账。国有的和国有资产占控股地位或者主导地位的大、中型企业必须设置总会计师。总会计师的任职资格、任免程序、职责权限由国务院规定。

第三十七条 会计机构内部应当建立稽核制度。出纳人员不得兼任稽核、会计档案保管和收入、支出、费用、债权债务账目的登记工作。

第三十八条 从事会计工作的人员,必须取得会计从业资格证书。担任单位会计机构负责人(会计主管人员)的,除取得会计从业资格证书外,还应当具备会计师以上专业技术职务资格或者从事会计工作三年以上经历。会计人员从业资格管理办法由国务院财政部门规定。

第三十九条 会计人员应当遵守职业道德,提高业务素质。对会计人员的教育和培训工作应当加强。

第四十条 因有提供虚假财务会计报告,做假账,隐匿或者故意销毁会计凭证、会计账簿、财务会计报告,贪污、挪用公款,职务侵占等与会计职务有关的违法行为被依法追究刑事责任的人员,不得取得或者重新取得会计从业资格证书。除前款规定的人员外,因违法违纪行为被吊销会计从业资格证书的人员,自被吊销会计从业资格证书之日起五年内,不得重新取得会计从业资格证书。

第四十一条 会计人员调动工作或者离职,必须与接管人员办清交接手续。一般会计人员办理交接手续,由会计机构负责人(会计主管人员)监交;会计机构负责人(会计主管人员)办理交接手续,由单位负责人监交,必要时主管单位可以派人会同监交。

第六章 法 律 责 任

第四十二条 违反本法规定,有下列行为之一的,由县级以上人民政府财政部门责令限期改正,可以对单位并处三千元以上五万元以下的罚款;对其直接负责的主管人员和其他直接责任人员,可以处二千元以上二万元以下的罚款;属于国家工作人员的,还应当由其所在单位或者有关单位依法给予行政处分:

(一) 不依法设置会计账簿的;

(二) 私设会计账簿的;

(三) 未按照规定填制、取得原始凭证或者填制、取得的原始凭证不符合规定的;

(四) 以未经审核的会计凭证为依据登记会计账簿或者登记会计账簿不符合规定的;

(五) 随意变更会计处理方法的;

(六) 向不同的会计资料使用者提供的财务会计报告编制依据不一致的;

(七) 未按照规定使用会计记录文字或者记账本位币的;

(八) 未按照规定保管会计资料,致使会计资料毁损、灭失的;

(九) 未按照规定建立并实施单位内部会计监督制度或者拒绝依法实施的监督或者不如实提供有关会计资料及有关情况的;

(十) 任用会计人员不符合本法规定的。

有前款所列行为之一,构成犯罪的,依法追究刑事责任。

会计人员有第一款所列行为之一,情节严重的,由县级以上人民政府财政部门吊销会计从业资格证书。有关法律对第一款所列行为的处罚另有规定的,依照有关法律的规定办理。

第四十三条 伪造、变造会计凭证、会计账簿,编制虚假财务会计报告,构成犯罪的,依法追究刑事责任。有前款行为,尚不构成犯罪的,由县级以上人民政府财政部门予以通报,可以对单位并处五千元以上十万元以下的罚款;对其直接负责的主管人员和其他直接责任人员，可以处三千元以上五万元以下的罚款；属于国家工作人员的，还应当由其所在单位或者有关单位依法给予撤职直至开除的行政处分；对其中的会计人员，并由县级以上人民政府财政部门吊销会计从业资格证书。

第四十四条　隐匿或者故意销毁依法应当保存的会计凭证、会计账簿、财务会计报告，构成犯罪的，依法追究刑事责任。有前款行为，尚不构成犯罪的，由县级以上人民政府财政部门予以通报，可以对单位并处五千元以上十万元以下的罚款；对其直接负责的主管人员和其他直接责任人员，可以处三千元以上五万元以下的罚款；属于国家工作人员的，还应当由其所在单位或者有关单位依法给予撤职直至开除的行政处分；对其中的会计人员，并由县级以上人民政府财政部门吊销会计从业资格证书。

第四十五条　授意、指使、强令会计机构、会计人员及其他人员伪造、变造会计凭证、会计账簿，编制虚假财务会计报告或者隐匿、故意销毁依法应当保存的会计凭证、会计账簿、财务会计报告，构成犯罪的，依法追究刑事责任；尚不构成犯罪的，可以处五千元以上五万元以下的罚款；属于国家工作人员的，还应当由其所在单位或者有关单位依法给予降级、撤职、开除的行政处分。

第四十六条　单位负责人对依法履行职责、抵制违反本法规定行为的会计人员以降级、撤职、调离工作岗位、解聘或者开除等方式实行打击报复，构成犯罪的，依法追究刑事责任；尚不构成犯罪的，由其所在单位或者有关单位依法给予行政处分。对受打击报复的会计人员，应当恢复其名誉和原有职务、级别。

第四十七条　财政部门及有关行政部门的工作人员在实施监督管理中滥用职权、玩忽职守、徇私舞弊或者泄露国家秘密、商业秘密，构成犯罪的，依法追究刑事责任；尚不构成犯罪的，依法给予行政处分。

第四十八条　违反本法第三十条规定，将检举人姓名和检举材料转给被检举单位和被检举人个人的，由所在单位或者有关单位依法给予行政处分。

第四十九条　违反本法规定，同时违反其他法律规定的，由有关部门在各自职权范围内依法进行处罚。

第七章　附　　则

第五十条　本法下列用语的含义：单位负责人，是指单位法定代表人或者法律、行政法规规定代表单位行使职权的主要负责人。国家统一的会计制度，是指国务院财政部门根据本法制定的关于会计核算、会计监督、会计机构和会计人员以及会计工作管理的制度。

第五十一条　个体工商户会计管理的具体办法，由国务院财政部门根据本法的原则另行规定。

第五十二条　本法自 2000 年 7 月 1 日起施行。

(1985 年 1 月 21 日第六届全国人民代表大会常务委员会第九次会议通过　根据 1993 年 12 月 29 日第八届全国人民代表大会常务委员会第五次会议《关于修改〈中华人民共和国会计法〉的决定》第一次修正　1999 年 10 月 31 日第九届全国人民代表大会常务委员会第十二次会议修订　根据 2017 年 11 月 4 日第十二届全国人民代表大会常务委员会第三十次会议《关于修改〈中华人民共和国会计法〉等十一部法律的决定》第二次修正)

二、要求

熟悉上述《中华人民共和国会计法》。

本 章 小 结

所谓会计工作组织，就是根据国家制定的会计法规，结合本单位的特点，制定本单位会计制度，设置会计机构，配备会计人员，以保证有效地进行会计工作。

会计工作的组织包括会计机构的设置、会计人员的配备、会计制度的制定和执行。

会计机构是组织领导和直接从事会计工作的职能部门。各单位必须单独设置会计机构。

单位规模小、会计业务简单，可不单独设置会计机构，但应在有关机构中配备会计人员并指定会计主管人员，而大规模的会计单位则必须设置会计机构并建立明确的职责分工。

设置会计机构后，就应当配备会计人员及机构负责人。不具备单独设置会计机构条件的，则应当在有关机构中配备专职会计人员，还应当在专职会计人员中指定会计主管人员。

在实践中，主要存在两种主要的会计工作组织方式：一是集中核算，二是非集中核算。

我国会计法规体系可以分为三个层次：第一层次是基本法，即会计法；第二层次是会计准则；第三层次是会计制度。会计法是规范会计行为的根本大法。它是最高层次的会计法规，是制定会计准则和会计制度的法律依据。它体现着国家对所有会计行为的基本的、强制性的要求。会计准则是根据《会计法》制定，它是从事会计核算工作的准绳，又是制定会计制度的依据。会计制度是进行会计工作所应当遵循的规则、方法和程序的总称。它根据会计准则制定。会计法、会计准则和会计制度的相互联系、互相制约，有机地结合在一起，共同构成会计法规体系。

会计档案是按规定保存和备查的会计资料，包括会计凭证、会计账簿、会计报表，以及财务成本计划、重要的经济合同等。会计档案的管理规定了其保管、调阅、保管期限和销毁。

习 题 十 一

一、单项选择题

1. 会计法规包括(　　)。

A. 会计法、会计制度、会计准则

B. 会计法、会计准则、会计制度和有关其他法规

C. 会计法、会计制度、会计准则和公司法

D. 会计法、会计准则、会计制度和税法

2. 会计人员专业技术职称主要包括(　　)。

A. 高级会计师、总会计师、会计师和助理会计师

B. 总会计师、高级会计师、注册会计师、会计师

C. 高级会计师、会计师、助理会计师、会计员

D. 注册会计师、高级会计师、会计师、会计员

3. 企业财务机构的具体名称一般视(   )而定。

A. 企业的行业特性   B. 企业的规模大小

C. 企业的组织形式   D. 企业对财会工作的重视程度

4. 我国开始实行会计专业技术资格全国统一考试制度的年份是(   )。

A. 1990 年   B. 1993 年

C. 1991 年   D. 1992 年

5. 现行制度规定，应永久保存的会计档案是(   )。

A. 年度会计报表   B. 季度、月度会计报表

C. 会计凭证   D. 会计账簿

6. 采用集中核算，整个企业的会计工作主要集中在(   )进行。

A. 企业的会计部门   B. 企业内部的各职能部门

C. 上级主管部门   D. 会计师事务所

7. 企业单位记账凭证和汇总凭证的保管年限是(   )。

A. 3 年   B. 5 年

C. 15 年   D. 永久

8. 下列不属于会计执业资格的是(   )。

A. 会计师   B. 注册会计师

C. 会计员   D. 总会计师。

9. 企业单位现金日记账和银行存款日记账的保管期限是(   )。

A. 3 年   B. 5 年

C. 15 年   D. 25 年

10. 会计工作组织形式一般分为(   )。

A. 集中核算和分散核算   B. 永续盘存制和实地盘存制

C. 应计制和现金制   D. 确认、计量、记录和报告

二、多项选择题

1. 会计工作组织的内容包括(   )。

A. 会计机构的设置   B. 会计人员的配备

C. 会计规范的制订与执行   D. 会计档案的保管

E. 会计人员的培训

2. 会计法规定会计人员的主要职责是(   )。

A. 进行会计核算   B. 会计监督

C. 经营决策   D. 保管会计资料

E. 进行商业谈判

3. 下列关于总会计师表述正确的是(   )。

A. 它是一个专业技术资格

B. 它是一个行政职务

C. 它是一个会计职称

D. 它必须是会计师以上专业技术资格的人员担任

E. 总会计师直接对单位主要行政领导人负责

4. 下列属于会计人员的违法行为的有(   )。

A. 伪造、变造、变质虚假会计资料

B. 隐匿或故意销毁依法应当保存的会计资料

C. 不依法进行会计管理、核算和监督

D. 按规定发布企业会计信息

E. 随意丢失会计档案

5. 会计法规包括(   )。

A. 会计法   B. 会计准则   C. 会计制度

D. 其他有关法规   E. 企业财经制度

6. 下列属于会计执业资格的是(   )。

A. 会计师   B. 注册会计师   C. 会计员

D. 总会计师   E. 高级会计师

三、判断题

1. 基本会计准则是制定具体会计准则的依据。   (   )

2. 企业会计制度规定,既要以会计准则为依据,又要适应各个行业的条件。 (   )

3. 会计工作岗位责任制要求一人一岗,以符合内部控制制度的要求。   (   )

4. 会计人员专业技术职称分为以下几种:总会计师、高级会计师、注册会计师、会计师、助理会计师和会计员。   (   )

5. 无论企业是采用集中核算还是非集中核算,其所属各车间、部门一般不能与外单位直接发生经济往来。   (   )

6. 为了便于查阅历史证据,各种会计资料应永久保存。   (   )

7. 一个实行独立核算的单位,其工作组织形式既可以选择集中核算形式,也可以选择非集中核算形式。   (   )

8. 《会计法》是我国会计法规体系中最高层次的法律规范。   (   )

9. 无论企业规模大小都必须设置总会计师。   (   )

10. 目前,在我国取得注册会计师资格的唯一途径和前提通过全国统一的注册会计师考试。   (   )

四、简答题

1. 会计工作组织包括哪些方面?

2. 会计工作的组织方式有哪几种,具体如何组织核算?

3. 试述会计人员的职责和权限。

4. 会计法规体系由哪三个层次组成,它们之间的关系是怎样的?

5. 单位会计电算化的工作形式有哪两种?如何设置会计电算化岗位?

五、案例分析

华洋公司为了方便会计档案的保管和查询，财务处长指示出纳将历年来的会计档案录在光盘上，并认为原会计档案已无保存价值，由单位会计负责人签署销毁意见，由单位档案机构负责销毁。

该企业这种做法对吗？

习题十一参考答案

参 考 文 献

[1]   徐泓. 基础会计学[M]. 4版. 北京：中国人民大学出版社，2019.

[2]   李占国. 会计学基础[M]. 大连：东北财经大学出版社，2016.

[3]   陈晓川，周昀. 会计学原理[M]. 长沙：湖南师范大学出版社，2019.

[4]   董红杰. 会计学原理[M]. 北京：高等教育出版社，2020.

[5]   徐国民. 基础会计[M]. 北京：北京理工大学出版社，2020.

[6]   韩传模，刘杉. 会计学基础[M]. 上海：立信会计出版社，2012.

[7]   赵丽生，常洁，高慧芸. 基础会计[M]. 大连：东北财经大学出版社，2009.

[8]   栾甫贵，尚洪涛. 基础会计[M]. 北京：机械工业出版社，2010.

[9]   张献英，田晓佳. 基础会计学[M]. 北京：机械工业出版社，2013.

[10]   张志萍，单志国. 基础会计[M]. 西安：西北工业大学出版社，2012.

[11]   段云平，刘升阳. 基础会计学[M]. 上海：立信会计出版社，2011.

[12]   彭浪，苏龙，刘毅. 基础会计学[M]. 上海：立信会计出版社，2011.

[13]   薛小荣，郭西强. 基础会计学[M]. 上海：立信会计出版社，2011.

[14]   常小勇. 会计学基础[M]. 北京：人民邮电出版社，2010.

[15]   姚荣辉. 基础会计[M]. 北京：高等教育出版社，2011.

[16]   陈国辉，迟旭升. 基础会计[M]. 大连，东北财经大学出版社，2012.

[17]   党红. 会计准则的另类叙述[M]. 上海，复旦大学出版社，2009.

[18]   肖慧霞. 中级财务会计[M]. 上海：立信会计出版社，2012.

[19]   郝北平. 审计[M]. 上海：立信会计出版社，2012.

[20]   刘志娟. 会计基础[M]. 北京：机械工业出版社，2011.

[21]   王吉凤，孙力. 基础会计[M]. 北京：机械工业出版社，2010.

[22]   李占国. 会计学基础[M]. 大连：东北财经大学出版社，2016.

[23]   陈国辉. 基础会计[M]. 5版. 大连：东北财经大学出版社，2016.

[24]   会计从业资格考试辅导教材编委会. 会计基础[M]. 北京：企业管理出版社，2016.

参 考 文 献

[1] ...
[2] ...
[3] ...